"十二五"江苏省高等学校重点教材（编号：2015-1-021）

21世纪应用型本科院校规划教材

U0326061

概率论与数理统计

（第三版）

主　编　刘　坤

副主编　李晓红

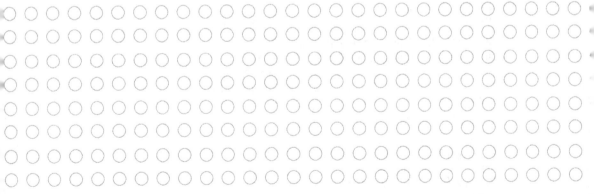

南京大学出版社

内容提要

本书是在 2011 年 12 月出版的第二版的基础上修订的,其中随机变量的分布及其数字特征部分重新进行了编写,章节与习题类型进行了调整。全书共分七章,内容包括:随机事件与概率、一维随机变量及其分布、多维随机变量及其分布、随机变量的数字特征、大数定律与中心极限定理、统计量及其分布、参数估计、假设检验等。书末附有习题答案。

本书内容丰富,编写层次清晰,阐述深入浅出,语言简明扼要。

本书可作为高等学校,特别是应用型本科院校工科类和经济管理类各专业的本科生教材,也可作为教学参考书和考研用书。

图书在版编目(CIP)数据

概率论与数理统计 / 刘坤主编. — 3 版. — 南京:
南京大学出版社,2016.5(2023.8 重印)
21 世纪应用型本科院校规划教材
ISBN 978 - 7 - 305 - 16607 - 5

Ⅰ. ①概… Ⅱ. ①刘… Ⅲ. ①概率论-高等学校-教材②数理统计-高等学校-教材 Ⅳ. ①O21

中国版本图书馆 CIP 数据核字(2016)第 052049 号

出版发行	南京大学出版社
社 址	南京市汉口路 22 号 邮 编 210093
出 版 人	王文军

丛 书 名 21 世纪应用型本科院校规划教材
书 名 概率论与数理统计
主 编 刘 坤
责任编辑 吴 汀 编辑热线 025 - 83686531
照 排 南京南琳图文制作有限公司
印 刷 广东虎彩云印刷有限公司
开 本 787×960 1/16 印张 15.25 字数 225 千
版 次 2016 年 5 月第 3 版 2023 年 8 月第 5 次印刷
ISBN 978 - 7 - 305 - 16607 - 5
定 价 40.00 元

网址:http://www.njupco.com
官方微博:http://weibo.com/njupco
微信服务号:njuyuexue
销售咨询热线:(025)83594756

前　言

　　概率论与数理统计是一门基础数学课程。它的基本概念、基本理论和解决问题的思想和方法在工程技术和经济管理中已得到广泛应用。

　　2011 年 12 月出版的《概率论与数理统计》教材（第二版）经过几年的教学实践，学生和教师反响良好，一致认为教材体系恰当，内容选择编排合理，语言通俗易懂，概念阐述深入浅出，知识点提炼的非常好，能分散难点，易于理解，利于学生自学。但也提出了许多宝贵意见，如习题还不够丰富，例题难度也需深化。另外，考研的学生越来越多，应当充实考研方面的内容。本书是在第二版的基础上进行修订的。本书是作者根据教育部关于高等学校工科类和经济管理类本科数学基础课程教学的最新基本要求，对概率论与数理统计的传统内容进行了整合，在第二版的基础上，对随机变量的分布及其数字特征部分重新进行了编写，章节与习题类型进行了调整。改变了部分内容的阐述方式，使阐述更为精炼和简明易懂，使其更便于讲授和学生接受，在难易程度上充分考虑了高等教育大众化背景下的学生特点和教学特点，既淡化了较艰深的理论推导，突出应用性，又保持了理论体系的连贯性和完整性，以便为学生继续深造和考研提供保障。

　　本书对第二章内容进行调整，将随机变量与数字特征分开；对例题和习题的配置作了调整和充实，使例题和习题更丰富，题型也更多样；汇编了一些年来的研究生入学考试试题。以上这些改动不仅使有志于攻读硕士研究生的学生能在学习过程中就作适当的准备,而且所有学生也能从中具体理解概率论与数理统计课程的基本要求和重点。全书共分七章,内容包括:随机事件与概率、一维随机变量及其分布、多维随机变量及其分布、随机变量的数字特征、大数定律与中心极限定理、统计量及其分布、参数估计、假设检验等。书末附有习题答案。

本书注重讲清用数学知识解决实际问题的基本思想和方法,着重培养学生的逻辑能力、应用能力和创新思维能力。

本书第三版由刘坤任主编,李晓红任副主编;其中第一章、第二章;第三章、第四章、第五章由刘坤编写,第六章、第七章由李晓红编。刘坤撰写编写大纲与统稿。

本书的修订,得到了常州工学院教务处、数理与化工学院的领导和南京大学出版社的大力支持,在此向他们深表谢意!编写过程中,我们参阅了许多教材,谨表诚挚谢意!

由于编者水平有限,书中错误疏漏之处在所难免,望广大读者和同行专家批评指正。

编　者

2016 年 1 月

目　录

第 1 章　随机事件与概率

概率论与数理统计是研究和揭示随机现象统计规律性的一门数学学科，是近代数学的重要组成部分，同时也是近代经济理论应用与研究的重要数学工具．概率论与数理统计在工业生产、军事科学、经济管理中有广泛的应用．

§1.1　随机事件及其运算

1.1.1　两类现象

在现实世界中，我们经常遇到两类不同的现象．

1. 确定性现象

确定性现象的特点是：在一定条件下，某种结果必然发生或必然不发生，即只有一个结果，不存在其他的可能性．

例如：水在标准大气压下，加热到 100 ℃就会沸腾；向上抛一颗石子，必然会落回地面；任何有生命的生物，有朝一日必然会死亡；掷一枚骰子，掷一次，必然出现 1～6 中的任一个点数等．

又如：水在常温下不可能燃烧；子弹打得再高不可能飞出地球；没有电电灯不可能亮；目前小麦的产量不可能亩产十万斤；掷一枚骰子一次不可能出现 7 个点．

2. 随机现象

随机现象的特点是：在一定条件下，可能发生这样的结果，也可能发生那样的结果，而在大量重复试验中其结果又具有某种规律性．

例如：抛一枚均匀的硬币，落下后，可能正面朝上，也可能反面朝上；某篮球运动员投篮一次，其结果可能命中，也可能不命中；某射手打靶，打一枪，可能是 10,9,8,7,6,5,4,3,2,1,0 环;从某厂的一批产品中(含有次品数不少于 4 件),随机抽取 4 件进行检查,抽到的次品数可能是 0,1,2,3,4.

这些例子所反映的现象都是随机现象. 概率论与数理统计就是研究和揭示随机现象统计规律的一门数学学科.

1.1.2 样本空间与随机事件

1. 随机试验

我们遇到过各种各样的试验. 在这里,我们把试验作为一个含义广泛的术语. 它包含各种各样的科学实验. 而我们所要研究的随机现象是通过随机试验来研究的. 在一定条件下,抛硬币、投篮、抽查产品等,都是随机试验,简称试验 E.

定义 1.1 **满足以下条件的试验称作随机试验:**

(1) **试验可在相同条件下重复进行;**

(2) **每次试验的可能结果不止一个,并且能事先明确试验的所有可能结果;**

(3) **进行一次试验前无法确定出现哪种结果.**

2. 样本空间与样本点

对于随机试验 E 的所有可能结果 e 所构成的集合 $\{e\}$,称为随机试验 E 的样本空间,记为 S. 样本空间的元素,即 E 的每一个结果 e,称为样本点.

例 1 写出下列随机试验的样本空间.

E_1:掷一枚骰子,观察所出现的点数.

解 $S_1 = \{1,2,3,4,5,6\}$.

E_2:掷两枚硬币,观察所出现的正反面的情况. 设 H 表示"正面向上", T 表示"反面向上".

解 $S_2 = \{(H,H),(H,T),(T,H),(T,T)\}$.

E_3:在装有红、白、黑球的袋子中摸一球.

解 $S_3 = \{红,白,黑\}$.

E_4:某射手射击,击中目标为止. 设击中为十,击不中为一,则

解 $S_4 = \{+,-+,--+,\cdots,---\cdots+\}$.

3. 随机事件

一般地,我们称随机试验 E 的样本空间 S 的子集为 E 的随机事件,简称事件.常用 $A,B,C,\cdots$ 表示.当且仅当事件中的一个样本点出现时,就称这一事件发生.

只含一个样本点的事件叫基本事件.如,掷一枚骰子,出现 6 点.由 2 个或 2 个以上样本点构成的事件叫复杂事件.例如,掷一枚骰子出现"奇数点",是复杂事件,是由 1 点、3 点、5 点构成的.

样本空间 S 包含所有的样本点,它是自身的子集,在每次试验中它总是发生的,称为必然事件,记为 S.

空集不包含任何样本点,它也是样本空间 S 的子集,它在每次试验中都不发生,称为不可能事件,记为 $\varnothing$.

1.1.3　事件的关系和运算

1. 包含关系

若事件 A 发生必然导致事件 B 发生,则称事件 B 包含 A,或称 A 包含于 B. 记为 $B \supset A$ 或 $A \subset B$.(图 1-1)

例 2　某人打靶,靶上有 10 环,打一枪.设

$A = \{$命中环数不小于 8 环$\} = \{8, 9, 10\}$.

$B = \{$命中环数不小于 5 环$\} = \{5, 6, 7, 8, 9, 10\}$,则 $B \supset A$.

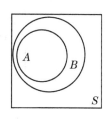

图 1-1

2. 相等关系

若 $B \supset A$ 且 $B \subset A$,则称 A 与 B 相等.记为 $A = B$.

3. 事件的和(并)

事件 A 与事件 B 至少有一个发生,称为 A 与 B 的和. 记为 $A + B$ 或 $A \cup B$.(图 1-2)

类似地,称 $\bigcup\limits_{i=1}^{n} A_i$ 为 n 个事件 $A_1, A_2, \cdots, A_n$ 的和事件;称 $\bigcup\limits_{i=1}^{\infty} A_i$ 为可列个事件 $A_1, A_2, \cdots, A_n, \cdots$ 的和事件.

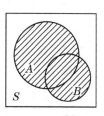

图 1-2

例 3　掷一枚骰子,设 $A_i = $"出现 i 点"$(i = 1, 2, 3, 4,$

$5,6$），$B=$"出现偶数点"，则 $B=A_2 \bigcup A_4 \bigcup A_6$.

4. 事件的积(交)

事件 A 与事件 B 同时发生，称为 A 与 B 的积，记为 AB 或 $A \bigcap B$. (图 1-3)

类似地，称 $\bigcap\limits_{i=1}^{n} A_i$ 为 n 个事件 $A_1, A_2, \cdots, A_n$ 的积事件；称 $\bigcap\limits_{i=1}^{\infty} A_i$ 为可列个事件 $A_1, A_2, \cdots, A_n, \cdots$ 的积事件.

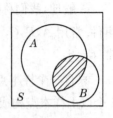

图 1-3

例 4 $A=$"甲厂的产品"，$B=$"正品"，则 $AB=$"甲厂生产的正品".

5. 事件的差

若事件 A 发生而事件 B 不发生，则称为 A 与 B 的差. 记为 $A-B$. (图 1-4, 图 1-5)

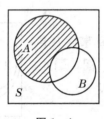

图 1-4

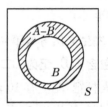

图 1-5

例 5 如例 3，$B=$"出现偶数点"，$A_2=$"出现 2 点"，$B-A_2=\{4,6\}$.

6. 互不相容事件(互斥事件)

若事件 A 与事件 B 不能同时发生，即 $AB=\varnothing$，则称 A 与 B 互不相容(互斥). (图 1-6)

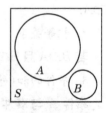

图 1-6

例 6 某人打靶打一枪，$A=$"命中 8 环"，$B=$"命中 9 环"，则 A 与 B 互不相容，即 A 与 B 不能同时发生.

7. 对立事件(互逆事件)

若事件 A 与事件 B 互斥，且 A 与 B 的和事件为 S(样本空间). 即 $A \bigcap B = \varnothing$，$A \bigcup B = S$，则称 A 与 B 是相互对立(互逆)的. A 的对立事件记为 $\overline{A}$，显

然有 $\overline{A}=S-A$. (图 1-7)

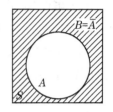

例 7　从含有 5 件次品的 20 件产品中随机抽查 5 件
产品,设 $A=$"全是正品",则 $\overline{A}=$"至少有一件次品".

对立必然互斥,反之则不一定.

图 1-7

8. 事件的运算律

设 A,B,C 为事件,事件的关系与运算满足下列运
算律:

(1) $A\cup\varnothing=A,A\cap\varnothing=\varnothing,A-\varnothing=A,A\cup A=A,A\cap A=A$.

(2) **交换律**: $A\cup B=B\cup A,A\cap B=B\cap A$.

(3) **结合律**: $(A\cup B)\cup C=A\cup(B\cup C),(A\cap B)\cap C=A\cap(B\cap C)$.

(4) **分配律**: $(A\cup B)\cap C=(A\cap C)\cup(B\cap C),(A\cap B)\cup C=(A\cup C)\cap$
$(B\cup C)$.

(5) **差化积**: $B-A=B\cap\overline{A}$.

(6) **吸收律**: 若 $A\subset B$,则 $A\cup B=B,A\cap B=A$.

(7) **对偶律**: $\overline{A\cup B}=\overline{A}\cap\overline{B},\overline{A\cap B}=\overline{A}\cup\overline{B}$. (**德摩根定律**)

一般地,对于 n 个事件 $A_1,A_2,\cdots,A_n$,有 $\overline{\bigcup_{i=1}^{n}A_i}=\bigcap_{i=1}^{n}\overline{A_i},\overline{\bigcap_{i=1}^{n}A_i}=\bigcup_{i=1}^{n}\overline{A_i}$.

同时,可以得到: $B-A=B-AB$.

例 8　甲、乙、丙三人对靶射击,用 A,B,C 分别表示"甲击中"、"乙击中"
和"丙击中",试用 A,B,C 表示下列事件:

(1) 甲、乙都击中而丙未击中;

(2) 只有甲击中;

(3) 靶子被击中;

(4) 三人中最多两人击中;

(5) 三人中恰好一人击中.

解　(1) 事件"甲、乙都击中而丙未击中"表示 A,B 与 $\overline{C}$ 同时发生,即:
$AB\overline{C}$.

(2) 事件"只有甲击中"就是 A 发生而 B 和 C 未发生可表示为: $A\overline{B}\,\overline{C}$.

　　(3) 事件"靶子被击中"意味着甲、乙、丙三人至少有一人击中,可表示为: $A \cup B \cup C$.

　　(4) 事件"三人中最多两人击中"意即"三人中至少有一人未击中",可表示为: $\overline{A} \cup \overline{B} \cup \overline{C}$.

　　(5) 事件"三人中恰好有一人击中"意即"三人中只有一人击中其余两人未击中",可表示为: $A\overline{B}\,\overline{C} \cup \overline{B}A\,\overline{C} \cup C\overline{A}\,\overline{B}$.

§1.2　随机事件的概率

　　研究随机现象,不仅要知道在试验中可能出现哪些事件,更重要的是要研究各事件出现的可能性的大小,即所谓事件的概率. 我们知道随机事件在一次试验中是否发生是不确定的. 但在大量重复试验中,它的发生却具有统计规律性,所以应从大量试验出发来研究它. 为此,先从研究事件的频率入手.

1.2.1　频率与概率

　　1. 频率的定义

　　定义 1.2　**设随机事件 A 在 n 次重复试验中出现 m 次,m 称为事件 A 发生的频数. 则称比值 $\dfrac{m}{n}$ 为事件 A 在 n 次重复试验中出现的频率,记为 $f_n(A)$.**

　　即
$$f_n(A) = \frac{m}{n}.$$

　　2. 频率的性质

　　由频率的定义,容易得出它具有下列性质.

　　(1) 非负性:即对任何事件 A,$0 \leqslant f_n(A) \leqslant 1$;

　　(2) 规范性:即对必然事件 S,有 $f_n(S) = 1$;

　　(3) 有限可加性:若 k 个事件 $A_1, A_2, \cdots, A_k$ 两两互不相容,则
$$f_n\left(\bigcup_{i=1}^{k} A_i\right) = \sum_{i=1}^{k} f_n(A_i).$$

　　我们知道,一个随机事件,在每次试验中,可能发生也可能不发生,即在一次试验中,随机事件的发生带有偶然性,然而,对于一事件,在相同条件下进行

大量重复试验,又会呈现出一种确定的规律来,它告诉我们:随机事件发生的可能性的大小是可以度量的. 人们经过长期的实践发现,当重复试验的次数 n 增大时,事件出现的频率在 0 与 1 之间的某个确定的常数附近摆动,并逐渐稳定于此常数,也就是说事件的频率具有一定的稳定性. 历史上曾有几位数学家作过掷一均匀硬币的试验,结果见表 1-1.

表 1-1

试验者	投硬币次数	出正面次数	频率
德摩根(Demorgan)	2048	1061	0.5181
蒲丰(Buffon)	4040	2048	0.5069
费勒(Feller)	10000	4979	0.4979
皮尔逊(Pearson)	12000	6019	0.5016
皮尔逊(Pearson)	24000	12012	0.5005

在上述掷硬币的试验中,当试验次数 n 很大时,出现正面的频率在 0.5 这个常数附近摆动. 这个确定的常数称为相应事件发生的概率.

3. 概率的统计定义

定义 1.3 在大量重复试验中,若事件 A 发生的频率稳定地在某个常数 p 附近摆动,则称该常数 p 为事件 A 的概率,记为 $P(A)$,即 $P(A)=p$.

由于试验次数 n 增大时,频率 $f_n(A)$ 稳定于概率 $P(A)$,因此当 n 很大时,常取频率作为概率的近似值:$P(A) \approx f_n(A)$.

类似地,概率的统计定义也满足频率的三条性质.

即

(1) 非负性:即对任一事件 A,$0 \leqslant P(A) \leqslant 1$;

(2) 规范性:即对必然事件 S,有 $P(S)=1$;

(3) 有限可加性:若 k 个事件 $A_1, A_2, \cdots, A_k$ 两两互不相容,则

$$P(\bigcup_{i=1}^{k} A_i) = \sum_{i=1}^{k} P(A_i).$$

事实上,概率统计定义所定义的概率永远是概率的近似值. 另外,在实际

中,我们不可能对每一个事件都做大量的试验,从中得到频率的稳定值.同时,为了理论研究的需要,从频率的稳定性和频率的性质得到启发,给出度量事件发生可能性大小的概率的公理化定义.

4. 概率的公理化定义

定义 1.4 设 E 是随机试验, S 是它的样本空间. 对于 E 的每一事件 A 赋于一个实数,记为 $P(A)$,称为事件 A 的概率,如果集合函数 $P(\cdot)$ 满足下列条件:

(1) **非负性**:对于任一事件 A,有 $P(A) \geqslant 0$;

(2) **规范性**:对于必然事件 S,有 $P(S) = 1$;

(3) **可列可加性**:设 $A_1, A_2, \cdots$ 是两两互不相容的事件,即对于 $i \neq j, A_i A_j = \varnothing, i, j = 1, 2, 3, \cdots$,则有 $P(\bigcup\limits_{i=1}^{\infty} A_i) = \sum\limits_{i=1}^{\infty} P(A_i)$

概率 $P(A)$ 是在一次试验中 A 事件发生的可能性大小的一个度量值.

5. 概率的性质

(1) $P(\varnothing) = 0$.

证 由于 $\varnothing = \varnothing \cup \varnothing \cup \varnothing \cdots$,

由概率的可列可加性有 $P(\varnothing) = P(\varnothing) + P(\varnothing) + \cdots$,

而 $P(\varnothing) \geqslant 0$,故必有 $P(\varnothing) = 0$.

(2) (有限可加性)设 $A_1, A_2, \cdots, A_n$ 是有限个两两互不相容的事件,则有

$$P(\sum_{i=1}^{n} A_i) = \sum_{i=1}^{n} P(A_i).$$

证 设 $A_{n+1} = A_{n+2} = \cdots = \varnothing$,由概率的可列可加性有

$$P(\sum_{i=1}^{n} A_i) = P(\sum_{i=1}^{\infty} A_i) = \sum_{i=1}^{\infty} P(A_i) = \sum_{i=1}^{n} P(A_i).$$

(3) 对于任意事件 A,有

$$P(\overline{A}) = 1 - P(A).$$

证 因为 $A \cup \overline{A} = S, A \cap \overline{A} = \varnothing$,由性质(2)有

$$1 = P(S) = P(A + \overline{A}) = P(A) + P(\overline{A})$$

即 $$P(\overline{A})=1-P(A) \text{ 或 } P(A)=1-P(\overline{A}).$$

(4) 设 A,B 是两个事件,若 $A \subset B$,则有

$$P(B-A)=P(B)-P(A) \text{ 且 } P(B) \geqslant P(A).$$

证 由 $A \subset B$ 知 $B=A \bigcup (B-A)$,且 $A \bigcap (B-A)=\varnothing$

所以由性质(2)得 $$P(B)=P(A)+P(B-A),$$

即 $$P(B-A)=P(B)-P(A).$$

又由于 $P(B-A) \geqslant 0$,得 $P(B) \geqslant P(A)$.

(5) 设 A,B 是任意两个事件,则有

$$P(B-A)=P(B)-P(AB).$$

证 因 $B-A=B-AB,AB \subset B$ 及性质(4)得

$$P(B-A)=P(B-AB)=P(B)-P(AB).$$

(6) 对任意事件 A,有 $P(A) \leqslant 1$.

证 因 $A \subset S$ 及性质(4)得

$$P(A) \leqslant P(S)=1.$$

从而对任意事件 A,有 $$0 \leqslant P(A) \leqslant 1.$$

1.2.2 等可能概型

1. 古典概型

例 1 设有 40 件同类产品,其中 37 件合格品,3 件次品,现从中随机地抽取一件进行检查.这里,所谓"随机地抽取",指的就是各件产品被抽到的可能性是相同的.由于 40 件产品中有 3 件次品,故即使不进行大量试验,我们也认为抽到次品的可能性为 $\frac{3}{40}$.

从上例中,我们看到一种简单而又直观地计算概率的方法,但要求随机试验具备两个条件.

定义 1.5 具备以下两个条件的试验称为古典概型.

(1) 试验的样本空间 S 仅由有限个样本点组成.

(2) 试验中每个基本事件发生是等可能的.

古典概型下,设 S 含 n 个样本点,事件 A 含 m 个样本点,则 A 的概率为

$$P(A) = \frac{A\text{ 中包含的基本事件数}}{\text{样本空间 }S\text{ 中所含基本事件总数}} = \frac{m}{n}. \qquad (1-1)$$

例 2　区别下列试验是否为古典概型：

(1) 10000 张奖券中有 2 张一等奖,从中任抽一张,求抽中一等奖的概率.(是古典概型问题)

(2) 某篮球运动员投篮一次,求投中的概率.(非古典概型问题)

例 3　抛一枚硬币,连抛三次(或同时抛三枚硬币一次),观察正反面情况.

(1) 写出样本空间；(2) 设 $A=$"恰有一次出现正面",求 $P(A)$；(3) 设 $B=$"至少有一次出现正面",求 $P(B)$.

解　设正面向上用 H 表示,反面向上用 T 表示,则

(1) 样本空间 S:$\{(H,H,H),(H,H,T),(H,T,T),(T,H,T),(H,T,H),(T,H,H),(T,T,H),(T,T,T)\}$.

(2) $P(A) = \dfrac{m}{n} = \dfrac{C_3^1}{2^3} = \dfrac{3}{8}$.

(3) $P(B) = \dfrac{m}{n} = \dfrac{2^3-1}{2^3} = \dfrac{7}{8}$.

例 4　有 10 件产品,其中 2 件次品,无放回地取出 3 件,求：

(1) 三件产品全是正品的概率；

(2) 三件产品中恰有一件次品的概率；

(3) 三件产品中至少有一件次品的概率.

解　如果考虑一次一件无放回地取三次,用排列来求；如果考虑一次性取 3 件,则用组合来求. 结果相同. 我们总是习惯用组合来求,这样要简单一些. 从 10 件产品中取出 3 件,共有 C_{10}^3 种取法,即有 C_{10}^3 个等可能的基本事件,$n=C_{10}^3$.

(1) 这三件产品全是正品的取法有 $m=C_8^3$ 种,所以：

$$P(A) = \frac{m}{n} = \frac{C_8^3}{C_{10}^3} = \frac{7}{15}.$$

(2) 这三件产品恰有一件次品的取法有 $m=C_8^2 C_2^1$ 种,所以：

$$P(B) = \frac{m}{n} = \frac{C_8^2 C_2^1}{C_{10}^3} = \frac{7}{15}.$$

（3）这三件产品至少有一件次品，包括两种情况：恰有一件次品，取法有 $C_8^2C_2^1$ 种；恰有两件次品，取法有 $C_8^1C_2^2$ 种. 所以：$m=C_8^2C_2^1+C_8^1C_2^2$.

$$P(C)=\frac{m}{n}=\frac{C_8^2C_2^1+C_8^1C_2^2}{C_{10}^3}=\frac{8}{15}.$$ 或 $P(C)=1-P(\overline{C})=1-\frac{C_8^3}{C_{10}^3}=\frac{8}{15}.$

例 5　设电话号码由 $0,1,2,3,\cdots,9$ 中的四个数字组成，任取一个电话号码，求它是由不同的数字组成的概率.

解　从 10 个不同的数字中，任取 4 个数字（可以重复），共有 $n=10^4$ 种排法，而由不同的 4 个数字组成电话号码的方法，共有 $m=A_{10}^4$，故所求事件的概率为：

$$P(A)=\frac{A_{10}^4}{10^4}=\frac{63}{125}.$$

2. 几何概型

古典概型是关于有限等可能结果的随机试验的概率模型. 现在考虑样本空间为一线段、平面区域或空间立体等可能随机试验的概率模型. 这就是几何概型.

如果在一个面积为 $M(S)$ 的区域 S 中等可能地任意投点. 这里等可能的含意是：点落入 S 中任意区域 A 的可能性大小与区域 A 的面积 $M(A)$ 成正比，而与 A 的位置和形状无关. 将"点落入区域 A"这一事件仍然记作 A，则有

$$P(A)=kM(A),$$

其中 k 为常数. 于是由

$$P(S)=kM(S)=1$$

知 $k=\dfrac{1}{M(S)}$. 从而有

$$P(A)=\frac{M(A)}{M(S)}.$$

定义 1.6　如果试验 E 的可能结果可以几何地表示为某区域 S 中的一个点（区域可以是一维、二维、三维的……），并且点落在 S 中的某区域 A 的概率与 A 的测度（长度、面积、体积等）成正比，而与 A 的位置无关，则随机点落在区域 A 的概率为

$$P(A) = \frac{A \text{ 的测度}}{S \text{ 的测度}} = \frac{M(A)}{M(S)}. \tag{1-2}$$

称(1-2)式定义的概率为**几何概率**.

例6 用计算机在$[0,10]$区间上任意打出一个随机数x,求x小于3的概率.

解 这是一个随机试验,样本空间为$S=[0,10]$,x出现的位置是样本点,可以认为x在$[0,10]$上任何长度相等的区间出现的可能性是相同的.

设$A=$"x小于3",则$A=(0,3)$. 于是所求概率为

$$P(A) = \frac{M(A)}{M(S)} = \frac{3}{10}.$$

例7 甲、乙二人约定某天下午6点到7点之间在一电影院门口会面,先到者等候另一人20分钟,过时就离去,求二人能会面的概率.

解 用x及y分别表甲、乙二人到达时刻(单位:分钟),他们都等可能地取区间$[0,60]$上的任一值:

$$0 \leqslant x \leqslant 60, 0 \leqslant y \leqslant 60,$$

以(x,y)表xOy平面上一点,则样本空间是由边长为60的正方形上的点组成的区域:

$$S = \{(x,y) \mid 0 \leqslant x \leqslant 60, \quad 0 \leqslant y \leqslant 60\},$$

二人要能会面,则后来者晚到的时间不能超过20分钟,若用A表示"二人能会面"这一事件,则

$$A = \{(x,y) \mid |x-y| \leqslant 20\}.$$

S可用平面中的一个正方形表示,A是由正方形内满足上式的点组成的区域$A(\subset S)$,如图1-8阴影部分所示:

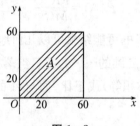

图1-8

由定义式(1-2)得

$$P(A) = \frac{M(A)}{M(S)} = \frac{60^2 - (60-20)^2}{60^2} = \frac{5}{9}.$$

1.2.3　概率的加法公式

1. 互不相容事件的加法公式

为了强化对概率性质中有限可加性的应用和理解,我们把它作为加法公式单列出来.

(1) 两个互不相容事件的和的概率,等于它们概率的和.

即,若 A 与 B 互不相容,则

$$P(A \cup B) = P(A) + P(B). \tag{1-3}$$

(2) 若 $A_1, A_2, \cdots, A_n$ 两两互不相容,则

$$P(A_1 \cup A_2 \cup \cdots \cup A_n) = P(A_1) + P(A_2) + \cdots + P(A_n). \tag{1-4}$$

例 8　某产品分一等品、二等品与废品三种,若一等品率为 0.73,二等品率为 0.21,求产品的合格品率和废品率.

解　分别用 A, B, C 表示"一等品""二等品"和"合格品",则 $\overline{C}$ 表示"废品",且 $C = A \cup B$,由于 A 与 B 互不相容,所以

$$P(C) = P(A \cup B) = P(A) + P(B) = 0.73 + 0.21 = 0.94,$$
$$P(\overline{C}) = 1 - P(C) = 1 - 0.94 = 0.06.$$

例 9　在 20 个电子元件中,有 15 个正品,5 个次品,从中任意抽取 4 个. 至少抽到 2 个次品的概率是多少?

解　设事件 A＝"抽到 2 个次品",B＝"抽到 3 个次品",C＝"抽到 4 个次品". 容易看出,A, B, C 互不相容.

$$P(\text{"至少抽到 2 个次品"}) = P(A \cup B \cup C) = P(A) + P(B) + P(C)$$
$$= \frac{C_{15}^2 C_5^2}{C_{20}^4} + \frac{C_{15}^1 C_5^3}{C_{20}^4} + \frac{C_5^4}{C_{20}^4} = 0.25.$$

例 10　袋中有 20 个球,其中有 3 个白球,17 个黑球,从中任取 3 个球,求至少有一个白球的概率.

解　我们用 A_i 表示"任取 3 球时取到 i 个白球"($i=0,1,2,3$),用 A 表示

"任取 3 球至少有 1 个白球".

解法一 （利用古典概型来解）

$$P(A) = \frac{C_3^1 C_{17}^2 + C_3^2 C_{17}^1 + C_3^3 C_{17}^0}{C_{20}^3} = \frac{23}{57}.$$

解法二 （利用加法公式来解）

由于 A_1, A_2, A_3 两两互不相容,所以:

$$P(A) = P(A_1 \bigcup A_2 \bigcup A_3) = P(A_1) + P(A_2) + P(A_3)$$

$$= \frac{C_3^1 C_{17}^2}{C_{20}^3} + \frac{C_3^2 C_{17}^1}{C_{20}^3} + \frac{C_3^3 C_{17}^0}{C_{20}^3} = \frac{23}{57}.$$

解法三 （利用逆事件的概率公式来解）

A 的逆事件 $\overline{A}$ 表示"任取 3 球时一个白球也没取到",即 $\overline{A} = A_0$. 所以,

$$P(A) = 1 - P(A_0) = 1 - \frac{C_3^0 C_{17}^3}{C_{20}^3} = \frac{23}{57}.$$

2. 任意事件的加法公式

(1)对于任意事件 A 与 B,有

$$P(A \bigcup B) = P(A) + P(B) - P(AB). \tag{1-5}$$

证明 因 $A \bigcup B = A + (B - AB)$ 且 $A \bigcap (B - AB) = \varnothing$,有:

$$P(B \bigcup A) = P(A) + P(B - AB),$$

又因 $AB \subset B$,由性质 4: $P(B - AB) = P(B) - P(AB)$,

故　　　　　$P(A \bigcup B) = P(B) + P(A) - P(AB).$

(2) 对任意三个事件 A, B, C 有

$$P(A \bigcup B \bigcup C) = P(A) + P(B) + P(C) - P(AB) - P(AC) - P(BC) + P(ABC).$$

(3) 对任意 n 个事件 $A_1, A_2, \cdots, A_n$ 有

$$P(A_1 \bigcup A_2 \bigcup \cdots \bigcup A_n) = \sum_{i=1}^{n} P(A_i) - \sum_{1 \leqslant i < j \leqslant n} P(A_i A_j) + \sum_{1 \leqslant i < j < k \leqslant n} P(A_i A_j A_k)$$

$$+ \cdots + (-1)^{n-1} P(A_1 A_2 \cdots A_n).$$

例 11 观察某地区未来 5 天的天气情况,记 A_i 为事件:"有 i 天不下雨"$(i = 0, 1, 2, 3, 4, 5)$. 已知 $P(A_i) = i P(A_0)$ $(i = 1, 2, 3, 4, 5)$. 求下列各事件的概率:

(1) 5 天均下雨；

(2) 至少一天不下雨；

(3) 至多三天不下雨.

解　设 $A=$"5 天均下雨",$B=$"5 天中至少一天不下雨",$C=$"5 天中至多三天不下雨".

因 $A_0,A_1,\cdots,A_5$ 两两互不相容,且 $\bigcup\limits_{i=0}^{5}A_i=S$,从而

$$1=P(S)=P(\bigcup\limits_{i=0}^{5}A_i)=\sum\limits_{i=0}^{5}P(A_i)$$

$$=P(A_0)+\sum\limits_{i=1}^{5}iP(A_0)=16P(A_0).$$

于是可求得

$$P(A_0)=\frac{1}{16},P(A_i)=\frac{i}{16}(i=1,2,3,4,5).\ 则$$

(1) $P(A)=P(A_0)=\dfrac{1}{16}$;

(2) $P(B)=P(\bigcup\limits_{i=1}^{5}A_i)=1-P(A_0)=\dfrac{15}{16}$;

(3) $P(C)=P(\bigcup\limits_{i=0}^{3}A_i)=P(A_0)+P(A_1)+P(A_2)+P(A_3)=\dfrac{7}{16}.$

例 12　已知 $P(\overline{A})=0.5,P(\overline{A}B)=0.2,P(B)=0.4.$ 求:(1) $P(AB)$;(2) $P(A-B)$;(3) $P(A\bigcup B)$;(4) $P(\overline{A}\ \overline{B})$.

解　(1)因为 $AB+\overline{A}B=B$,且 AB 与 $\overline{A}B$ 是互不相容的,所以有

$$P(AB)+P(\overline{A}B)=P(B).$$

于是　　$P(AB)=P(B)-P(\overline{A}B)=0.4-0.2=0.2.$

(2) $P(A)=1-P(\overline{A})=1-0.5=0.5,$

　　$P(A-B)=P(A)-P(AB)=0.5-0.2=0.3;$

(3) $P(A\bigcup B)=P(A)+P(B)-P(AB)=0.5+0.4-0.2=0.7;$

(4) $P(\overline{A}\ \overline{B})=P(\overline{A\bigcup B})=1-P(A\bigcup B)=1-0.7=0.3.$

§1.3 条件概率与乘法公式

1.3.1 条件概率

1. 条件概率的概念

在实际问题中,我们往往会遇到求在事件 B 已发生的条件下,事件 A 发生的概率,由于增加了新的条件"事件 B 已发生",所以称之为条件概率,记作 $P(A|B)$,把 $P(A)$ 称为无条件概率或原概率.

例1 某厂生产的 100 件产品中,一等品有 60 个,二等品有 35 个,废品有 5 个.

(1) 若从这 100 件产品中任取一件,这件是一等品的概率是多少? 是合格品的概率是多少?

(2) 若从合格品中任取一件,这件是一等品的概率是多少?

解 设 $A=$"任取一件是一等品",$B=$"任取一件是合格品".

则:(1) $P(A)=\dfrac{C_{60}^1}{C_{100}^1}=\dfrac{60}{100}=0.6$,$P(B)=\dfrac{C_{95}^1}{C_{100}^1}=\dfrac{95}{100}=0.95$.

(2) $P(A|B)=\dfrac{C_{60}^1}{C_{95}^1}=\dfrac{60}{95}=0.632$.

例2 市场上供应的灯泡中,甲厂产品占 70%,乙厂占 30%,甲厂产品的合格率是 95%,乙厂的产品合格率是 80%.若用事件 A,B 分别表示甲、乙厂产品,C 表示产品为合格品.试写出题中有关事件的概率.

解 依题意有

$$P(A)=70\%,P(B)=30\%,P(C|A)=95\%,P(C|B)=80\%,$$
$$P(\overline{C}|A)=5\%,P(\overline{C}|B)=20\%.$$

2. 条件概率和原概率的关系

例3 某班有学生 50 人,其中男生 35 人,女生 15 人.年龄在 20 岁以上的 30 人,其中女生 6 人,男生 24 人.

设 $A=$"男生",$\overline{A}=$"女生",$B=$"年龄超 20 岁",

$\overline{B}$="年龄小于等于 20",则

$$P(A)=35/50=0.7, P(AB)=24/50=0.48,$$

$$P(B|A)=24/35=0.686, P(B|\overline{A})=6/15=0.4.$$

样本空间 S 由于条件不同而由 50 缩减为 35(男生),15(女生). 条件概率是一个缩减样本空间的过程. 并且从上例中看到:

$$P(AB)=P(A)P(B|A).$$

定义 1.7 若 $P(A)>0$,则称

$$P(B|A)=\frac{P(AB)}{P(A)} \tag{1-6}$$

为在 A 发生的条件下,事件 B 发生的概率.

或 $P(B)>0, P(A|B)=\dfrac{P(AB)}{P(B)}$ 为在 B 发生的条件下,事件 A 发生的概率.

不难验证,条件概率 $P(\cdot|A)$ 符合概率定义中的三条公理. 即

(1) 非负性:对任意事件 B,有 $P(B|A) \geqslant 0$;

(2) 规范性:$P(S|A)=1$;

(3) 可列可加性:若可列个事件 $B_1, B_2, \cdots$ 两两互不相容,即当 $i \neq j$ 时,$B_i B_j = \varnothing$,则有

$$P(\bigcup_{i=1}^{\infty} B_i | A) = \sum_{i=1}^{\infty} P(B_i | A).$$

既然条件概率符合概率定义,于是概率的一切性质都适用于条件概率. 例如,

(1) 对于任意事件 A_1, A_2,有

$$P((A_1 \bigcup A_2)|B)=P(A_1|B)+P(A_2|B)-P(A_1 A_2|B);$$

(2) $P(A|B)=1-P(\overline{A}|B)$;

(3) $P(\varnothing|B)=0$;

(4) $P(A)=P(A|S)$.

1.3.2 任意事件的乘法公式

1. 两个事件 A,B 的乘法公式

两事件 A,B 乘积的概率,等于其中一个事件的概率与另一个事件在前一事件已经发生条件下的条件概率的乘积. 即

$$P(AB)=P(A)P(B|A),P(A)>0. \tag{1-7}$$

$$P(AB)=P(B)P(A|B),P(B)>0. \tag{1-8}$$

2. 三个事件 A,B,C 的乘法公式

设 A,B,C 为事件,且 $P(AB)>0$,则有

$$P(ABC)=P(A)P(B|A)P(C|AB). \tag{1-9}$$

3. n 个事件的乘法公式

设 $A_1,A_2,A_3,\cdots,A_n$ 为 n 个事件,$n\geqslant2$ 且 $P(A_1A_2\cdots A_{n-1})>0$,则有

$$P(A_1A_2\cdots A_n)=P(A_1)P(A_2|A_1)P(A_3|A_1A_2)\cdots P(A_n|A_1A_2\cdots A_{n-1}).$$
$$\tag{1-10}$$

例 4 某实验室收到 10 包土壤标本,其中 3 包是从甲地采集的,7 包是从乙地采集的. 现从中任取 2 包,一次一包,不放回. 问:

(1) 两次都取到乙地标本的概率是多少? (2) 第二次取到乙地标本的概率是多少? (3) 第二次才取到乙地标本的概率是多少?

解 设 $A=$"第一次取到乙地标本",$B=$"第二次取到乙地标本". 则

(1) $P(AB)=P(A)P(B|A)=\dfrac{7}{10}\times\dfrac{6}{9}=\dfrac{7}{15}.$

(2) $P(B)=P(AB\bigcup\overline{A}B)=P(AB)+P(\overline{A}B)$

$$=\frac{7}{15}+P(\overline{A})P(B|\overline{A})=\frac{7}{15}+\frac{3}{10}\times\frac{7}{9}=\frac{7}{10}.$$

(3) $P(\overline{A}B)=P(\overline{A})P(B|\overline{A})=\dfrac{3}{10}\times\dfrac{7}{9}=\dfrac{7}{30}.$

例 5 一箱中有 100 只灯泡,其中有 5 个次品. 甲、乙、丙三人各从中取走一只,甲先取,乙其次,丙最后. 求甲、乙都取到正品而丙取到次品的概率.

解 设 A,B,C 分别表示甲,乙,丙取到正品. 则:

$$P(A)=95/100,P(B|A)=94/99,P(\overline{C}|AB)=5/98.$$

所以,$P(AB\overline{C})=P(A)P(B|A)P(\overline{C}|AB)$

$$=\frac{95}{100}\times\frac{94}{99}\times\frac{5}{98}$$

$$=0.041.$$

例 6 十个考签中,四个难的,三人参加抽签(不放回),甲先,乙次,丙最后. 记事件 A,B,C 分别表示甲、乙、丙各抽到难签. 求 $P(A),P(B),P(C)$.

解 $P(A)=\dfrac{2}{5}$.

$$P(B)=P(AB\bigcup\overline{A}B)=P(AB)+P(\overline{A}B)$$

$$=P(A)P(B|A)+P(\overline{A})P(B|\overline{A})$$

$$=\frac{4}{10}\times\frac{3}{9}+\frac{6}{10}\times\frac{4}{9}=\frac{2}{5}.$$

$$P(C)=P(ABC\bigcup A\overline{B}C\bigcup\overline{A}BC\bigcup\overline{A}\,\overline{B}C)$$

$$=P(ABC)+P(A\overline{B}C)+P(\overline{A}BC)+P(\overline{A}\,\overline{B}C)$$

$$=P(A)P(B|A)P(C|AB)+P(A)P(\overline{B}|A)P(C|A\overline{B})$$

$$\quad+P(\overline{A})P(B|\overline{A})P(C|\overline{A}B)+P(\overline{A})P(\overline{B}|\overline{A})P(C|\overline{A}\,\overline{B})$$

$$=\frac{4}{10}\times\frac{3}{9}\times\frac{2}{8}+\frac{4}{10}\times\frac{6}{9}\times\frac{3}{8}+\frac{6}{10}\times\frac{4}{9}\times\frac{3}{8}+\frac{6}{10}\times\frac{5}{9}\times\frac{4}{8}$$

$$=\frac{24+72+72+120}{720}=\frac{2}{5}.$$

另解 甲、乙、丙抽签,事实上就是从十个考签中抽了三次签,记为 k 次 $(k=1,2,3)$,求第 k 次抽到难签的概率 $P(A)$. 把从十个考签中抽取 k 个签的一个排列看做是一个样本点,其总数为 A_{10}^{k},第 k 次抽到难签有 4 种可能,前面的 $k-1$ 次是从 9 个签中任取 $k-1$ 个,其样本点数为 $4A_{9}^{k-1}$,因此所求概率为

$$P(A)=\frac{4A_{9}^{k-1}}{A_{10}^{k}}=\frac{2}{5}.$$

这个概率是与 k 无关的,因此,甲、乙、丙各抽到难签的概率都是 $\dfrac{2}{5}$. 即抽签与先后次序无关. 这个问题所体现的原理称为**抽签原理**,在今后可直接使用.

§1.4 全概率公式和贝叶斯公式

1.4.1 全概率公式

例1 盒中有 5 只乒乓球,其中 3 只新的,2 只旧的,从中不放回地取 2 次,每次一只,求第二次取到新球的概率.

解 设 A,B 分别表示第一、二次取到新球,

则 $B=BS=B(A\cup\overline{A})=AB\cup\overline{A}B$,

所以,$P(B)=P(AB)+P(\overline{A}B)=P(A)P(B|A)+P(\overline{A})P(B|\overline{A})$

$$=\frac{3}{5}\times\frac{2}{4}+\frac{2}{5}\times\frac{3}{4}=0.6.$$

上述解题的实质是把一个复杂事件分解为若干个互不相容的简单事件,再将概率的加法公式和乘法定理结合起来,这就产生了所谓的全概率公式.

1. 样本空间划分的定义

定义 1.8 设 S 为试验 E 的样本空间,A_1,A_2,$\cdots$,A_n 为 E 的一组事件. 若

(1) $A_iA_j=\varnothing$,$i\neq j$,$i,j=1$,$2,\cdots,n$;

(2) $A_1\cup A_2\cup\cdots\cup A_n=S$,

则称 A_1,A_2,$\cdots$,A_n 为样本空间 S 的一个划分或完备事件组.

若 A_1,A_2,$\cdots$,A_n 为样本空间 S 的一个划分,那么,对每次试验,事件 A_1,A_2,$\cdots$,A_n 中必有一个且仅有一个发生.

例如,设试验 E 为"掷一颗骰子观察其点数",它的样本空间 $S=\{1,2,3,4,5,6\}$. E 的一组事件 $B_1=\{1,2,3\}$,$B_2=\{4,5\}$,$B_3=\{6\}$是 S 的一个划分. 而事件组 $C_1=\{1,2,3\}$,$C_2=\{4,5\}$,$C_3=\{5,6\}$不是 S 的一个划分.

2. 全概率公式

定理 1.1 设 S 为试验 E 的样本空间,B 为 E 的事件,A_1,A_2,$\cdots$,A_n 为 S 的一个划分,且 $P(A_i)>0(i=1$,$2,\cdots,n)$,则

$$P(B) = \sum_{i=1}^{n} P(A_i) P(B \mid A_i) \tag{1-11}$$

称为**全概率公式**.

证　因为 $B = BS = B(A_1 \bigcup A_2 \bigcup \cdots \bigcup A_n) = BA_1 \bigcup BA_2 \bigcup \cdots \bigcup BA_n$,

又由假设 $P(A_i) > 0 (i = 1, 2, \cdots, n)$,且 $A_i A_j = \varnothing, i \neq j, i, j = 1, 2, \cdots,$ n,得到

$$P(B) = P(BA_1 \bigcup BA_2 \bigcup \cdots \bigcup BA_n) = \sum_{i=1}^{n} P(BA_i) = \sum_{i=1}^{n} P(A_i) P(B \mid A_i).$$

例 2　某工厂有 4 个车间生产同一种产品,其产量分别占总产量的 15%, 20%,30% 和 35%,各车间的次品率依次为 $0.05, 0.04, 0.03$ 及 0.02. 现在从出厂产品中任意取一件,问恰好抽到次品的概率是多少?

解　设 $A_i = \{$任取一件,恰取到第 i 车间的产品$\}, i = 1, 2, 3, 4; B = \{$任取一件,恰取到次品$\}$.

则 A_1, A_2, A_3, A_4 为样本空间 S 的一个划分,依题意有

$$P(A_1) = \frac{15}{100}, P(A_2) = \frac{20}{100}, P(A_3) = \frac{30}{100}, P(A_4) = \frac{35}{100},$$

$$P(B|A_1) = 0.05, P(B|A_2) = 0.04, P(B|A_3) = 0.03, P(B|A_4) = 0.02.$$
于是由全概率公式可得

$$P(B) = \sum_{i=1}^{n} P(A_i) P(B \mid A_i)$$
$$= \frac{15}{100} \times 0.05 + \frac{20}{100} \times 0.04 + \frac{30}{100} \times 0.03 + \frac{35}{100} \times 0.02$$
$$= 0.0315.$$

例 3　12 个乒乓球都是新球,每次比赛时取出 3 个用完后放回去,求第三次比赛时取到的 3 个球都是新球的概率.

解　设事件 B_i 分别表示第二次比赛时取到 i 个新球$(i = 0, 1, 2, 3)$. C 表示第三次比赛时取到 3 个新球. 显然,B_0, B_1, B_2, B_3 构成一个完备事件组,根据概率的古典定义得

$$P(B_i) = \frac{C_9^i C_3^{3-i}}{C_{12}^3}, \quad i = 0, 1, 2, 3;$$

$$P(C|B_i) = \frac{C_{9-i}^3}{C_{12}^3}, \quad i = 0, 1, 2, 3;$$

$$P(C) = \sum_{i=0}^{3} P(B_i)P(C \mid B_i) = \sum_{i=0}^{3} \frac{C_9^i C_3^{3-i}}{C_{12}^3} \cdot \frac{C_{9-i}^3}{C_{12}^3} \approx 0.146.$$

1.4.2 贝叶斯(Bayes)公式

定理 1.2　设 S 为试验 E 的样本空间，B 为 E 的事件，A_1，A_2，$\cdots$，A_n 为 S 的一个划分，且 $P(B) > 0, P(A_i) > 0(i = 1, 2, \cdots, n)$，则

$$P(A_i \mid B) = \frac{P(A_i)P(B \mid A_i)}{\sum\limits_{j=1}^{n} P(A_j)P(B \mid A_j)}, i = 1, 2, \cdots, n. \tag{1-12}$$

称此公式为贝叶斯公式.

证　由条件概率定义、乘法公式及全概率公式得

$$P(A_i|B) = \frac{P(A_iB)}{P(B)} = \frac{P(A_i)P(B|A_i)}{\sum\limits_{j=1}^{n} P(A_j)P(B|A_j)}, i = 1, 2, \cdots, n.$$

这个公式，首先由英国数学家托马斯·贝叶斯(Bayes)所提出，并在他逝世两年后的 1763 年公开发表，其原理在工程技术、经济分析、投资决策等多方面有十分重要的实用价值.

例 4　某工厂有 4 个车间生产同一种产品，其产量分别占总产量的 15%，20%，30% 和 35%，各车间的次品率依次为 0.05, 0.04, 0.03 及 0.02. 现在从出厂产品中任意取一件，结果为次品，但该件产品是哪个车间生产的标志已经脱落，问此件次品由哪一个车间生产的概率最大？

解　设 $A_i = \{$任取一件，恰取到第 i 车间的产品$\}, i = 1, 2, 3, 4; B = \{$任取一件，恰取到次品$\}$. 则 A_1, A_2, A_3, A_4 为样本空间 S 的一个划分，依题意有

$$P(A_1) = \frac{15}{100}, P(A_2) = \frac{20}{100}, P(A_3) = \frac{30}{100}, P(A_4) = \frac{35}{100},$$

$$P(B|A_1) = 0.05, P(B|A_2) = 0.04, P(B|A_3) = 0.03, P(B|A_4) = 0.02,$$

于是由贝叶斯公式可得

$$P(A_1 \mid B) = \frac{P(A_1)P(B \mid A_1)}{\sum\limits_{j=1}^{4} P(A_j)P(B \mid A_j)} = \frac{0.15 \times 0.05}{0.0315} \approx 0.238,$$

$$P(A_2 \mid B) = \frac{P(A_2)P(B \mid A_2)}{\sum\limits_{j=1}^{4} P(A_j)P(B \mid A_j)} = \frac{0.20 \times 0.04}{0.0315} \approx 0.254,$$

$$P(A_3 \mid B) = \frac{P(A_3)P(B \mid A_3)}{\sum\limits_{j=1}^{4} P(A_j)P(B \mid A_j)} = \frac{0.30 \times 0.03}{0.0315} \approx 0.286,$$

$$P(A_4 \mid B) = \frac{P(A_4)P(B \mid A_4)}{\sum\limits_{j=1}^{4} P(A_j)P(B \mid A_j)} = \frac{0.35 \times 0.02}{0.0315} \approx 0.222.$$

所以该件产品由第 $1,2,3,4$ 车间生产的概率分别为 $0.238,0.254,$ $0.286,0.222.$ 第三车间生产的概率最大.

在这个例子中,$P(A_i)(i=1,2,3,4)$ 是在试验以前已经知道的概率,所以习惯称它们为先验概率. 在试验结果出现次品(即 B 发生)后,这时求条件概率 $P(A_i|B)(i=1,2,3,4)$,通常称为后验概率.

例5 设患肺病的人经过检查,被查出的概率为 95%,而未患肺病的人经过检查,被误认为有肺病的概率为 2%;又设全城居民中患有肺病的概率为 0.04%,若从居民中随机抽一人检查,诊断为有肺病,求这个人确实患有肺病的概率.

解 以 A 表示某居民患肺病的事件,$\overline{A}$ 即表示无肺病. 设 B 为检查后诊断为有肺病的事件,要求 $P(A|B)$. A 与 $\overline{A}$ 为样本空间 Ω 的一个划分,由贝叶斯公式可得

$$P(A|B) = \frac{P(A)P(B|A)}{P(A)P(B|A) + P(\overline{A})P(B|\overline{A})}$$

$$P(A) = 0.0004, P(\overline{A}) = 0.9996,$$

$$P(B|A) = 0.95 \quad P(B|\overline{A}) = 0.02,$$

故 $$P(A|B) = \frac{0.0004 \times 0.95}{0.0004 \times 0.95 + 0.9996 \times 0.02} = 0.0187.$$

因此,这个人确实患有肺病的概率为 $0.0187.$

虽然检验法相当可靠,但是一次检验诊断为有肺病的人确实患有肺病的可能性不大. 换言之,一次检验提供的信息量不足以作出判断.

§1.5　事件的独立性与伯努利概型

1.5.1　两个事件的独立性

在实际问题中常有这样的情况,事件 A 发生的可能性不受事件 B 发生与否的影响,这就是事件的独立性问题.

定义 1.9　设 A,B 是两事件,如果满足等式

$$P(AB)=P(A)P(B),\qquad\qquad(1-13)$$

则称事件 A,B 相互独立,简称 A,B 独立.

例 1　设 100 件产品中有 5 件次品,用放回抽取的方法,随机抽取两件,求:

(1) 在第一次抽得次品的条件下第二次抽得次品的概率.

(2) 求第一次和第二次都抽得次品的概率.

解　设 $A=\{$第一次抽得次品$\},B=\{$第二次抽得次品$\}$.

因为是放回抽取,所以第一次抽取不会影响第二次抽取,即 A 与 B 是独立的,所以

(1) $P(B|A)=P(B)=0.05$,

(2) $P(AB)=P(A)P(B)=0.05\times0.05=0.0025$.

定理 1.3　若事件 A 与 B 相互独立,则 A 与 $\overline{B}$,$\overline{A}$ 与 B,$\overline{A}$ 与 $\overline{B}$ 各对事件也相互独立.

证　因为 $AB\subset A$,又 A 与 B 独立,

所以　　　　$P(A\overline{B})=P(A-AB)=P(A)-P(AB)$

　　　　　　　　　　$=P(A)-P(A)P(B)$

　　　　　　　　　　$=P(A)[1-P(B)]=P(A)P(\overline{B})$,

即 A 与 $\overline{B}$ 相互独立.

又由 $P(\overline{A}B)=P(B-AB)$ 得 $\overline{A}$ 与 B 相互独立,可立即推得 $\overline{A}$ 与 $\overline{B}$ 相互独立.

另外,任意事件 A 与 $S,\varnothing$ 是相互独立的.事实上,有

$$P(AS) = P(A) = P(A)P(S), P(A\varnothing) = P(\varnothing) = 0 = P(A)P(\varnothing).$$

从而,当事件 A 与 B 相互独立时,其加法公式为:

$$P(A \cup B) = 1 - P(\overline{A \cup B}) = 1 - P(\overline{A}\,\overline{B}) = 1 - P(\overline{A})P(\overline{B}). \quad (1-14)$$

1.5.2　三个事件的独立性

定义 1.10　设 A, B, C 是三个事件,如果满足等式

$$P(AB) = P(A)P(B),$$

$$P(AC) = P(A)P(C),$$

$$P(BC) = P(B)P(C),$$

$$P(ABC) = P(A)P(B)P(C),$$

则称事件 A, B, C 相互独立.

1.5.3　n 个事件的独立性

一般地,设 $A_1, A_2, \cdots, A_n (n \geqslant 2)$ 是 n 个事件,如果其中任意 2 个,任意 3 个,$\cdots\cdots$,任意 n 个事件的积的概率,都等于各个事件概率之积,则称 $A_1, A_2, \cdots, A_n$ 相互独立.

由此可知:

(1) 若事件 $A_1, A_2, \cdots, A_n (n \geqslant 2)$ 相互独立,则其中任意 $k (2 \leqslant k \leqslant n)$ 个事件也相互独立.

(2) 若 n 个事件 $A_1, A_2, \cdots, A_n (n \geqslant 2)$ 相互独立,则将 $A_1, A_2, \cdots, A_n$ 中任意多个事件换成它们的对立事件,所得的 n 个事件仍相互独立.

(3) 若 $A_1, A_2, \cdots, A_n$ 相互独立,有 $P(A_1 A_2 \cdots A_n) = \prod_{i=1}^{n} P(A_i)$;

(4) 若 $A_1, A_2, \cdots, A_n$ 相互独立,有 $P\left(\sum_{i=1}^{n} A_i\right) = 1 - \prod_{i=1}^{n} P(\overline{A_i})$.

例 2　设每门炮射击命中率均为 0.6,现在要保证 0.99 的概率击中敌阵地目标,问至少应配备几门炮?

解　设至少应配备 n 门炮,A_i 表示第 i 门炮击中目标($i = 1, 2, \cdots, n$)且 $A_1, A_2, \cdots, A_n$ 相互独立,B 表示敌阵地目标被击中,则

$$B = A_1 \cup A_2 \cup \cdots \cup A_n$$

$$P(B) = 1 - P(\overline{A_1}\,\overline{A_2}\cdots\overline{A_n})$$
$$= 1 - P(\overline{A_1})P(\overline{A_2})\cdots P(\overline{A_n})$$
$$= 1 - 0.4^n$$
$$= 0.99,$$
$$0.4^n = 0.01, n \approx 5.026.$$

因此,至少应配备 6 门炮.

例 3 (可靠性问题)设有 6 个元件,每个元件的可靠度均为 0.9,且各元件能否正常工作是相互独立的. 若按下列方式装配成附加通路系统,如图 1-2,试求系统能正常工作的概率.

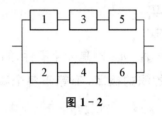

图 1-2

解 设 $A_i = \{$第 i 个元件能正常工作$\}$,$B = \{$系统能正常工作$\}$,则

$$P(A_i) = 0.9 \quad (i=1,2,3,4,5,6), B = A_1 A_3 A_5 \bigcup A_2 A_4 A_6,$$

于是 $P(B) = P(A_1 A_3 A_5 \bigcup A_2 A_4 A_6)$

$$= P(A_1 A_3 A_5) + P(A_2 A_4 A_6) - P(A_1 A_2 A_3 A_4 A_5 A_6)$$
$$= P(A_1)P(A_3)P(A_5) + P(A_2)P(A_4)P(A_6) - P(A_1)P(A_2)\cdots$$
$$P(A_6)$$
$$= (0.9)^3 + (0.9)^3 - (0.9)^6 = 0.926559$$

1.5.4 事件独立性和互斥的区别

需要指出,事件 A,B 相互独立与 A,B 互不相容,是两个不同的概念,我们切不可将其混淆起来. 所谓 A,B 相互独立,其实质是事件 A 的发生与事件 B 是否发生毫无关系;所谓 A,B 互不相容,即 A 与 B 不能同时发生,其实质是事件 B 的发生,必然导致事件 A 的不发生,从而事件 A 的发生与否同事件 B 是否发生密切相关.

1.5.5　伯努利概型

1. n 重伯努利概型

如果试验 E 的可能结果只有两个：A 与 $\overline{A}$，且记 $P(A)=p$，$P(\overline{A})=1-p=q$，称之为伯努利（Bernoulli）试验，若将试验 E 重复进行 n 次，且每次试验结果互不影响（独立的），则称为 n 重伯努利试验，相应的数学模型称为 n 重伯努利概型.

2. 二项概率公式

由于伯努利概型是一个常见、十分有用的概型，有如下重要定理：

定理 1.4　设事件 A 在每次试验中发生的概率为 $p(0<p<1)$，不发生的概率为 $q(q=1-p)$，则在 n 重伯努利试验中，事件 A 恰好发生 k 次的概率为

$$P_n(k)=C_n^k p^k q^{n-k}, \quad k=0,1,2,\cdots,n. \tag{1-15}$$

证　设 $A_i=\{$第 i 次试验中 A 发生$\}(i=1,2,\cdots,n)$，由伯努利概型知，在 n 次试验中，事件 A 在指定的 k 次试验中发生（例如指定在前 k 次发生），其余 $n-k$ 次试验中不发生的概率为

$$P(A_1 A_2 \cdots A_k \overline{A}_{k+1} \cdots \overline{A}_n)=P(A_1)P(A_2)\cdots P(A_k)P(\overline{A}_{k+1})\cdots P(\overline{A}_n)$$
$$=p^k q^{n-k}.$$

由于 n 次试验中 A 发生 k 次的方式很多（在前 k 次发生，只是其中一种方式），其总数相当于 k 个相同质点安排在 n 个位置（每个位置至多安排一个质点）上的所有可能方式，应共有 C_n^k 种方式，而 C_n^k 种方式对应 C_n^k 个事件.

这 C_n^k 个事件中，任何一个发生都导致事件$\{$在 n 次试验中，事件 A 恰好发生 k 次$\}$发生，且这 C_n^k 个事件又是互斥的，则由概率的加法公式得

$$P_n(k)=\underbrace{p^k q^{n-k}+p^k q^{n-k}+\cdots+p^k q^{n-k}}_{C_n^k}$$
$$=C_n^k p^k q^{n-k}, \quad k=0,1,2,\cdots,n.$$

利用牛顿二项式定理即可得到.

即
$$\sum_{k=0}^{n} P_n(k)=\sum_{k=0}^{n} C_n^k p^k q^{n-k}=(p+q)^n=1.$$

由于公式 $P_n(k)=C_n^k p^k q^{n-k}$，$k=0,1,2,\cdots,n$ 正好是二项式 $(p+q)^n$ 的展

开式中的各项,故称此公式为二项概率公式.

例 4　一批产品中,有 20％的次品,进行重复抽样检查,共取 5 件样品,计算这 5 件样品中恰好有 3 件次品的概率.

解　设 A 为 5 件样品中恰好有 3 件次品的事件.

这里,重复抽样检查是五重伯努利试验,$n＝5,p＝0.2,q＝1-p＝0.8$,按二项概率公式,得

$$P(A_3)＝C_5^3 (0.2)^3 (0.8)^2＝0.0512.$$

例 5　对某种药物的疗效进行研究,设药物对某种疾病有效率为 $p＝0.8$,现有 10 名患此疾病的病人同时服用此药,求其中至少有 6 名病人服用有效的概率.

解　这是伯努利概型,$n＝10,p＝0.8$,记 $A＝\{$至少有 6 名患者服药有效$\}$,则

$$P(A)＝P_{10}(6)＋P_{10}(7)＋P_{10}(8)＋P_{10}(9)＋P_{10}(10)$$

$$＝\sum_{k=6}^{10} C_{10}^k (0.8)^k (0.2)^{10-k}≈0.97.$$

习 题 一

一、填空题

1. 设 A,B,C 表示三个随机事件,试用 A,B,C 表示下列事件:① 三个事件都发生＿＿＿＿＿＿;② A,B 发生,C 不发生＿＿＿＿＿＿;③ 三个事件中至少有一个发生＿＿＿＿＿＿,④ 三个事件恰有一个发生＿＿＿＿＿＿,⑤ 三个事件中至少有两个发生＿＿＿＿＿＿.

2. 若事件 A 发生必然导致事件 B 发生,则称事件 B＿＿＿＿事件 A.

3. 设 A,B 为事件,若 $A∪B＝S$ 且 $A∩B＝∅$,则称事件 A 与事件 B 互为＿＿＿＿事件.

4. 设 A,B 为事件,若 $A∩B＝∅$,则称事件 A 与 B 是＿＿＿＿＿＿的.

5. 设 A,B 为事件,且 $A⊂B$,则有 $P(B-A)＝$＿＿＿＿＿＿.

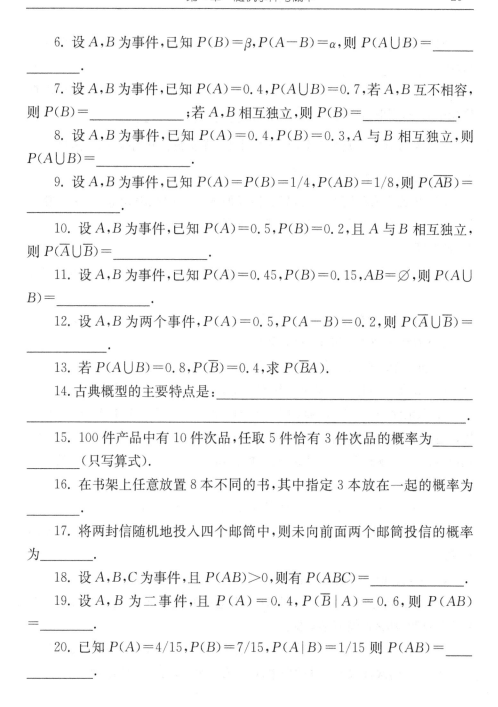

6. 设 A,B 为事件,已知 $P(B)=\beta,P(A-B)=\alpha$,则 $P(A\cup B)=$ ＿＿＿＿＿ ＿＿＿＿＿.

7. 设 A,B 为事件,已知 $P(A)=0.4,P(A\cup B)=0.7$,若 A,B 互不相容, 则 $P(B)=$ ＿＿＿＿＿＿＿＿;若 A,B 相互独立,则 $P(B)=$ ＿＿＿＿＿＿.

8. 设 A,B 为事件,已知 $P(A)=0.4,P(B)=0.3,A$ 与 B 相互独立,则 $P(A\cup B)=$ ＿＿＿＿＿＿＿.

9. 设 A,B 为事件,已知 $P(A)=P(B)=1/4,P(AB)=1/8$,则 $P(\overline{AB})=$ ＿＿＿＿＿＿＿.

10. 设 A,B 为事件,已知 $P(A)=0.5,P(B)=0.2$,且 A 与 B 相互独立, 则 $P(\overline{A}\cup\overline{B})=$ ＿＿＿＿＿＿＿.

11. 设 A,B 为事件,已知 $P(A)=0.45,P(B)=0.15,AB=\varnothing$,则 $P(A\cup B)=$ ＿＿＿＿＿＿＿.

12. 设 A,B 为两个事件,$P(A)=0.5,P(A-B)=0.2$,则 $P(\overline{A}\cup\overline{B})=$ ＿＿＿＿＿＿＿.

13. 若 $P(A\cup B)=0.8,P(\overline{B})=0.4$,求 $P(\overline{B}A)$.

14. 古典概型的主要特点是:＿＿＿＿＿＿＿＿＿＿＿＿＿＿＿＿＿＿＿ ＿＿＿＿＿＿＿＿＿＿＿＿＿＿＿＿＿＿＿＿＿＿＿＿＿＿＿＿＿＿＿.

15. 100 件产品中有 10 件次品,任取 5 件恰有 3 件次品的概率为＿＿＿＿＿ ＿＿＿＿＿(只写算式).

16. 在书架上任意放置 8 本不同的书,其中指定 3 本放在一起的概率为 ＿＿＿＿＿.

17. 将两封信随机地投入四个邮筒中,则未向前面两个邮筒投信的概率 为＿＿＿＿＿.

18. 设 A,B,C 为事件,且 $P(AB)>0$,则有 $P(ABC)=$ ＿＿＿＿＿＿＿.

19. 设 A,B 为二事件,且 $P(A)=0.4,P(\overline{B}|A)=0.6$,则 $P(AB)=$ ＿＿＿＿＿.

20. 已知 $P(A)=4/15,P(B)=7/15,P(A|B)=1/15$ 则 $P(AB)=$ ＿＿＿ ＿＿＿＿＿＿＿.

21. 随机事件 A,B 满足 $P(A)=0.5,P(B)=0.6,P(B|A)=0.8$,则 $P(A\cup B)=$_____.

22. 某人连续向一目标射击,每次命中目标的概率为 3/4,他连续射击直到命中为止,则射击次数为 3 的概率是_____.

23. 某楼有供水龙头 5 个,调查表明每一龙头被打开的概率为 $\frac{1}{10}$,则恰有 3 个水龙头同时被打开的概率为_____.

24. 甲乙两人赌博约定五局三胜,设两人每局的胜率相等. 在甲已胜二场,乙已胜一场的情况下,乙最终获胜的概率为_____.

二、计算题

1. 从 $0,1,2,\cdots,9$ 十个数字中任意选出 3 个不同的数字,求下列事件的概率:

(1) $A=\{$三个数字中不含 0 和 5$\}$;

(2) $B=\{$三个数字中含 0 但不含 5$\}$.

2. 将 3 个球随机地放入 4 个瓶中,求

(1) 每瓶至多有 1 个球的概率;(2) 每瓶至多有 2 个球的概率.

3. 某油漆公司发出 17 桶油漆,其中白漆 10 桶、黑漆 4 桶、红漆 3 桶,在搬运过程中所有标签脱落,交货人随意将这些油漆发给顾客.问一个定货为 4 桶白漆、3 桶黑漆和 2 桶红漆的顾客,能按所定颜色如数得到定货的概率是多少?

4. 袋中有 9 个红球,3 个白球,从中任意取三个球,问:

(1) 三个球中恰有 1 个白球的概率;(2) 三个球中至少有 1 个白球的概率.

5. 某人忘记了电话号码最后一个数字,因而他随意地拨号.

(1) 求他拨号不超过三次而接通所需电话的概率.(2) 若已知最后一个数字是奇数,那么此概率是多少?

6. 从装有 10 个白球和 6 个红球的袋中任取 1 球,取后不放回,取两次.

求:(1) 两次都取到红球的概率;(2) 第二次才取到红球的概率.

7. 将 n 件展品随机地放入 $N(N \geqslant n)$ 个橱窗中去,试求:

(1) 某指定 n 个橱窗中各有一件展品的概率;(2) 每个橱窗中至多有一件展品的概率(设橱窗的容量不限).

8. 在一标准英语字典中有 55 个由两个不相同的字母所组成的单词. 若从 26 个英文字母中任取两个字母予以排列,求能排成上述单词的概率.

9. 将 3 个球随机地放入 4 个杯子中去,求杯子中球的最大个数分别为 1, 2,3 的概率.

10. 一台机床有 1/3 的时间加工零件 A,其余时间加工零件 B,加工零件 A 时,停机的概率是 0.3,加工零件 B 时停机的概率是 0.4.

(1) 求这台机床停机的概率.

(2) 若发现停机了,问他在加工零件 B 的概率为多少?

11. 设甲袋中装有 6 只白球、4 只红球;乙袋中装有 2 只白球、3 只红球,今从甲袋中任意取一只球放入乙袋中,再从乙袋中任意取一只球. 问:

(1) 从乙袋取到白球的概率是多少?

(2) 若从乙袋取到白球,则从甲袋取到的也是白球概率的是多少?

12. 两台车床加工同样的零件,第一台加工的废品率为 0.03,第二台加工的废品率为 0.02,加工出来的零件不加标签混合放在一起,已知这批零件中,由第一台车床加工的占 2/3,由第二台加工的占 1/3,从这批零件中任取一件.

求:(1) 取到合格品的概率.(2) 取到的合格品是由第二台车床加工的概率.

13. 一道选择题有 5 个备选答案,其中只有一个答案是正确的. 据估计有 80% 的考生知道这题的正确答案;当考生不知道正确答案时,他就作随机选择. 已知某考生答对了,问他知道该题正确答案的概率是多少?

14. 将两信息分别编码为 A 和 B 传送出去,接收站收到时,A 被误收作 B 的概率为 0.02,而 B 被误收作 A 的概率为 0.01. 信息 A 与信息 B 传送的频率程度为 2:1.

(1) 若接收站收到一信息,是 A 的概率是多少?

(2) 若接收站收到的信息是 A,问原发信息是 A 的概率是多少?

15. 袋中装有 m 只正品硬币、n 只次品硬币(次品硬币的两面均印有国徽). 在袋中任取一只,将它投掷 r 次,已知每次都得到国徽. 问这枚硬币是正品的概率是多少?

16. 甲,乙,丙三人独立地去破译一份密码,已知各人能译出的概率分别为 $1/5,1/3,1/4$,问:

(1) 密码被译出的概率;(2) 甲、乙译出而丙译不出的概率.

17. 电池 A、B、C 安装线路如图 1-3. A,B,C 是独立的,损坏的概率分别为 $0.3,0.2,0.1$. 求电路发生断路的概率.

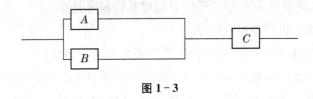

图 1-3

18. 甲、乙两战士同时独立地向一目标射击,已知甲命中率为 0.7,乙命中率为 0.1. 求:(1) 甲、乙都击中的概率;(2) 目标被击中的概率;(3) 在已知目标被击中的条件下,目标被甲击中的概率.

19. A,B,C 三人向一飞行物射击,A,B,C 命中目标的概率分别为 0.6,$0.5,0.4$,至少同时有两人击中时,飞行物才坠毁.

(1) 求飞行物被击毁的概率;(2) 已知飞行物被击毁,求被 A 击中的概率.

20. 一箱产品有 100 件,次品率为 10%,出厂时作不放回抽样,开箱连续抽验 3 件. 若 3 件产品都合格,则准予该箱产品出厂. 求一箱产品准予出厂的概率.

三、考研试题

1. 已知 A,B 两个事件满足条件 $P(AB)=P(\overline{AB})$,且 $P(A)=p$,则 $P(B)=$ _____.

2. 设工厂 A 和工厂 B 的产品的次品率分别为 1% 和 2%,现从由 A 和 B 的产品分别占 60% 和 40% 的一批产品中随机抽取一件,发现是次品,求该次

品由工厂 A 生产的概率是_____.

3. 袋中有 50 个乒乓球,其中 20 个是黄球,30 个是白球,今有两人依次随机地从袋中各取一球,取后不放回,则第二个人取得黄球的概率是_____.

4. 设 A,B 是两个随机事件,且 $0<P(A)<1,P(B)>0,P(B|A)=P(B|\overline{A})$,则必有(   ).

    (A) $P(A|B)=P(\overline{A}|B)$ (B) $P(A|B)\neq P(\overline{A}|B)$

    (C) $P(AB)=P(A)P(B)$ (D) $P(AB)\neq P(A)P(B)$

5. 设两两相互独立的三事件 A,B 和 C 满足条件:

$$ABC=\varnothing,\quad P(A)=P(B)=P(C)<\frac{1}{2},$$

且已知 $P(A\cup B\cup C)=\dfrac{9}{16}$,则 $P(A)=$_____.

6. 设两个相互独立的事件 A 和 B 都不发生的概率为 $\dfrac{1}{9}$,A 发生 B 不发生的概率与 B 发生 A 不发生的概率相等,则 $P(A)=$_____.

7. 从数 $1,2,3,4$ 中任取一个数,记为 X,再从 $1,\cdots,X$ 中任取一个数,记为 Y,则 $P\{Y=2\}=$_____.

8. 设 A,B 为随机事件,且 $P(B)>0,P(A|B)=1$,则必有(   ).

    (A) $P(A\cup B)>P(A)$ (B) $P(A\cup B)>P(B)$

    (C) $P(A\cup B)=P(A)$ (D) $P(A\cup B)=P(B)$

9. 某人向同一目标独立重复射击,每次射击命中目标的概率为 $p(0<p<1)$,则此人第 4 次射击恰好第 2 次命中目标的概率为(   ).

    (A) $3p(1-p)^2$ (B) $6p(1-p)^2$

    (C) $3p^2(1-p)^2$ (D) $6p^2(1-p)^2$

第2章 随机变量及其分布

§2.1 随机变量的概念

2.1.1 随机变量的概念

我们知道,随机试验的结果是不确定的,一个随机试验可能会有很多种可能结果,因此随机试验的结果是一个变量,让每一结果与一实数唯一地对应起来,就构成了一个实值函数.用来表示随机试验结果的变量称为随机变量.

定义 2.1 设随机试验 E 的样本空间为 $S=\{e\}$,$X=X(e)$ 是定义在样本空间 S 上的实值单值函数.称 $X=X(e)$ 为随机变量.

随机变量是一函数,但与我们常说的函数是有区别的,其区别是:

(1) 函数定义在实数域上,而随机变量是定义在样本空间 S 上的函数.

(2) 函数的取值是依据函数关系,而随机变量的取值是随机的,依一定的概率取值.一般以 $X,Y,Z,W,H\cdots$ 表示随机变量,而以 $x,y,z,w,h\cdots$ 表示实数.

例1 以下实例中的结果均为随机变量

(1) 一篮球运动员投篮的可能结果为:

$$X=\begin{cases} 1, & \text{投中}, \\ 0, & \text{不中}. \end{cases}$$

(2) 从含有 5 件次品的 100 件产品中抽取 10 件,其次品数 X 的可能取值为:

$$X=0,1,2,3,4,5.$$

(3) 一灯泡的使用寿命 Y 是一随机变量,它的取值为:$0 \leqslant Y \leqslant t$.

2.1.2　随机变量的分类

显然随机变量是建立在随机事件基础上的一个概念. 既然事件发生的可能性对应于一定的概率,那么随机变量也以一定的概率取各种可能值. 按其取值情况可以把随机变量分为两类:

(1) **离散型随机变量**:只可能取有限个或无限可列个值的随机变量,称其为离散型随机变量;

(2) **非离散型随机变量**:可以在整个数轴上取值,或至少有一部分值取某实数区间的全部值的随机变量,称其为非离散型随机变量;

非离散型随机变量范围很广,情况比较复杂,其中最重要的在实际中常遇到的是**连续型随机变量**.

本书只研究离散型随机变量和连续型随机变量.

§2.2　随机变量的分布

2.2.1　离散型随机变量

1. 离散型随机变量的概念

若随机变量 X 的所有可能的取值至多为可列个,则 X 称为离散型随机变量.

2. 离散型随机变量的分布列(律)

设离散型随机变量 X 所有可能的取值为 $x_k(k=1,2,3\cdots)$,事件$\{X=x_k\}$ 的概率为

$$P\{X=x_k\}=p_k,k=1,2,3,\cdots \tag{2-1}$$

称为 X 的分布列(律),分布列也可列成如下表格形式:

X	x_1	x_2	x_3	$\cdots$	x_k	$\cdots$
p	p_1	p_2	p_3	$\cdots$	p_k	$\cdots$

3. 分布列的性质

(1) $p_k \geqslant 0,k=1,2,3,\cdots;$ $\tag{2-2}$

$(2) \sum_{k=1}^{\infty} p_k = 1.$ (2-3)

例1 在 100 件产品中,有 5 件次品,现从中任取 1 件,求取得正品数 X 的分布律.

解 X 可以取 0 和 1 两个可能值. $X=0, X=1$ 分别表示取到次品和正品,其概率为:

$$P\{X=0\} = \frac{5}{100} = 0.05, P\{X=1\} = \frac{95}{100} = 0.95.$$

则 X 的分布律为: $P\{X=k\} = 0.95^k \times 0.05^{1-k}, k = 0, 1.$

2.2.2 随机变量的分布函数

在实际问题中,我们往往需要研究随机变量 X 落在某一区间上的概率: $P\{x_1 < X \leqslant x_2\}$.

由于 $P\{X \leqslant x_2\} = P\{X \leqslant x_1\} + P\{x_1 < X \leqslant x_2\}$,

即 $P\{x_1 < X \leqslant x_2\} = P\{X \leqslant x_2\} - P\{X \leqslant x_1\}$,

因此只需研究 $P\{X \leqslant x_2\}$ 和 $P\{X \leqslant x_1\}$ 就行了.

1. 分布函数的定义

定义 2.2 设 X 是一个随机变量,x 是任意实数,函数

$$F(x) = P\{X \leqslant x\}$$ (2-4)

称为 X 的分布函数.

对于任意实数 $x_1, x_2 (x_1 < x_2)$,有

$$P\{x_1 < X \leqslant x_2\} = P\{X \leqslant x_2\} - P\{X \leqslant x_1\} = F(x_2) - F(x_1).$$ (2-5)

应注意以下两个问题:

(1) "$X \leqslant x$"表示一个事件,$P\{X \leqslant x\}$ 表示该事件的概率. 因此,$F(x)$ 是一个定义在 $(-\infty, +\infty)$ 内的普通实值函数,它的值域为 $[0, 1]$.

(2) $F(x)$ 在 x 处的函数值就表示 X 落在区间 $(-\infty, x]$ 上的概率.

这说明,只要知道了 X 的分布函数,就可以知道 X 在任一区间上取值的概率. 因此,分布函数完整地描述了随机变量 X 的概率分布规律. 它不仅适用于连续型随机变量,也适用于离散型随机变量,用分布函数更便于进行理论上

的研究.

2. 分布函数的性质

(1) $F(x)$ 是一个不减函数

事实上,对于任意实数 $x_1,x_2(x_1<x_2)$,有:

$F(x_2)-F(x_1)=P\{x_1<X\leqslant x_2\}\geqslant 0$. 即 $F(x_2)\geqslant F(x_1)$.

(2) $0\leqslant F(x)\leqslant 1$,且,$F(-\infty)=\lim\limits_{x\to-\infty}F(x)=0$,$F(+\infty)=\lim\limits_{x\to+\infty}F(x)=1$.

(3) $F(x+0)=F(x)$,即 $F(x)$ 是右连续的.

例 2　设随机变量 X 的分布律为

X	-1	2	3
p_k	$1/4$	$1/2$	$1/4$

求:(1) X 的分布函数;(2) $P\{X\leqslant 1/2\}$;(3) $P\{2/3<X\leqslant 5/2\}$;(4) $P\{2\leqslant X\leqslant 3\}$.

解　X 仅在 $X=-1,2,3$ 三点处其概率不为 0.

又 $F(x)=P\{X\leqslant x\}$,所以有

$$(1)\ F(x)=\begin{cases}0, & x<-1,\\ P\{X=-1\}, & -1\leqslant x<2,\\ P\{X=-1\}+P\{X=2\}, & 2\leqslant x<3,\\ P\{X=-1\}+P\{X=2\}+P\{X=3\}, & x\geqslant 3,\end{cases}$$

即

$$F(x)=\begin{cases}0, & x<-1,\\ 1/4, & -1\leqslant x<2,\\ 3/4, & 2\leqslant x<3,\\ 1, & x\geqslant 3.\end{cases}$$

(2) $P\{X\leqslant 1/2\}=F(1/2)=1/4$.

(3) $P\{2/3<X\leqslant 5/2\}=F(5/2)-F(2/3)=3/4-1/4=1/2$.

(4) $P\{2\leqslant X\leqslant 3\}=F(3)-F(2)+P\{X=2\}=1-1/4+1/2=3/4$.

一般地,设离散型随机变量 X 的分布律为:

$$P\{X=x_k\}=p_k, k=1,2,3,\cdots$$

则 $\qquad F(x) = P\{X \leqslant x\} = \sum_{x_k \leqslant x} P\{X = x_k\} = \sum_{x_k \leqslant x} p_k. \qquad (2-6)$

3. 利用分布函数可以求以下常见事件的概率

(1) $P\{X \leqslant b\} = F(b)$；

(2) $P\{a < X \leqslant b\} = F(b) - F(a)$；

(3) $P\{X < b\} = F(b-0)$；

(4) $P\{X = b\} = F(b) - F(b-0)$；

(5) $P\{X > b\} = 1 - F(b)$；

(6) $P\{X \geqslant b\} = 1 - F(b-0)$.

2.2.3　连续型随机变量

1. 连续型随机变量及概率密度的定义

定义 2.3　若对于随机变量 X 的分布函 $F(x)$，存在非负函数 $f(x)$，使对于任意实数 x 有

$$F(x) = P\{X \leqslant x\} = \int_{-\infty}^{x} f(t)\mathrm{d}t, \qquad (2-7)$$

则称 X 为连续型随机变量，其中函数 $f(x)$ 称为 X 的概率密度函数，简称概率密度.

2. 概率密度的性质

(1) $f(x) \geqslant 0$；

(2) $\int_{-\infty}^{+\infty} f(x)\mathrm{d}x = 1$；

(3) 对于任意实数 $x_1, x_2 (x_1 \leqslant x_2)$，有

$$P\{x_1 < X \leqslant x_2\} = P\{X \leqslant x_2\} - P\{X \leqslant x_1\} = F(x_2) - F(x_1)$$

$$= \int_{x_1}^{x_2} f(x)\mathrm{d}x; \qquad (2-8)$$

(4) 若 $f(x)$ 在点 x 处连续，则有 $F'(x) = f(x)$，$\qquad (2-9)$

从而有

$$f(x) = \lim_{\Delta x \to 0^+} \frac{F(x+\Delta x) - F(x)}{\Delta x} = \lim_{\Delta x \to 0^+} \frac{P\{x < X \leqslant x+\Delta x\}}{\Delta x},$$

即　　　　　　　　$P\{x<X\leqslant x+\Delta x\}\approx f(x)\cdot\Delta x.$　　　　　(2-10)

3. 应注意的几个问题

(1) 离散型随机变量 X 在其可能取值的点 $x_1,x_2,\cdots,x_k,\cdots$ 上的概率不为零,而连续型随机变量 X 在 $(-\infty,+\infty)$ 内任一点 a 的概率恒为零. 即,

$$P\{X=a\}=\int_a^a f(x)\mathrm{d}x=0.\qquad(2-11)$$

(2) 连续型随机变量 X 在任一区间取值的概率与是否包括区间端点无关,即

$$P\{a<X\leqslant b\}=P\{a\leqslant X\leqslant b\}=P\{a<X<b\}=P\{a\leqslant X<b\}$$

$$=F(b)-F(a)=\int_a^b f(x)\mathrm{d}x.$$

(3) 密度函数 $f(x)$ 在某一点处的值,并不表示 X 在此点处的概率,而表示 X 在此点处概率分布的密集程度.

(4) 根据定积分的几何意义,概率 $P\{a<X<b\}$ 就是概率密度曲线 $y=f(x),x=a,x=b$ 和 x 轴围成的曲边梯形的面积.

(5) 离散型随机变量的分布函数 $F(x)$ 是右连续的阶梯函数,而连续型随机变量的分布函数 $F(x)$ 一定是整个数轴上的连续函数. 因为对于任意点 x 的增量 Δx,相应分布函数的增量总有

$$F(x+\Delta x)-F(x)=\int_x^{x+\Delta x}f(x)\mathrm{d}x\to0\quad(\Delta x\to0).$$

例 3　设随机变量 X 具有概率密度

$$f(x)=\begin{cases}x, & 0\leqslant x<1,\\ k-x, & 1\leqslant x<2,\\ 0, & \text{其他}.\end{cases}$$

(1) 确定常数 k;(2) 求 X 的分布函数 $F(x)$;(3) 求 $P\left\{\dfrac{3}{2}<X\leqslant2\right\}$.

解　(1) 由 $\int_{-\infty}^{+\infty}f(x)\mathrm{d}x=1$,得

$$\int_0^1 x\mathrm{d}x+\int_1^2(k-x)\mathrm{d}x=k-1=1,$$

解得 $k=2$,于是 X 的概率密度为

$$f(x)=\begin{cases}x, & 0\leqslant x<1,\\ 2-x, & 1\leqslant x<2, & (?)\\ 0, & \text{其他}.\end{cases}$$

(2) X 的分布函数为

$$F(x)=P\{X\leqslant x\}=\begin{cases}0, & x<0,\\ \int_0^x t\mathrm{d}t, & 0\leqslant x<1,\\ \int_0^1 t\mathrm{d}t+\int_1^x(2-t)\mathrm{d}t, & 1\leqslant x<2,\\ 1, & x\geqslant 2,\end{cases}$$

即　　　　$$F(x)=\begin{cases}0, & x<0,\\ \dfrac{x^2}{2}, & 0\leqslant x<1,\\ 2x-\dfrac{x^2}{2}-1, & 1\leqslant x<2,\\ 1, & x\geqslant 2.\end{cases}$$

(3)　　　　　$$P\left\{\frac{3}{2}<X\leqslant 2\right\}=F(2)-F\left(\frac{3}{2}\right)=\frac{1}{8}.$$

或　　　$$P\left\{\frac{3}{2}<X\leqslant 2\right\}=\int_{\frac{3}{2}}^2 f(x)\mathrm{d}x=\int_{\frac{3}{2}}^2(2-x)\mathrm{d}x=\frac{1}{8}.$$

§2.3　随机变量函数的分布

2.3.1　随机变量函数的概念

在实际问题中,常常会有这样的情况,在一些试验中,我们所关心的随机变量往往不能直接得到,即我们所要研究的随机变量是某些随机变量的函数.这时我们需要求其随机变量函数的概率分布.

定义 2.4　设 $y=g(x)$ 是一个实函数,X,Y 是随机变量,如果 X 取值 x 时,Y 取值 $g(x)$,则称 Y 为随机变量 X 的函数,记作 $Y=g(X)$.

2.3.2 离散型随机变量函数的分布

设 X 是离散型的随机变量,其概率分布为:

X	x_1	x_2	x_3	$\cdots$	x_k	$\cdots$
P	p_1	p_2	p_3	$\cdots$	p_k	$\cdots$

$Y=f(X)$ 也是一个离散型随机变量,记 $y_i=f(x_i)(i=1,2,\cdots)$. 如果所有 y_i 的值互不相等,则 Y 的概率分布为

Y	y_1	y_2	$\cdots$	y_k
$P\{Y=y_i\}$	p_1	p_2	$\cdots$	p_k

这是因为 $P\{Y=y_i\}=P\{X=x_i\}$,$i=1,2,\cdots$ 的缘故.

当 $f(x_1),f(x_2),\cdots,f(x_k)\cdots$ 不是互不相等时,应把那些相等值分别合并,并根据概率加法公式把相应 p_i 相加,就得到 Y 的概率分布.

例 1 设随机变量 X 具有以下分布律,试求 $Y=(X-1)^2$ 的分布律.

X	-1	0	1	2
P	0.2	0.3	0.1	0.4

解 $P\{Y=0\}=P\{(X-1)^2=0\}=P\{X=1\}=0.1,$

$P\{Y=1\}=P\{(X-1)^2=1\}=P\{X=0\}+P\{X=2\}=0.7,$

$P\{Y=4\}=P\{(X-1)^2=4\}=P\{X=-1\}=0.2.$

所以 Y 的分布律为

Y	0	1	4
$P\{Y=y_i\}$	0.1	0.7	0.2

2.3.3 连续型随机变量函数的分布

设 X 是连续型的随机变量,其概率密度为 $f_X(x)$,分布函数为 $F_X(x)$(不必已知),那么随机变量 X 的函数 $Y=g(X)$ 的分布函数 $F_Y(y)$ 与概率密度 $f_Y(y)$ 可按下列步骤求出:

(1) 对任意一个 y,求出

$$F_Y(y) = P\{Y \leqslant y\} = P\{g(X) \leqslant y\}$$

$$= P\{X \in S_y\} = \int_{S_y} f_X(x)\mathrm{d}x. \qquad (2-12)$$

其中,$S_y = \{x \mid g(x) \leqslant y\}$ 往往是一个或若干个与 y 有关的区间的并.

(2) 按分布函数的性质写出 $F_Y(y)$,$-\infty < y < +\infty$.

(3) 通过对 $F_Y(y)$ 的变量 y 求导得到 $f_Y(y)$,$-\infty < y < +\infty$.

我们称这种方法为**"分布函数法"**.

例 2　设 X 的概率密度为

$$f(x) = \begin{cases} 2x, & 0 < x < 1, \\ 0, & \text{其他}, \end{cases}$$

求 $Y = 3X + 1$ 的分布函数和密度函数.

解　Y 是一个连续随机变量,由于 X 的概率密度为

$$f(x) = \begin{cases} 2x, & 0 < x < 1, \\ 0, & \text{其他}, \end{cases}$$

对于任意 y,Y 的分布函数为

$$F_Y(y) = P\{Y \leqslant y\} = P\{3X + 1 \leqslant y\}$$

$$= P\left(X \leqslant \frac{y-1}{3}\right) = \begin{cases} 0, & y < 1, \\ \int_0^{\frac{y-1}{3}} 2x\mathrm{d}x = \left(\frac{y-1}{3}\right)^2, & 1 \leqslant y < 4, \\ \int_0^1 2x\mathrm{d}x = 1, & y \geqslant 4. \end{cases}$$

因此 $F_Y(y) = \begin{cases} 0, & y < 1, \\ \left(\dfrac{y-1}{3}\right)^2, & 1 \leqslant y < 4, \\ 1, & y \geqslant 4, \end{cases}$ 从而对 $F_Y(y)$ 求导得 Y 的概率密度为

$$f_Y(y) = \begin{cases} \dfrac{2}{9}(y-1), & 1 \leqslant y < 4, \\ 0, & \text{其他}. \end{cases}$$

例 3 设随机变量 X 具有概率密度:

$$f_X(x)=\begin{cases} \dfrac{x}{8}, & 0<x<4, \\ 0, & \text{其他.} \end{cases}$$

求随机变量 $Y=2X+8$ 的概率密度 $f_Y(y)$.

解 分别记 X,Y 的分布函数为 $F_X(x),F_Y(y)$,则对于任意 y 有

$$F_Y(y)=P\{Y\leqslant y\}=P\{2X+8\leqslant y\}=P\left(X\leqslant \dfrac{y-8}{2}\right)=F_X\left(\dfrac{y-8}{2}\right),$$

从而 $Y=2X+8$ 的概率密度为:

$$f_Y(y)=[F_Y(y)]'=f_X\left(\dfrac{y-8}{2}\right)\cdot\left(\dfrac{y-8}{2}\right)'=\begin{cases} \dfrac{1}{8}\left(\dfrac{y-8}{2}\right)\cdot\dfrac{1}{2}, & 0<\dfrac{y-8}{2}<4, \\ 0, & \text{其他,} \end{cases}$$

$$=\begin{cases} \dfrac{y-8}{32}, & 0<y<16, \\ 0, & \text{其他.} \end{cases}$$

例 4 设随机变量 X 具有概率密度 $f(x),-\infty<x<+\infty$,求 $Y=X^2$ 的概率密度.

解 分别记 X,Y 的分布函数为 $F_X(x),F_Y(y)$,求 $F_Y(y)$.

当 $y\leqslant 0$ 时,$F_Y(y)=0$(因 $Y=X^2\geqslant 0$).

当 $y>0$ 时有:$F_Y(y)=P\{Y\leqslant y\}=P\{X^2\leqslant y\}=P\{-\sqrt{y}\leqslant X\leqslant \sqrt{y}\}=F(\sqrt{y})-F(-\sqrt{y})$,

将 $F_Y(y)$ 关于 y 求导得 Y 的概率密度为:

$$f_Y(y)=\begin{cases} \dfrac{1}{2\sqrt{y}}[f\sqrt{y}+f(-\sqrt{y})], & y>0, \\ 0, & y\leqslant 0. \end{cases}$$

定理 2.1 设随机变量 X 具有概率密度 $f(x),-\infty<x<+\infty$,又设函数 $g(x)$ 处处可导且恒有 $g'(x)>0$(或恒有 $g'(x)<0$),$g(x)$ 的反函数为 $h(y)$,则 $Y=g(X)$ 是连续型随机变量,其概率密度为:

$$f_Y(y) = \begin{cases} f[h(y)]|h'(y)|, & \alpha < y < \beta, \\ 0, & \text{其他}, \end{cases} \qquad (2-13)$$

其中 $\alpha = \min\{g(-\infty), g(+\infty)\}$，$\beta = \max\{g(-\infty), g(+\infty)\}$.（证明略）

例 5　若 X 的概率密度为：$f_X(x) = \begin{cases} \dfrac{1}{\pi}, & -\dfrac{\pi}{2} < x < \dfrac{\pi}{2}, \\ 0, & \text{其他}, \end{cases}$，$Y = \tan X$，试求

Y 的概率密度 $f_Y(y)$.

解　X 的概率密度为

$$f_X(x) = \begin{cases} \dfrac{1}{\pi}, & -\dfrac{\pi}{2} < x < \dfrac{\pi}{2}, \\ 0, & \text{其他}, \end{cases}$$

现在 $y = \tan x$，由这一式子解得

$$x = h(y) = \arctan y, \text{且有 } h'(y) = \frac{1}{1+y^2},$$

由定理 2.1 得 $Y = \tan X$ 的概率密度为

$$f_Y(y) = \left| \frac{1}{1+y^2} \right| f(\arctan y), \quad -\infty < y < +\infty,$$

即

$$f_Y(y) = \frac{1}{\pi} \frac{1}{1+y^2}, \quad -\infty < y < +\infty.$$

此分布称为**柯西分布**，它是概率论中有名的分布之一.

§2.4　常用的离散型随机变量的分布

2.4.1　0-1分布

1. 0-1 分布的分布律

若随机变量 X 只取 0 和 1 两个值，其分布律为

$$P(X=k) = p^k (1-p)^{1-k}, k = 0, 1(0 < p < 1), \qquad (2-14)$$

则称 X 服从以 p 为参数的 0-1 分布. 记为 $X \sim B(1, p)$.

0-1 分布的分布律也可写成

X	0	1
P	$1-p$	p

2. 0-1 分布与两点分布

一般情况下,只有两个可能取值的随机变量所服从的分布,称为两点分布. 其分布律为

$$P(X=x_k)=p_k \quad (k=1,2).$$

当一次试验只可能出现两种结果时,都能确定一个服从两点分布的随机变量. 通常情况下,我们总是习惯让一个结果对应 1,另一结果对应 0. 因此, 0-1 分布是取定特殊值的两点分布.

例 1　在 100 件产品中,有 95 件是正品,5 件是次品. 现从中随机地取一件. 求取到次品数的概率分布.

解　取到次品数为随机变量 X,则 X 取 0,1 两个可能值,那么有

$$P\{X=1\}=0.95, P\{X=0\}=0.05.$$

即 X 服从两点分布,分布律为

X	0	1
P	0.05	0.95

2.4.2　二项分布

1. 二项分布的分布律

若随机变量 X 的取值为 $0,1,2,\cdots,n$,且

$$P(X=k)=C_n^k p^k q^{n-k}, k=0,1,2,\cdots,n, \tag{2-15}$$

其中 $0<p<1, p+q=1$,则称 X 服从以 n,p 为参数的**二项分布**或**伯努利分布**,记为 $X\sim B(n,p)$.

显然有

(1) $P(X=k)=C_n^k p^k q^{n-k}\geqslant 0$,

(2) $\sum\limits_{k=0}^{n} P(X=k) = \sum\limits_{k=0}^{n} C_n^k p^k q^{n-k} = (p+q)^n = 1.$

　　注意到 $C_n^k p^k q^{n-k}$ 正好是二项式 $(p+q)^n$ 的展开式的一般项,因此称该随机变量服从二项分布.

　　特别,当 $n=1$ 时二项分布为 $P(X=k)=p^k q^{1-k},k=0,1.$ **这就是** $0-1$ **分布.**

　　例2　袋中有 4 个白球和 6 个黑球,现在有放回地取 3 次,每次取一个,设 3 次中取到白球的总数为随机变量 X,求 X 的分布律.

　　解　设 A 表示一次试验中取到的是白球,则 $P(A)=0.4,X\sim B(3,0.4)$,于是

$$P(X=k)=C_3^k(0.4)^k(0.6)^{3-k},k=0,1,2,3.$$

X	0	1	2	3
P	0.22	0.43	0.29	0.06

　　2. 二项分布的最可能值

　　在 n 重伯努利试验中,事件 A 发生的次数 X 是随机变量,而 $X\sim B(n,p)$. 我们称使概率 $P(X=k)$ 取得最大值时的 k 值为二项分布的最可能值. 记为 k_0,由

$$\frac{P(X=k)}{P(X=k-1)}=\frac{C_n^k p^k q^{n-k}}{C_n^{k-1}p^{k-1}q^{n-k+1}}=\frac{[n!/k!\ (n-k)!]\cdot p^k q^{n-k}}{[n!/(k-1)1(n-k+1)!]\cdot p^{k-1}q^{n-k+1}}$$

$$=\frac{(n-k+1)p}{kq}=\frac{(n+1)p-kp}{kq}$$

$$=\frac{(n+1)p-k(1-q)}{kq}=\frac{kq+(n+1)p-k}{kp}=1+\frac{(n+1)p-k}{kq}$$

知当 $k<(n+1)p$ 时 $P(X=k)$ 单调增加,$k>(n+1)p$ 时 $P(X=k)$ 单调下降,因此可知当 k 在 $(n+1)p$ 附近时 $P(X=k)$ 达最大值,也就是说,在 n 重伯努利试验中,事件 A 发生 $[(n+1)p]$ 次的概率最大,通常称 $[(n+1)p]$ 为 n 次独立重复试验中最可能成功的次数. 即

$$k_0=\begin{cases}(n+1)p-1\ 和(n+1)p, & (n+1)p\in \mathbf{N},\\ [(n+1)p], & (n+1)p\notin \mathbf{N}.\end{cases} \tag{2-16}$$

　　例3　某人进行射击,设每次射击的命中率为 0.02,独立射击 400 次,试

求：(1) 至少击中两次的概率；(2) 击中目标的最可能次数是多少？

解　设击中的次数 X，则 $X \sim B(400, 0.02)$.

$$P\{X=k\} = C_{400}^k (0.02)^k (0.98)^{400-k}, k=0,1,2,\cdots,400.$$

(1) $P\{X \geqslant 2\} = 1 - P\{X=0\} - P\{X=1\}$

$$= 1 - (0.98)^{400} - 400 \times 0.02 \times (0.98)^{399} = 0.9972.$$

(2) $(n+1)p = 401 \times 0.02 = 8.02, [8.02] = 8$. 所以，击中目标的最可能次数是 8 次.

例 4　已知某型号电子元件的一级品率为 0.2，现从一大批元件中随机抽查 20 只，问最可能的一级品数是多少？

解　检查 20 只元件是否为一级品，可看做是 20 重的伯努利试验，即其中一级品数 X 服从二项分布 $B(20, 0.2)$，而 $(20+1) \times 0.2 = 4.2$，所以其中有 4 只一级品的概率最大.

2.4.3　泊松分布

1. 泊松分布的分布律

若随机变量 X 所有可能取值为 $0,1,2,\cdots$，而

$$P(X=k) = \frac{\lambda^k}{k!} e^{-\lambda}, k=0,1,2,\cdots, \tag{2-17}$$

其中 λ 是大于零的常数，则称 X 服从参数为 λ 的泊松分布，记为 $X \sim \pi(\lambda)$，或记为 $X \sim P(\lambda)$.

显然有

(1) $P(X=k) = \dfrac{\lambda^k}{k!} e^{-\lambda} \geqslant 0, k=0,1,2,\cdots$.

(2) $\displaystyle\sum_{k=0}^{+\infty} P(X=k) = \sum_{k=0}^{+\infty} \frac{\lambda^k}{k!} e^{-\lambda} = e^{-\lambda} \sum_{k=0}^{+\infty} \frac{\lambda^k}{k!} = e^{-\lambda} \cdot e^{\lambda} = 1.$

具有泊松分布的随机变量在实际应用中是很多的. 例如，在每个时段内电话交换台收到的电话的呼唤次数，某商店在一天内的顾客数，在某时段内的某放射性物质发出的经过计数器的 α 粒子数等.

例 5　电话交换台每分钟接到的呼唤次数 X 为随机变量，设 $X \sim \pi(3)$，求在一分钟内，接到呼唤次数不超过一次的概率.

解　因 $X \sim \pi(3)$

所以 $$P\{X=k\}=\frac{3^k e^{-3}}{k!},k=0,1,2,\cdots$$

于是,

$$P\{X\leqslant 1\}=P\{X=0\}+P\{X=1\}$$
$$=e^{-3}+3e^{-3}=4\times 0.049787\approx 0.199.$$

2. 二项分布与泊松分布的关系

定理 2.2　泊松定理(Poisson)　设 λ 是一大于零的常数,n 是正整数. 若 $\lim\limits_{n\to+\infty}np_n=\lambda$,则对任一固定的非负整数 k,有 $\lim\limits_{n\to+\infty}C_n^k p_n^k (1-p_n)^{n-k}=\frac{\lambda^k}{k!}e^{-\lambda}$.

定理的条件 $\lim\limits_{n\to\infty}np_n=\lambda$,意味着 n 很大时,p_n 必定很小,由泊松定理知,当 $X\sim B(n,p)$,且 n 很大而 p 很小时,有

$$P(X=k)=C_n^k p^k (1-p)^{n-k}\approx\frac{\lambda^k}{k!}e^{-\lambda}, \qquad (2-18)$$

其中 $\lambda=np$. 在实际计算中,当 $n\geqslant 20,p\leqslant 0.05$ 时,近似值效果颇佳. $\frac{\lambda^k}{k!}e^{-\lambda}$ 的值有表可查(见书后附表 1).

例 6　某人进行射击,设每次射击的命中率为 0.02,独立射击 400 次,求至少击中目标两次的概率.

解　把每次射击看成一次试验,设击中的次数为 X,则 $X\sim B(400,0.02)$,X 的分布律为

$$P(X=k)=C_{400}^k (0.02)^k (0.98)^{400-k},k=0,1,\cdots,400,$$

于是所求概率为

$$P(X\geqslant 2)=1-P(X=0)-P(X=1)=1-(0.98)^{400}-400\cdot(0.02)\cdot$$
$(0.98)^{399}$. 取 $\lambda=np=8$,由 $P(X=0)\approx e^{-8},P(X=1)\approx 8e^{-8}$. 得

$$P(X\geqslant 2)\approx 1-e^{-8}-8e^{-8}=0.997.$$

例 7　有同型设备 300 台,各台设备的工作是相互独立的,发生故障的概率都是 0.01. 设一台设备的故障可由一名维修工人处理,问至少需配备多少名维修工人,才能保证设备发生故障但不能及时维修的概率小于 0.01?

解　设需配备 m 名工人,X 为同一时刻发生故障的设备的台数,则 $X \sim B(300, 0.01)$. 所需解决的问题是确定 m 最小值,使

$$P(X \leqslant m) \geqslant 0.99.$$

因 $np = \lambda = 3$,由泊松定理

$$P(X \leqslant m) \approx \sum_{k=0}^{m} \frac{3^k}{k!} e^{-3} \geqslant 0.99,$$

即

$$1 - \sum_{k=0}^{m} \frac{3^k}{k!} e^{-3} = \sum_{k=m+1}^{+\infty} \frac{3^k}{k!} e^{-3} < 0.01.$$

查书后附表 1 可知,当 $m \geqslant 8$ 时,上式成立. 因此,为达到上述要求,至少需配备 8 名维修工人.

例 8　现有 90 台同类型的设备,各台设备的工作是相互独立的,发生故障的概率都是 0.01,且一台设备的故障能由一个人处理. 配备维修工人的方法有两种,一种是由三人分开维护,每人负责 30 台;另一种是由 3 人共同维护 90 台. 试比较两种方法在设备发生故障不能及时维修的概率的大小.

解　设 $A_i (i = 1, 2, 3)$ 为第 i 个人负责的 30 台设备发生故障而无人修理的事件. X_i 表示第 i 个人负责的 30 台设备中同时发生故障的设备台数,则 $X_i \sim B(30, 0.01)$,$\lambda = np = 0.3$. 则

$$P(A_i) = P(X_i \geqslant 2) \approx \sum_{k=2}^{+\infty} \frac{(0.3)^k}{k!} e^{-0.3} = 0.0369.$$

而 90 台设备发生故障无人修理的事件为 $A_1 \bigcup A_2 \bigcup A_3$,故采用第一种配备维修工人的方法时,所求概率为

$$P(A_1 \bigcup A_2 \bigcup A_3) = 1 - P(\overline{A_1}\,\overline{A_2}\,\overline{A_3}) = 1 - P(\overline{A_1})P(\overline{A_2})P(\overline{A_3})$$
$$= 1 - (1 - 0.0369)^3 = 0.1067.$$

在采用第二种配备维修工人的方法时,设 X 为 90 台设备中同时发生故障的设备台数,则 $X \sim B(90, 0.01)$,$\lambda = np = 0.9$,而所求概率为

$$P(X \geqslant 4) \approx \sum_{k=4}^{+\infty} \frac{(0.9)^k}{k!} e^{-0.9} = 0.0135.$$

由于 $0.0135 < 0.1067$,显然共同负责比分块负责的维修效率提高了.

例 9　保险公司为了估计企业的利润,需要计算各种各样的概率. 如若一

年中某类保险者每人死亡的概率为 0.005,现有 1000 个这类人参加保险,每个参加保险的人每年交保险费 150 元,而在死亡时家属可从保险公司领取赔偿金 10000 元,求:(1) 保险公司在该项业务上亏本的概率是多少? (2) 该项业务获利不少于 50000 元的概率有多大?

解 (1)保险公司在该项业务中共收入 150(元)×1000=150000(元),若在一年中死亡 x 人,则保险公司在一年应付出 $10000x$ 元. 只要 $10000x>150000$,即 $x>15$ 人,保险公司在该项业务上就亏本,设死亡人数为随机变量 X,则 $X \sim B(1000, 0.005)$,利用近似公式,$\lambda=np=1000 \times 0.005=5$,

$$P\{X>15\}=P\{X \geqslant 16\}$$

$$= \sum_{k=16}^{1000} C_{1000}^{k} \times 0.005^{k} \times 0.995^{1000-k} \approx \sum_{k=16}^{1000} \frac{e^{-5} 5^k}{k!} = 0.000069.$$

(2) 该项业务获利不少于 50000 元,即 $150000-10000x \geqslant 50000$,$x \leqslant 10$(人),故

$$P\{X \leqslant 10\} = \sum_{k=0}^{10} C_{1000}^{k} \times 0.005^{k} \times 0.995^{1000-k}$$

$$\approx \sum_{k=0}^{10} \frac{e^{-5} 5^k}{k!} = 0.9863.$$

由上面的计算可知,保险公司在办理该项业务上亏本的风险很小,赢利 50000 元以上的可能性近 99%.

2.4.4 几何分布

1. 几何分布的分布律

在独立重复试验中,事件 A 发生的概率为 p,A 的对立事件 $\overline{A}$ 发生的概率为 q. 设 X 为直到 A 发生为止所进行的试验次数,显然 X 的取值是全体正整数,则其分布为

$$P\{X=k\}=q^{k-1}p, k \geqslant 1, \tag{2-19}$$

记为 $X \sim g(k,p)$. 分布 $g(k,p)$ 称为几何分布.

2. 几何分布的性质

几何分布具有无记忆性,即设 $X \sim g(k,p)$,则对任何两个正数 m,n,有

$$P\{X>m+n \mid X>m\}=P\{X>n\}.$$

证　由于 $P\{X>m+n \mid X>m\}=\dfrac{P\{X>m+n\}}{P\{X>m\}}$，据 $P\{X=k\}=q^{k-1}p$，

$k \geqslant 1$ 有

$$\sum_{k=1}^{+\infty} P\{X=k\}=\sum_{k=1}^{+\infty} q^{k-1}p=1,\text{从而有}$$

$$P\{X>m\}=\sum_{k=m+1}^{+\infty} q^{k-1}p=q^{m}\sum_{i=1}^{+\infty} q^{i-1}p=q^{m},$$

同理，有

$$P\{X>m+n\}=q^{m+n},P\{X>n\}=q^{n}.$$

于是有

$$P\{X>m+n \mid X>m\}=\frac{P\{X>m+n\}}{P\{X>m\}}=\frac{q^{m+n}}{q^{m}}=q^{n}=P\{X>n\}.$$

例 10　自动生产线在调整后出现废品的概率为 p，当在生产过程中出现废品时立即重新调整．求在两次调整之间生产的合格品数 X 的分布列及数学期望．

解　显然，X 服从几何分布，两次调整之间至少应生产一件合格品，于是

（1）X 的分布列为 $P\{X=k\}=pq^{k}$．

（2）$E(X)=\displaystyle\sum_{k=1}^{+\infty} kP\{X=k\}=\sum_{k=1}^{+\infty} kpq^{k}=\dfrac{q}{p}$．

§2.5　常用的连续型随机变量的分布

2.5.1　均匀分布

1. 均匀分布的概率密度

设连续型随机变量 X 的概率密度为

$$f(x)=\begin{cases}\dfrac{1}{b-a}, & a<x<b,\\ 0, & \text{其他},\end{cases} \tag{2-20}$$

则称 X 服从区间 (a,b) 上的均匀分布，记作 $X\sim U(a,b)$．

2. 均匀分布的分布函数

$$F(x)=\begin{cases}0, & x<a,\\ \dfrac{x-a}{b-a}, & a\leqslant x<b,\\ 1, & x\geqslant b.\end{cases} \quad (2-21)$$

例 1　在某公共汽车的起点站上,每隔 8 分钟发出一辆汽车,一乘客在任一时刻到达该车站是等可能的.

(1) 求此乘客候车时间 X 的概率密度;

(2) 求此乘客候车时间超过 5 分钟的概率.

解　(1) X 服从$[0,8]$上的均匀分布,其密度函数为

$$f(x)=\begin{cases}\dfrac{1}{8}, & 0\leqslant x\leqslant 8,\\ 0, & \text{其他};\end{cases}$$

(2) $P\{X>5\}=\displaystyle\int_5^{+\infty}f(x)\mathrm{d}x=\int_5^8\dfrac{1}{8}\mathrm{d}x=0.375.$

2.5.2　指数分布

1. 指数分布的概率密度

设连续型随机变量 X 具有概率密度

$$f(x)=\begin{cases}\dfrac{1}{\theta}\mathrm{e}^{-\frac{x}{\theta}}, & x>0,\\ 0, & \text{其他},\end{cases} \quad (2-22)$$

其中 θ 为大于零的常数,则称 X 服从参数为 θ 的指数分布,记作 $X\sim E(\theta)$.

2. 指数分布的分布函数

$$F(x)=\begin{cases}1-\mathrm{e}^{-\frac{x}{\theta}}, & x>0,\\ 0, & \text{其他}.\end{cases} \quad (2-23)$$

3. 指数分布的性质

指数分布具有无记忆性,即对于任意的 $s,t>0$,有

$$P\{X>s+t\,|\,X>s\}=\dfrac{P\{(X>s+t)\bigcap(X>s)\}}{P\{X>s\}}$$

$$= \frac{P\{X>s+t\}}{P\{X>s\}} = \frac{1-F(s+t)}{1-F(s)}$$

$$= \frac{e^{-(s+t)/\theta}}{e^{-s/\theta}} = e^{-t/\theta} = P\{X>t\}.$$

2.5.3 一般正态分布

1. 一般正态分布的密度函数

设连续型随机变量 X 具有概率密度

$$f(x) = \frac{1}{\sqrt{2\pi}\sigma} e^{-\frac{(x-\mu)^2}{2\sigma^2}}, \ -\infty < x < +\infty, \qquad (2-24)$$

称随机变量 X 服从参数为 μ, σ^2 的**正态分布**或**高斯**(Gauss)**分布**,记作 $X \sim N(\mu, \sigma^2)$,其中 $-\infty < \mu < +\infty, \sigma > 0$. 其 X 的分布函数为:

$$F(x) = P\{X \leqslant x\} = \frac{1}{\sqrt{2\pi}\sigma} \int_{-\infty}^{x} e^{-\frac{(t-\mu)^2}{2\sigma^2}} dt. \qquad (2-25)$$

服从正态分布的随机变量统称为**正态随机变量**.

正态分布 $X \sim N(\mu, \sigma^2)$ 的概率密度的图形如图 2-1 所示.

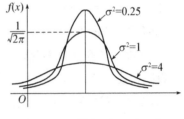

图 2-1

2. 密度函数 $f(x)$ 的性质

(1) $f(x)$ 在 $(-\infty, +\infty)$ 内处处连续;

(2) $f(\mu-x) = f(\mu+x)$,即图像关于 $x = \mu$ 对称,

$$P\{\mu-h < X \leqslant \mu\} = P\{\mu < X \leqslant \mu+h\}, h > 0;$$

(3) $f(x)$ 在点 $x = \mu$ 处有最大值 $f(\mu) = \frac{1}{\sqrt{2\pi}\sigma}$;

(4) 离 μ 越远,对应的函数值越小;

(5) $f(x)$ 在点 $x = \mu \pm \sigma$ 处有拐点;

(6) x 轴为 $f(x)$ 的水平渐近线;

(7) μ 决定曲线位置,但 μ 对曲线形态无影响;

(8) σ 决定曲线形态,但 σ 对曲线位置无影响,σ 越大,曲线越平坦,σ 越

小,曲线越陡峭.

2.5.4　标准正态分布

1. 标准正态分布的概念

在一般正态分布中,当 $\mu=0,\sigma^2=1$ 时,称 X 服从标准正态分布.记为 $X\sim N(0,1)$.

其密度函数为　$\varphi(x)=\dfrac{1}{\sqrt{2\pi}}\mathrm{e}^{-\frac{x^2}{2}}$,　　$-\infty<x<+\infty$.　　　　(2-26)

分布函数分别为 $\varPhi(x)=\displaystyle\int_{-\infty}^{x}\dfrac{1}{\sqrt{2\pi}}\mathrm{e}^{-\frac{t^2}{2}}\mathrm{d}t$,　　$-\infty<x<+\infty$.　(2-27)

由于 $N(0,1)$ 的概率密度是一个偶函数,
因此

(1) $\varPhi(0)=\dfrac{1}{2}$,

(2) $\varPhi(-x)=1-\varPhi(x)$.

几何意义如图 2-2 所示.

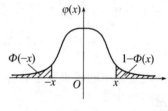

图 2-2

2. 标准正态分布概率的计算

设随机变量 $X\sim N(0,1)$,则 X 取值的概率可利用书后的标准正态分布表(附表 2)进行计算.具体方法如下,

(1) 表中 x 的取值范围为 $[0,4]$,对于 $x\geqslant 4$ 的情况,可取 $\varPhi(x)=1$.

(2) 对于 $P\{X\leqslant x\}=\begin{cases}\varPhi(x), & x>0,\\[2mm]\dfrac{1}{2}, & x=0,\\[2mm]1-\varPhi(-x), & x<0;\end{cases}$

(3) $P\{X\geqslant x\}=1-\varPhi(x)$;

(4) $P\{a\leqslant X\leqslant b\}=\varPhi(b)-\varPhi(a)$;

(5) $P\{|X|\leqslant x\}=2\varPhi(x)-1$;

(6) $P\{|X|>x\}=P\{X>x\}+P\{X<-x\}=2[1-\varPhi(x)]$.

3. 一般正态分布的标准化

定理 2.3 若 $X \sim N(\mu, \sigma^2)$，则 $Z = \dfrac{X-\mu}{\sigma} \sim N(0,1)$.

证 若 $X \sim N(\mu, \sigma^2)$，则 $Z = \dfrac{X-\mu}{\sigma}$ 的分布函数为

$$P\{Z \leqslant x\} = P\left\{\frac{X-\mu}{\sigma} \leqslant x\right\} = P\{X \leqslant \sigma x + \mu\} = \frac{1}{\sqrt{2\pi}\sigma} \int_{-\infty}^{\sigma x + \mu} \mathrm{e}^{-\frac{(t-\mu)^2}{2\sigma^2}} \mathrm{d}t.$$

令 $\dfrac{t-\mu}{\sigma} = u$，于是有

$$P\{Z \leqslant x\} = \frac{1}{\sqrt{2\pi}} \int_{-\infty}^{x} \mathrm{e}^{-\frac{u^2}{2}} \mathrm{d}u = \Phi(x),$$

由此知，$Z = \dfrac{X-\mu}{\sigma} \sim N(0,1)$.

于是，若 $X \sim N(\mu, \sigma^2)$，则其分布函数 $F(x)$ 为

$$F(x) = P\{X \leqslant x\} = P\left\{\frac{X-\mu}{\sigma} \leqslant \frac{x-\mu}{\sigma}\right\} = \Phi\left(\frac{x-\mu}{\sigma}\right). \tag{2-28}$$

从而 $P\{a < X \leqslant b\} = \Phi\left(\dfrac{b-\mu}{\sigma}\right) - \Phi\left(\dfrac{a-\mu}{\sigma}\right)$.

例 2 设随机变量 $X \sim N(\mu, \sigma^2)$，求

(1) $P\{|x-\mu| < \sigma\}$；(2) $P\{|x-\mu| < 2\sigma\}$；(3) $P\{|x-\mu| < 3\sigma\}$.

解 (1) $P\{|X-\mu| < \sigma\} = P\left\{\left|\dfrac{X-\mu}{\sigma}\right| < 1\right\} = 2\Phi(1) - 1 = 0.6826$.

(2) $P\{|X-\mu| < \sigma\} = P\{|\dfrac{X-\mu}{\sigma}| < 2\} = 2\Phi(2) - 1 = 0.9544$.

(3) $P\{|X-\mu| < \sigma\} = P\{|\dfrac{X-\mu}{\sigma}| < 3\} = 2\Phi(3) - 1 = 0.9974$.

我们看到，正态随机变量 X 的取值落在 $(\mu - 3\sigma, \mu + 3\sigma)$ 内的概率高达 99.74%，几乎是肯定的事. 这就是人们所说的"3σ"法则.

例 3 设随机变量 $X \sim N(2, \sigma^2)$ 分布，且 $P\{2 < X < 4\} = 0.3$，求 $P\{X < 0\}$，$P\{X > 2\}$，$P\{X > 4\}$.

解 由 $P\{2 < X < 4\} = P\left\{\dfrac{2-2}{\sigma} < \dfrac{X-2}{\sigma} < \dfrac{4-2}{\sigma}\right\} = \Phi\left(\dfrac{2}{\sigma}\right) - \Phi(0) = 0.3$

得,$\Phi\left(\dfrac{2}{\sigma}\right)=0.5+0.3=0.8$,所以

(1) $P\{X<0\}=P\left\{\dfrac{X-2}{\sigma}<\dfrac{-2}{\sigma}\right\}=\Phi\left(\dfrac{-2}{\sigma}\right)=1-\Phi\left(\dfrac{2}{\sigma}\right)=0.2$;

(2) $P\{X>2\}=1-P\{X\leqslant2\}=1-P\left\{\dfrac{X-2}{\sigma}\leqslant0\right\}=1-\Phi(0)=0.5$;

(3) $P\{X>4\}=1-P\{X\leqslant4\}=1-P\left\{\dfrac{X-2}{\sigma}\leqslant\dfrac{2}{\sigma}\right\}=1-\Phi\left(\dfrac{2}{\sigma}\right)=0.2$.

4. 正态分布线性函数的分布

定理 2.4　设随机变量 $X\sim N(\mu,\sigma^2)$,$Y=aX+b$,a,b 为常数,且 $a\neq0$,则 $Y\sim N(a\mu+b,a^2\sigma^2)$.

证　设随机变量 X 的分布函数与密度函数分别为 $F_X(x)$,$f_X(x)$;随机变量 Y 的分布函数与密度函数分别为 $F_Y(y)$,$f_Y(y)$. 则

$$f_X(x)=\dfrac{1}{\sqrt{2\pi}\sigma}\mathrm{e}^{-\frac{(x-\mu)^2}{2\sigma^2}},$$

由分布函数法有

$$F_Y(y)=P\{Y\leqslant y\}=P\{aX+b\leqslant y\}=P\left\{X\leqslant\dfrac{y-b}{a}\right\}=F_X\left(\dfrac{y-b}{a}\right).$$

两边关于变量 y 求导得 Y 的概率密度函数为

$$f_Y(y)=\dfrac{1}{a}f_X\left(\dfrac{y-b}{a}\right)=\dfrac{1}{\sqrt{2\pi}a\sigma}\mathrm{e}^{-\frac{\left(\frac{y-b}{a}-\mu\right)^2}{2\sigma^2}}=\dfrac{1}{\sqrt{2\pi}a\sigma}\mathrm{e}^{-\frac{(y-b-a\mu)^2}{2a^2\sigma^2}},$$

所以 $Y\sim N(a\mu+b,a^2\sigma^2)$.

2.5.5　伽玛分布

1. 伽玛函数

称函数

$$\Gamma(\alpha)=\int_0^{+\infty}x^{\alpha-1}\mathrm{e}^{-x}\mathrm{d}x \tag{2-29}$$

为伽玛函数,其中参数 $\alpha>0$. 伽玛函数具有如下性质:

(1) $\Gamma(1)=1$,$\Gamma\left(\dfrac{1}{2}\right)=\sqrt{\pi}$;

(2) $\Gamma(\alpha+1)=\alpha\Gamma(\alpha)$. 当 α 为自然数 n 时,有 $\Gamma(n+1)=n\Gamma(n)=n!$.

2. 伽玛分布

若随机变量 X 的密度函数为

$$f(x)=\begin{cases}\dfrac{\lambda^a}{\Gamma(\alpha)}x^{a-1}\mathrm{e}^{-\lambda x}, & x\geqslant0,\\ 0, & x<0,\end{cases} \qquad (2-30)$$

则称 X 服从伽玛分布,记作 $X\sim\Gamma(\alpha,\lambda)$,其中 $\alpha>0$ 为形状参数,$\lambda>0$ 为尺度参数.

习　题　二

一、填空题

1. 100 件产品中有 3 件次品,任取 5 件,设 X 为 5 件中所含次品数,则 X 的可能取值为_____.

2. 设随机变量 X 可取 $0,1,2$ 三个值,且 $P\{X=0\}=0.2,P\{X=1\}=0.5$,则 $P\{X=2\}=$_____.

3. 设随机变量 X 的分布律为 $P\{X=k\}=\dfrac{k+1}{10}(k=0,2,5)$,则 $P\{X>1\}=$_____.

4. 设某随机变量 X 的分布律为 $P\{X=k\}=C\left(\dfrac{1}{3}\right)^k,k=1,2,3,4$,则 $C=$_____.

5. 随机变量 X 的分布函数为 $F(x)=\begin{cases}0, & x<1,\\ 0.4, & 1\leqslant x<2,\\ 0.5, & 2\leqslant x<3,\\ 1, & x\geqslant3,\end{cases}$ 则 $P\{1.5<X\leqslant2.5\}=$_____. 则 $P(X=1)=$_____,$P(X=2)=$_____,$P(X=3)=$_____.

6. 设随机变量 X 具有概率密度, $f(x)=\begin{cases}k\mathrm{e}^{-3x}, & x>0, \\ 0, & x\leqslant 0,\end{cases}$ 则常数 $k=$ _____

_____.

7. 已知连续型随机变量 X 的分布函数为

$$F(x)=\begin{cases}0, & x<0, \\ x^2, & 0\leqslant x<1, \\ 1, & x\geqslant 1,\end{cases}$$

则 $P\{0.5<X<1.5\}=$ _____ , $P\{X>2/3\}=$ _____.

8. 设随机变量 X 的分布函数为 $F(x)=\begin{cases}0, & x<1, \\ \ln x, & 1\leqslant x<\mathrm{e}, \\ 1, & x\geqslant\mathrm{e},\end{cases}$ 则随机变量 X

的概率密度函数为 _____.

9. 设正态随机变量 X 密度函数 $f(x)=k\mathrm{e}^{-\frac{x^2-4x+b}{32}}$,则 $k=$ _____ , $b=$ _____.

10. 设 $X\sim N(0,1)$,且 $P\{X>\lambda\}=0.05$,则 $P\{X<-\lambda\}=$ _____.

11. 设随机变量 $X\sim N(0,1)$, $\Phi(x)$ 为其分布函数,则 $\Phi(x)+\Phi(-x)=$ _____.

12. 设 $X\sim N(10,8^2)$, $P(0<X<20)=$ _____ (用 Φ 表示).

13. 已知随机变量 X 的概率密度为 $f_X(x)$,令 $Y=-2X$,则 Y 的概率密度 $f_Y(y)$ 为 _____.

二、计算题

1. 一个工人照看三台机床,在一小时内,甲、乙、丙三台机床需要人照看的概率分别是 $0.8,0.9,0.85$,求在一小时内需要照看的机床数 X 的概率分布.

2. 设某一份试卷上有 5 条判断题,求:

(1) 某考生完全凭猜测而答对题数 X 的概率分布;

(2) 该考生至少答对 3 题的概率.

3. 一辆汽车沿一街道行驶,要过三个均设有红绿信号灯的路口,每个信号灯为红或绿与其他信号灯为红或绿相互独立,且红、绿两种信号显示的时间相等.以 X 表示该汽车首次遇到红灯前已通过的路口的个数,求 X 的概率分布.

4. 设 X 的分布律为

X	-1	1	2
P	1/3	1/2	1/6

求(1) 求 X 的分布函数;(2) 求 $P\{0<X\leqslant2\}$ 及 $P\{0<X<2\}$.

5. 随机变量 X 的分布函数为

$$F(x)=\begin{cases}0, & x<1,\\ \ln x, & 1\leqslant x<\mathrm{e},\\ 1, & x\geqslant\mathrm{e},\end{cases}$$

求:(1) $P\{2<x<5/2\}$;(2) 概率密度 $f(x)$.

6. 设随机变量 X 具有概率密度

$$f(x)=\begin{cases}kx, & 0\leqslant x<3,\\ 2-\dfrac{x}{2}, & 3\leqslant x\leqslant4,\\ 0, & 其他,\end{cases}$$

(1) 确定常数 k;(2) 求 X 的分布函数 $F(x)$;(3) 求 $P\{1<X\leqslant2\}$.

7. 设随机变量 X 的密度函数为

$$f(x)=C\mathrm{e}^{-|x|/a}\quad(a>0),$$

(1) 试确定常数 C;(2) 求 X 的分布函数;(3)求 $P\{|X|<2\}$.

8. 随机变量 $X\sim\varphi(x)=\begin{cases}6x(1-x), & 0\leqslant x\leqslant1,\\ 0, & 其他,\end{cases}$

求:(1) 随机变量 $Y=X^2$ 的分布密度 $\varphi_Y(y)$;

(2) $P\left\{-\dfrac{1}{2}<x<\dfrac{1}{2}\right\}$的值.

9. 随机变量 X 的分布律为

X	-2	-1	0	1	3
p_k	1/5	1/6	1/5	1/15	11/30

求 $Y=X^2$ 的分布律.

10. 设随机变量 $X \sim N(0,1)$,求随机变量 $Y=\sigma X+\mu(\sigma>0)$ 的概率密度.

11. 设随机变量 X 的概率密度为

$$f(x)=\begin{cases} e^{-x}, & x>0, \\ 0, & \text{其他}, \end{cases}$$

求:(1) $P\{X\leqslant 5\}$;(2) $Y=X^2$ 的概率密度.

三、考研试题

1. 设随机变量 X 的概率密度为

$$f_x(x)=\begin{cases} e^{-x}, & x\geqslant 0, \\ 0, & x<0, \end{cases}$$

求随机变量 $Y=e^x$ 的概率密度 $f_y(y)$.

2. 设随机变量 X 服从正态分布 $N(\mu,\sigma^2)(\sigma>0)$,且二次方程 $y^2+4y+X=0$ 无实根的概率为 $\dfrac{1}{2}$,则 $\mu=\underline{\qquad\qquad}$.

3. 在区间 $(0,1)$ 中随机地取两个数,则这两个数之差的绝对值小于 $\dfrac{1}{2}$ 的概率为 $\underline{\qquad\qquad}$.

4. 设随机变量 X 服从均值为 10,均方差为 0.02 的正态分布. 已知 $\Phi(x)=\displaystyle\int_{-\infty}^{x} \frac{1}{\sqrt{2\pi}} e^{-\frac{u^2}{2}} \,\mathrm{d}u, \Phi(2.5)=0.9938$,则 X 落在区间 $(9.95,10.05)$ 内的概率为 $\underline{\qquad\qquad}$.

5. 设随机变量 X 的概率密度函数为 $f_X(x)=\dfrac{1}{\pi(1+x^2)}$,求随机变量 $Y=1-\sqrt[3]{X}$ 的概率密度函数 $f_Y(y)$.

6. 设随机变量 ξ 在区间 $(1,6)$ 上服从均匀分布,则方程 $x^2+\xi x+1=0$ 有实根的概率是_____.

7. 已知随机变量 X 的概率密度函数 $f(x) = \dfrac{1}{2} e^{-|x|}$，$-\infty < x < +\infty$，则 X 的概率分布函数 $F(x) =$ _____.

8. 设随机变量 X 服从 $(0,2)$ 上的均匀分布，则随机变量 $Y = X^2$ 在 $(0,4)$ 内的概率分布密度 $f_Y(y) =$ _____.

第 3 章　多维随机变量及其分布

在许多实际问题中,随机试验的结果仅用一个随机变量来描述是不够的,有时可能由两个或多个数值来确定,例如射击时弹着点与目标的距离,用一个数值就可以确定,若要考查弹着点与目标的位置关系,就要用二维坐标来确定,再如对工厂生产的电视机,除了关心它们的寿命以外,还要考虑"一年中发生的故障次数""一年中损坏的元件个数"等等. 一般地,每个随机试验的结果可以由 n 个数值来确定,每一个数值对应一个随机变量.设 $X_1,X_2,\cdots,X_n$ 是定义在同一个样本空间上的 n 个随机变量,则称 $(X_1,X_2,\cdots,X_n)$ 为 n 维随机变量,或 n 维随机向量. 由于二维随机变量与 n 维随机变量没有原则上的区别,所以本章着重讨论二维随机变量.

§3.1　二维随机变量及其分布

3.1.1　二维随机变量与分布函数

1. 二维随机变量的概念

定义 3.1　设 E 是一个随机试验,它的样本空间 $S=\{e\}$. 设 $X=X\{e\}$ 和 $Y=Y\{e\}$ 是定义在 S 上的随机变量,由它们构成的向量 (X,Y) 称为二维随机变量.

2. 二维随机变量 (X,Y) 的分布函数

类似一维随机变量,我们来引入 (X,Y) 的分布函数的定义.

定义 3.2　设 (X,Y) 是二维随机变量,对于任意的实数 x,y,称二元函数

$$F(x,y)=P\{(X\leqslant x)\bigcap(Y\leqslant y)\}\triangle P\{X\leqslant x,Y\leqslant y\} \qquad (3-1)$$

为二维随机变量 (X,Y) 的分布函数($\triangle$ 表示"记为"),或称为随机变量 X 和 Y

的联合分布函数.

若将二维随机变量(X,Y)的取值看成是平面上随机点的坐标,则$F(x,y)$的值表示为(X,Y)落在图中阴影部分内的概率(见图 3-1).

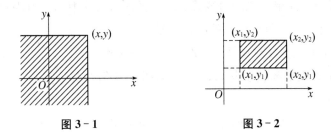

图 3-1　　　　　　　　　图 3-2

而(X,Y)落在区域 $x_1<X\leqslant x_2,y_1<Y\leqslant y_2$ 内的概率为(见图 3-2)

$$P(x_1<X\leqslant x_2,y_1<Y\leqslant y_2)$$
$$=F(x_2,y_2)-F(x_1,y_2)-F(x_2,y_1)+F(x_1,y_1).$$

3. 二维随机变量分布函数的性质

(1) $F(x,y)$为有界函数,即对任意的 x,y 有

$$0\leqslant F(x,y)\leqslant 1,且$$

对于任意固定的 $y,F(-\infty,y)=\lim_{x\to-\infty}F(x,y)=0,$

对于任意固定的 $x,F(x,-\infty)=\lim_{y\to-\infty}F(x,y)=0,$

又有
$$F(+\infty,+\infty)=\lim_{\substack{x\to+\infty\\y\to+\infty}}F(x,y)=1,$$

$$F(-\infty,-\infty)=\lim_{\substack{x\to-\infty\\y\to-\infty}}F(x,y)=0.$$

(2) $F(x,y)$是变量 x 和 y 的单调不减函数.

即:若 $x_1<x_2,y_1<y_2$,则对任意 x,y,有

$$F(x_1,y)\leqslant F(x_2,y),F(x,y_1)\leqslant F(x,y_2).$$

(3) $F(x,y)$关于 x 或 y 是右连续的.

即　　　　　$F(x,y)=F(x+0,y),F(x,y)=F(x,y+0).$

(4) 对于任意$(x_1,y_1),(x_2,y_2),x_1<x_2,y_1<y_2$ 有

$$F(x_2,y_2)-F(x_1,y_2)-F(x_2,y_1)+F(x_1,y_1)\geqslant 0,$$

即 $\qquad P(x_1 < X \leqslant x_2, y_1 < Y \leqslant y_2) \geqslant 0.$

3.1.2　二维离散型随机变量

1. 二维离散型随机变量的概念

定义 3.3　如果二维随机变量(X,Y)的所有可能取值是有限对或可列无限多对,则称(X,Y)是离散型的随机变量.

2. 二维离散型随机变量(X,Y)的联合分布律

设二维离散型随机变量(X,Y)所有可能取值为$(x_i,y_j),i,j=1,2,\cdots,$则称

$$p_{ij} = P\{(X,Y)=(x_i,y_j)\} = P\{X=x_i,Y=y_j\} \quad i,j=1,2,\cdots \quad (3-2)$$

为二维离散型随机变量(X,Y)的分布或X,Y的联合分布.

X,Y的联合分布列可用概率分布表 3-1 来表示:

表 3-1

X \ Y	y_1	y_2	$\cdots$	y_j	$\cdots$
x_1	p_{11}	p_{12}	$\cdots$	p_{1j}	$\cdots$
x_2	p_{21}	p_{22}	$\cdots$	p_{2j}	$\cdots$
$\vdots$	$\vdots$	$\vdots$		$\vdots$	
x_i	p_{i1}	p_{i2}	$\cdots$	p_{ij}	$\cdots$
$\vdots$	$\vdots$	$\vdots$		$\vdots$	

显然 X,Y 的联合分布列有下列性质

(1) $p_{ij} \geqslant 0, i,j=1,2,\cdots;$

(2) $\displaystyle\sum_{i=1}^{+\infty}\sum_{j=1}^{+\infty} p_{ij} = 1.$

由联合分布,可得二维离散型随机变量(X,Y)的联合分布函数为

$$F(x,y) = \sum_{x_i \leqslant x}\sum_{y_j \leqslant y} p_{ij}, \ -\infty < x < +\infty, \ -\infty < y < +\infty. \quad (3-3)$$

例 1　设随机变量 X 在 $1,2,3,4$ 四个整数中任取一值后,Y 再从 1 到 X 中任取一整数.试求(X,Y)的分布律.

解　$\{X=i,Y=j\}$ 的可能取值是：$i=1,2,3,4$,而 j 取不大于 i 的正整数, 所以,利用概率的乘法公式有

$$P(X=i,Y=j)=P(X=i)P(Y=j\mid X=i)=\frac{1}{4}\times\frac{1}{i},i=1,2,3,4;j\leqslant i.$$

则 (X,Y) 的分布列为

X＼Y	1	2	3	4
1	$\frac{1}{4}$	0	0	0
2	$\frac{1}{8}$	$\frac{1}{8}$	0	0
3	$\frac{1}{12}$	$\frac{1}{12}$	$\frac{1}{12}$	0
4	$\frac{1}{16}$	$\frac{1}{16}$	$\frac{1}{16}$	$\frac{1}{16}$

3.1.3　二维连续型随机变量

1. 二维连续型随机变量及联合概率密度的概念

定义 3.4　对于二维随机变量 (X,Y) 的分布函数 $F(x,y)$,如果存在非负的函数 $f(x,y)$ 使对于任意的实数 x,y 有

$$F(x,y)=\int_{-\infty}^{y}\int_{-\infty}^{x}f(u,v)\mathrm{d}u\mathrm{d}v,$$

则称 (X,Y) 是连续型的随机变量. 函数 $f(x,y)$ 称为 (X,Y) 的联合概率密度.

2. 二维连续型随机变量 (X,Y) 概率密度 $f(x,y)$ 的性质

(1) $f(x,y)\geqslant0$;

(2) $\int_{-\infty}^{+\infty}\int_{-\infty}^{+\infty}f(x,y)\mathrm{d}x\mathrm{d}y=1$;

(3) 若 $f(x,y)$ 在点 (x,y) 处连续,则

$$f(x,y)=\frac{\partial^2 F(x,y)}{\partial x\partial y};$$

(4) 若 G 是平面上的某一区域,则

$$P\{(X,Y) \in G\} = \iint\limits_{G} f(x,y)\mathrm{d}x\mathrm{d}y;$$

特别有　　$P\{x_1 < X \leqslant x_2, y_1 < Y \leqslant y_2\} = \int_{y_1}^{y_2} \int_{x_1}^{x_2} f(x,y)\mathrm{d}x\mathrm{d}y.$

例2　设二维随机变量(X,Y)具有联合概率密度

$$f(x,y) = \begin{cases} Ce^{-2(x+y)}, & x>0, y>0, \\ 0, & \text{其他.} \end{cases}$$

试求(1) 常数C;(2) 分布函数 $F(x,y)$;(3) 求(X,Y)落在图3-3中区域G内的概率.

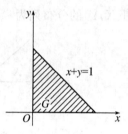

图3-3

解　(1) 由$\int_{-\infty}^{+\infty} \int_{-\infty}^{+\infty} f(x,y)\mathrm{d}x\mathrm{d}y = 1$,故

$$1 = \int_{0}^{+\infty} \int_{0}^{+\infty} Ce^{-2(x+y)}\mathrm{d}x\mathrm{d}y = C\int_{0}^{+\infty} e^{-2x}\mathrm{d}x \cdot \int_{0}^{+\infty} e^{-2y}\mathrm{d}y = C \cdot \frac{1}{2} \cdot \frac{1}{2},$$

所以　　　　　　　　　　　$C = 4.$

(2) 由$F(x,y) = \int_{-\infty}^{y} \int_{-\infty}^{x} f(u,v)\mathrm{d}u\mathrm{d}v$ 得

当$x \geqslant 0, y \geqslant 0$时,

$$F(x,y) = \int_{0}^{x} \int_{0}^{y} 4e^{-2(u+v)}\mathrm{d}u\mathrm{d}v = 4\int_{0}^{x} e^{-2u}\mathrm{d}u \cdot \int_{0}^{y} e^{-2v}\mathrm{d}v$$

$$= (1 - e^{-2x})(1 - e^{-2y}),$$

其他情况,$F(x,y)$均为零,故

$$F(x,y) = \begin{cases} (1 - e^{-2x})(1 - e^{-2y}), & x>0, y>0, \\ 0, & \text{其他.} \end{cases}$$

(3) $P\{(X,Y) \in G\} = \iint\limits_{G} f(x,y)\mathrm{d}x\mathrm{d}y$

$$= \int_{0}^{1} \left(\int_{0}^{1-x} 4e^{-2(x+y)}\mathrm{d}y \right)\mathrm{d}x = 1 - 3e^{-2}.$$

3. 两种常用二维连续型随机变量的分布

(1) 二维均匀分布

设G为平面上的有界区域,G的面积为$A(A>0)$,若(X,Y)的联合概率

密度为

$$f(x,y)=\begin{cases}\dfrac{1}{A}, & (x,y)\in G, \\[2mm] 0, & 其他,\end{cases} \tag{3-4}$$

则称 (X,Y) 在 G 上服从均匀分布.

（2）二维正态分布

如果 (X,Y) 的联合概率密度为

$$f(x,y)=\dfrac{1}{2\pi\sigma_1\sigma_2\sqrt{1-\rho^2}}e^{-\frac{1}{2(1-\rho^2)}\left[\frac{(x-\mu_1)^2}{\sigma_1^2}-2\rho\frac{(x-\mu_1)(y-\mu_2)}{\sigma_1\sigma_2}+\frac{(y-\mu_2)^2}{\sigma_2^2}\right]}, \tag{3-5}$$

其中 $\mu_1,\mu_2,\sigma_1,\sigma_2,\rho$ 为五个常数,且 $\sigma_1>0,\sigma_2>0,|\rho|<1$,

则称 (X,Y) 服从二维正态分布,记作 $N(\mu_1,\mu_2,\sigma_1^2,\sigma_2^2,\rho)$（见图 3-4）.

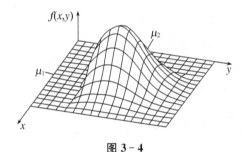

图 3-4

3.1.4　n 维随机变量

定义 3.5　设 E 是一个随机试验,它的样本空间是 $S=\{e\}$,设 $X_1=X_1(e),X_2=X_2(e),\cdots,X_n=X_n(e)$ 是定义在 S 上的随机变量,由它构成的 n 维向量 $(X_1,X_2,\cdots,X_n)$ 称为 n 维随机变量.

对于任意 n 个实数 $x_1,x_2,\cdots,x_n,n$ 元函数

$$F(x_1,x_2,\cdots,x_n)=P\{X_1\leqslant x_1,X_2\leqslant x_2,\cdots,X_n\leqslant x_n\}$$

称为随机变量 $(X_1,X_2,\cdots,X_n)$ 的联合分布函数.

§3.2 边缘分布与条件分布

3.2.1 二维随机变量的边缘分布

1. 边缘分布的概念与分布函数

对于二维随机变量(X,Y),其中任意一个分量X或Y也都是随机变量,此时X或Y的概率分布称为二维随机变量(X,Y)的边缘分布.

定义 3.6 设$F(x,y)$为(X,Y)的联合分布函数,则$F_X(x)=F(x,+\infty)$与$F_Y(y)=F(+\infty,y)$分别称为二维随机变量(X,Y)关于X和Y的边缘分布函数.

即 $F_X(x)=P\{X\leqslant x\}=P\{X\leqslant x,Y\leqslant+\infty\}=F(x,+\infty)$,

$F_Y(Y)=P\{Y\leqslant y\}=P\{X\leqslant+\infty,Y\leqslant y\}=F(+\infty,y)$.

2. 二维离散型随机变量的边缘分布

设二维离散型随机变量(X,Y)的联合分布律为$P\{X=x_i,Y=y_j\}=p_{ij}$ $(i,j=1,2,\cdots)$,则:(1) 随机变量X的边缘分布律为

$$P\{X=x_i\}=\sum_{j=1}^{+\infty}P\{X=x_i,Y=y_j\}=\sum_{j=1}^{+\infty}p_{ij}=p_i. \quad (i=1,2,\cdots).$$

$$(3-6)$$

由此可见,$P\{X=x_i\}$就是二维离散型随机变量(X,Y)的联合分布列中第i行的各概率的和.

边缘分布函数为

$$F_X(x)=P\{X\leqslant x\}=F(x,+\infty)=\sum_{x_i\leqslant x}\sum_{j=1}^{+\infty}p_{ij}, \quad (3-7)$$

(2) 随机变量Y的边缘分布律为

$$P\{Y=y_j\}=\sum_{i=1}^{+\infty}P\{X=x_i,Y=y_j\}=\sum_{i=1}^{+\infty}p_{ij}=p_{\cdot j} \quad (j=1,2,\cdots).$$

$$(3-8)$$

即$P\{Y=y_j\}$就是二维离散型随机变量(X,Y)的联合分布列中第j列的各概

率的和.

边缘分布函数为

$$F_Y(y) = P\{Y \leqslant y\} = F(+\infty, y) = \sum_{y_j \leqslant y} \sum_{i=1}^{+\infty} p_{ij}, \qquad (3-9)$$

将二维离散型随机变量 (X,Y) 的联合分布和边缘分布列在同一表 3 - 2 中有

表 3 - 2

X ＼ Y	y_1	y_2	$\cdots$	$p_i.$
x_1	p_{11}	p_{12}	$\cdots$	$p_1.$
x_2	p_{21}	p_{22}	$\cdots$	$p_2.$
$\vdots$	$\vdots$	$\vdots$	$\vdots$	$\vdots$
$p._j$	$p._1$	$p._2$	$\cdots$	

例 1　求 §3.1 例 1 中关于 X 和 Y 的边缘分布列.

解　首先求关于 X 的边缘分布列 $p_i.$,

$$p_1. = P\{X=1\} = p_{11} + p_{12} + p_{13} + p_{14}$$
$$= \frac{1}{4} + 0 + 0 + 0 = \frac{1}{4};$$

$$p_2. = P\{X=2\} = p_{21} + p_{22} + p_{23} + p_{24}$$
$$= \frac{1}{8} + \frac{1}{8} + 0 + 0 = \frac{1}{4};$$

$$p_3. = P\{X=3\} = p_{31} + p_{32} + p_{33} + p_{34} = \frac{1}{12} + \frac{1}{12} + \frac{1}{12} + 0 = \frac{1}{4}.$$

$$p_4. = P\{X=4\} = p_{41} + p_{42} + p_{43} + p_{44} = \frac{1}{16} + \frac{1}{16} + \frac{1}{16} + \frac{1}{16} = \frac{1}{4}.$$

同理,可求得关于 Y 的边缘分布列 $p._j$.

用表格表示为

Y \ X	1	2	3	4	$p_i.$
1	$\frac{1}{4}$	0	0	0	$\frac{1}{4}$
2	$\frac{1}{8}$	$\frac{1}{8}$	0	0	$\frac{1}{4}$
3	$\frac{1}{12}$	$\frac{1}{12}$	$\frac{1}{12}$	0	$\frac{1}{4}$
4	$\frac{1}{16}$	$\frac{1}{16}$	$\frac{1}{16}$	$\frac{1}{16}$	$\frac{1}{4}$
$p._j$	$\frac{25}{48}$	$\frac{13}{48}$	$\frac{7}{48}$	$\frac{3}{48}$	

3. 二维连续型随机变量的边缘分布

对于二维连续型随机变量(X,Y),设它的联合概率密度为$f(x,y)$,分布函数为$F(x,y)$,则关于X和Y的边缘分布函数分别为

$$F_X(x) = P\{X \leqslant x\} = F(x, +\infty) = \int_{-\infty}^{x} \left[\int_{-\infty}^{+\infty} f(x,y) \mathrm{d}y \right] \mathrm{d}x,$$

$$F_Y(Y) = P\{Y \leqslant y\} = F(+\infty, y) = \int_{-\infty}^{y} \left[\int_{-\infty}^{+\infty} f(x,y) \mathrm{d}x \right] \mathrm{d}y,$$

分别记

$$f_X(x) = \int_{-\infty}^{+\infty} f(x,y) \mathrm{d}y, f_Y(y) = \int_{-\infty}^{+\infty} f(x,y) \mathrm{d}x.$$

定义 3.7 设二维连续型随机变量(X,Y)的联合概率密度为$f(x,y)$,则

$$f_X(x) = \int_{-\infty}^{+\infty} f(x,y) \mathrm{d}y, \tag{3-10}$$

$$f_Y(y) = \int_{-\infty}^{+\infty} f(x,y) \mathrm{d}x, \tag{3-11}$$

分别称为二维连续型随机变量(X,Y)关于X和Y的边缘概率密度.

例 2 设G为由抛物线$y=x^2$和$y=x$所围成的区域,(X,Y)在区域G上服从均匀分布,试求X和Y的联合概率密度及边缘概率密度.

解 如图 3-5,G的面积为

$$A = \int_0^1 (x - x^2)\,\mathrm{d}x = \frac{1}{6},$$

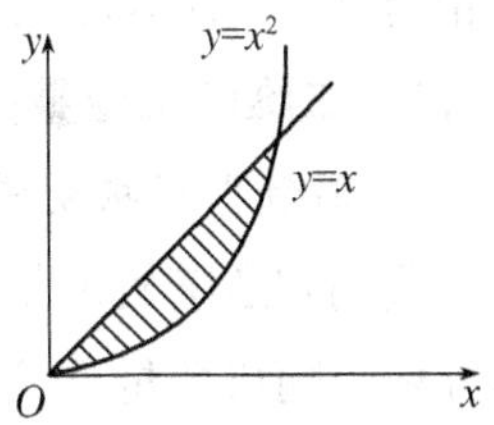

所以 X 和 Y 的联合概率密度为

$$f(x,y) = \begin{cases} 6, & (x,y) \in G, \\ 0, & \text{其他}, \end{cases}$$

图 3-5

而当 $0 \leqslant x \leqslant 1$ 时有

$$f_X(x) = \int_{-\infty}^{+\infty} f(x,y)\,\mathrm{d}y = \int_{x^2}^{x} 6\,\mathrm{d}y = 6(x - x^2),$$

当 $0 \leqslant y \leqslant 1$ 时有

$$f_Y(y) = \int_{-\infty}^{+\infty} f(x,y)\,\mathrm{d}x = \int_{y}^{\sqrt{y}} 6\,\mathrm{d}x = 6(\sqrt{y} - y),$$

所以，X,Y 的边缘概率密度分别是

$$f_X(x) = \begin{cases} 6(x - x^2), & 0 \leqslant x \leqslant 1, \\ 0, & \text{其他}, \end{cases}$$

$$f_Y(y) = \begin{cases} 6(\sqrt{y} - y), & 0 \leqslant y \leqslant 1, \\ 0, & \text{其他}. \end{cases}$$

例 3　求二维正态随机变量的边缘概率密度.

解　设 $(X,Y) \sim N(\mu_1, \mu_2, \sigma_1^2, \sigma_2^2, \rho)$，对任意 x，$-\infty < x < \infty$，

$$f_X(x) = \int_{-\infty}^{+\infty} f(x,y)\,\mathrm{d}y,$$

记 $u = \dfrac{x - \mu_1}{\sigma_1}$，并对积分变量 y 作变换 $v = \dfrac{y - \mu_2}{\sigma_2}$，于是，由 $\mathrm{d}v = \dfrac{1}{\sigma_2}\mathrm{d}y$ 得到

$$f_X(x) = \int_{-\infty}^{+\infty} \frac{1}{2\pi\sigma_1\sqrt{1-\rho^2}} \mathrm{e}^{-\frac{u^2 - 2\rho uv + v^2}{2(1-\rho^2)}}\,\mathrm{d}v$$

$$= \frac{1}{\sqrt{2\pi}\sigma_1} \mathrm{e}^{-\frac{u^2}{2}} \int_{-\infty}^{+\infty} \frac{1}{\sqrt{2\pi}\sqrt{1-\rho^2}} \mathrm{e}^{-\frac{(v-\rho u)^2}{2(1-\rho^2)}}\,\mathrm{d}v$$

$$= \frac{1}{\sqrt{2\pi}\sigma_1} \mathrm{e}^{-\frac{(x-\mu_1)^2}{2\sigma_1^2}},$$

其中，$\displaystyle\int_{-\infty}^{+\infty} \frac{1}{\sqrt{2\pi}\sqrt{1-\rho^2}} \mathrm{e}^{-\frac{(v-\rho u)^2}{2(1-\rho^2)}}\,\mathrm{d}v = 1$，上式表明 $X \sim N(\mu_1, \sigma_1^2)$，类似地，可

以推得 $Y \sim N(\mu_2, \sigma_2^2)$.

3.2.2 二维随机变量的条件分布

1. 离散型随机变量的条件分布

我们知道随机变量的分布全面地描述了随机变量的统计规律,如果同时研究两个随机变量 X, Y,不但要知道它们的联合分布,有时还要考虑在已知 $\{Y=y_i\}$ 发生时,事件 $\{X=x_i\}$ 的条件概率.

定义 3.8 设二维离散型随机变量 (X, Y) 的分布律为

$$P\{X=x_i, Y=y_j\} = p_{ij}, \quad i, j = 1, 2, \cdots.$$

对于某一固定 j,若 $P\{Y=y_j\} > 0$,则称

$$P\{X=x_i \mid Y=y_j\} = \frac{P\{X=x_i, Y=y_j\}}{P\{Y=y_j\}} = \frac{p_{ij}}{p_{\cdot j}}, i=1, 2, \cdots \quad (3-12)$$

为在 $Y=y_j$ 的条件下,**随机变量 X 的条件分布**.

同样,对于某一固定 i,若 $P\{X=x_i\} > 0$,则称

$$P\{Y=y_j \mid X=x_i\} = \frac{P\{X=x_i, Y=y_j\}}{P\{X=x_i\}} = \frac{p_{ij}}{p_{i\cdot}}, j=1, 2, \cdots \quad (3-13)$$

为在 $X=x_i$ 的条件下,**随机变量 Y 的条件分布**.

条件分布具有下列性质

(1) $P\{X=x_i \mid Y=y_j\} \geqslant 0, P\{Y=y_j \mid X=x_i\} \geqslant 0$;

(2) $\sum\limits_{i=1}^{\infty} P\{X=x_i \mid Y=y_j\} = 1, \sum\limits_{j=1}^{\infty} P\{Y=y_j \mid X=x_i\} = 1$.

例 4 在例 1 中,求在 $Y=1$ 的条件下,X 的条件分布.

解 由例 1 表可得,在 $Y=1$ 的条件下有

$$P\{X=1 \mid Y=1\} = \frac{\frac{1}{4}}{\frac{25}{48}} = \frac{12}{25}, P\{X=2 \mid Y=1\} = \frac{\frac{1}{8}}{\frac{25}{48}} = \frac{6}{25},$$

$$P\{X=3 \mid Y=1\} = \frac{\frac{1}{12}}{\frac{25}{48}} = \frac{4}{25}, P\{X=4 \mid Y=1\} = \frac{\frac{1}{16}}{\frac{25}{48}} = \frac{3}{25}.$$

故在 $Y=1$ 的条件下,X 的条件分布为

X	1	2	3	4
$P\{X=i\mid Y=1\}$	$\dfrac{12}{25}$	$\dfrac{6}{25}$	$\dfrac{4}{25}$	$\dfrac{3}{25}$

2. 连续型随机变量的条件分布

由于连续型随机变量的概率密度相当于离散型随机变量的概率分布,因此仿照离散型随机变量的条件分布给出如下定义

定义 3.9　设二维连续型随机变量的联合概率密度为 $f(x,y)$,若对于固定的 $y,f_Y(y)>0$,则称

$$f_{X|Y}(x|y)=\frac{f(x,y)}{f_Y(y)} \tag{3-14}$$

为在 $Y=y$ 的条件下,**随机变量 X 的条件概率密度**(或**条件分布**).

称　　$F_{X|Y}(x\mid y)=P\{X\leqslant x\mid Y=y\}=\displaystyle\int_{-\infty}^{x}\frac{f(x,y)}{f_Y(y)}\mathrm{d}x$ 　(3-15)

为在 $Y=y$ 的条件下,**随机变量 X 的条件分布函数**.

同样,若对于固定的 $x,f_X(x)>0$,则称

$$f_{Y|X}(y|x)=\frac{f(x,y)}{f_X(x)} \tag{3-16}$$

为在 $X=x$ 的条件下,**随机变量 Y 的条件概率密度**(或**条件分布**).

称　　$F_{Y|X}(y\mid x)=P\{Y\leqslant y\mid X=x\}=\displaystyle\int_{-\infty}^{y}\frac{f(x,y)}{f_X(x)}\mathrm{d}y$ 　(3-17)

为在 $X=x$ 的条件下,**随机变量 Y 的条件分布函数**.

易见,$f_{X|Y}(x|y)$ 与 $f_{Y|X}(y|x)$ 满足作为概率密度的两个条件:

(1) $f_{X|Y}(x|y)\geqslant 0,f_{Y|X}(y|x)\geqslant 0$;

(2) $\displaystyle\int_{-\infty}^{+\infty}f_{X|Y}(x\mid y)\mathrm{d}x=\int_{-\infty}^{+\infty}f_{Y|X}(y\mid x)\mathrm{d}y=1$.

例 5　设二维随机变量 (X,Y) 在区域 G 上服从均匀分布,其中

$$G=\{(X,Y)\mid 0<x<1,|y|<x\},$$

试求 (X,Y) 关于 X 和 Y 的条件概率密度.

解　由题意可知,(X,Y) 的联合概率密度为

$$f(x,y)=\begin{cases}1, & 0<x<1,|y|<x, \\ 0, & \text{其他}.\end{cases}$$

因为在 $Y=y$ 条件下,

当 $y\notin(-1,1)$ 时,$f_Y(y)=0$,所以此时 (X,Y) 关于 X 的条件分布不存在.

当 $y\in(-1,1)$ 时,$f_Y(y)=1-|y|$,所以得 (X,Y) 关于 X 的条件概率密度为

$$f_{Y|X}(y|x)=\begin{cases}\dfrac{1}{1-|y|}, & |y|<x<1, \\ 0, & \text{其他}.\end{cases}$$

同理可得 (X,Y) 关于 Y 的条件概率密度为

$$f_{X|Y}(x|y)=\begin{cases}\dfrac{1}{2x}, & |y|<x<1, \\ 0, & \text{其他}.\end{cases}$$

§3.3　相互独立的随机变量

3.3.1　两个随机变量的独立性

随机变量的独立性是概率论的重要概念之一. 直观地说就是,如果一个随机变量的取值对另一个随机变量取值的概率没有影响,则称两个随机变量是相互独立的. 独立性可借助于事件的独立性引出. 设 X 和 Y 是两个随机变量,"$X\leqslant x$","$Y\leqslant y$"为两个事件,其中 x,y 是任意实数. 根据事件独立性的定义有

$$P\{X\leqslant x,Y\leqslant y\}=P\{X\leqslant x\}P\{Y\leqslant y\},$$

或写成

$$F(x,y)=F_X(x)F_Y(y),$$

由此我们给出

定义 3.10　设二维随机变量 (X,Y) 的联合分布函数及关于 X 和 Y 的边

缘分布函数依次为 $F(x,y),F_X(x),F_Y(y)$,若对任意实数 x,y 都有

$$F(x,y)=F_X(x)F_Y(y),\qquad(3-18)$$

则称随机变量 X 与 Y 相互独立.

3.3.2　离散型随机变量的独立性

定理 3.1　设 (X,Y) 是二维离散型随机变量,如果对于 (X,Y) 的所有取值 (x_i,y_j),都有

$$P\{X=x_i,Y=y_j\}=P\{X=x_i\}P\{Y=y_j\}\quad i,j=1,2,\cdots,\quad(3-19)$$

则离散型随机变量 X 和 Y 是相互独立的.(证明略)

例 1　判断 §3.2 例 1 中随机变量 X 与 Y 的独立性.

解　由 §3.2 例 1 表可得 $p_{12}=0,p_{1\cdot}=\dfrac{1}{4},p_{\cdot2}=\dfrac{13}{48}$,显见 $p_{12}\neq p_{1\cdot}\cdot p_{\cdot2}$,因此 X 与 Y 不独立.

3.3.3　连续型随机变量的独立性

定理 3.2　设二维连续型随机变量 (X,Y) 的联合概率密度及关于 X 和 Y 的边缘概率密度依次为 $f(x,y),f_X(x),f_Y(y)$,若对任意实数 x,y 都有

$$f(x,y)=f_X(x)\cdot f_Y(y),\qquad(3-20)$$

则随机变量 X 和 Y 是相互独立的.(证明略)

例 2　设 (X,Y) 的联合概率密度为

$$f(x,y)=\begin{cases}8xy,&0\leqslant x\leqslant y\leqslant1,\\0,&\text{其他},\end{cases}$$

判断 X 与 Y 的独立性.

解　求得随机变量 (X,Y) 关于 X 与 Y 的边缘概率密度分别为

$$f_X(x)=\int_{-\infty}^{+\infty}f(x,y)\mathrm{d}y=\begin{cases}\int_x^1 8xy\mathrm{d}y=4x(1-x^2),&0\leqslant x\leqslant1,\\0,&\text{其他},\end{cases}$$

$$f_Y(y)=\int_{-\infty}^{+\infty}f(x,y)\mathrm{d}x=\begin{cases}\int_0^y 8xy\mathrm{d}x=4y^3,&0\leqslant y\leqslant1,\\0,&\text{其他},\end{cases}$$

显然 $f(x,y)\neq f_X(x)\cdot f_Y(y)$,所以 X 与 Y 不相互独立.

例3 若二维随机变量(X,Y)服从正态分布 $N(\mu_1,\mu_2,\sigma_1^2,\sigma_2^2,\rho)$,证明:$X$与$Y$相互独立的充分必要条件为$\rho=0$.

证明 必要性:若X与Y相互独立,则对任意实数x,y都有

$$f(x,y)=f_X(x) \cdot f_Y(y),$$

特别令$x=\mu_1,y=\mu_2$,则有 $f(\mu_1,\mu_2)=f_X(\mu_1) \cdot f_Y(\mu_2)$,即

$$\frac{1}{2\pi\sigma_1\sigma_2 \sqrt{1-\rho^2}}=\frac{1}{\sqrt{2\pi}\sigma_1} \cdot \frac{1}{\sqrt{2\pi}\sigma_2},$$

于是

$$\sqrt{1-\rho^2}=1,$$

故

$$\rho=0.$$

充分性:

当$\rho=0$时,我们知道(X,Y)的联合概率密度为

$$f(x,y)=\frac{1}{2\pi\sigma_1\sigma_2}e^{-\frac{1}{2}\left[\frac{(x-\mu_1)^2}{\sigma_1^2}+\frac{(y-\mu_2)^2}{\sigma_2^2}\right]},$$

关于X和Y的边缘概率密度分别为

$$f_X(x)=\frac{1}{\sqrt{2\pi}\sigma_1}e^{-\frac{(x-\mu_1)^2}{2\sigma_1^2}},f_Y(y)=\frac{1}{\sqrt{2\pi}\sigma_2}e^{-\frac{(x-\mu_2)^2}{2\sigma_2^2}},$$

显然有 $f(x,y)=f_X(x) \cdot f_Y(y)$,所以$X,Y$相互独立.

3.3.4 n个随机变量的独立性

一般地,若n维随机变量$(X_1,X_2,\cdots,X_n)$的联合分布函数为 $F(x_1,x_2,\cdots,x_n)$,其边缘分布函数为$F_{X_1}(x_1),F_{X_2}(x_2),\cdots,F_{X_n}(x_n)$,若对于任意的$(x_1,x_2,\cdots,x_n)$有

$$F(x_1,x_2,\cdots,x_n)=F_{X_1}(x_1) \cdot F_{X_2}(x_2) \cdot \cdots \cdot F_{X_n}(x_n)$$

成立,则称$X_1,X_2,\cdots,X_n$是n个相互独立的随机变量.

如果$X_1,X_2,\cdots,X_n$是连续型随机变量,其联合概率密度为 $f(x_1,x_2,\cdots,x_n)$,相应的边缘概率密度为$f_{X_1}(x_1),f_{X_2}(x_2),\cdots,f_{X_n}(x_n)$,则它们相互独立的充要条件为

$$f(x_1,x_2,\cdots,x_n)=f_{X_1}(x_1) \cdot f_{X_2}(x_2) \cdot \cdots \cdot f_{X_n}(x_n)$$

§3.4 二维随机变量函数的分布

我们已经讨论并解决了一维随机变量 X 与它的分布,及如何求其函数 $Y=g(X)$ 的分布问题. 本节讨论已知二维随机变量 (X,Y) 的联合分布,求出它们的函数 $Z=g(X,Y)$ 的分布. 我们只就下面几个具体的函数来讨论.

3.4.1 离散型随机变量的函数的分布

设 $(X_1,X_2,\cdots,X_n)$ 为离散型随机变量,则函数 $Z=g(X_1,X_2,\cdots,X_n)$ 是一维离散型随机变量. 一般可以通过分布表建立函数 Z 的分布列.

例 1 设 (X,Y) 的联合分布律为

X \ Y	-1	1	2
-1	$\frac{5}{20}$	$\frac{2}{20}$	$\frac{6}{20}$
2	$\frac{3}{20}$	$\frac{3}{20}$	$\frac{1}{20}$

试求 $Z_1=X+Y, Z_2=X-Y$ 和 $Z_3=\max(X,Y)$ 的分布列律.

解 为计算方便,将 (X,Y) 及各个函数的取值对应列于下表中

P	$\frac{5}{20}$	$\frac{2}{20}$	$\frac{6}{20}$	$\frac{3}{20}$	$\frac{3}{20}$	$\frac{1}{20}$
(X,Y)	$(-1,-1)$	$(-1,1)$	$(-1,2)$	$(2,-1)$	$(2,1)$	$(2,2)$
$Z_1=X+Y$	-2	0	1	1	3	4
$Z_2=X-Y$	0	-2	-3	3	1	0
$Z_3=\max(X,Y)$	-1	1	2	2	2	2

然后,经过合并整理得到所求结果.

(1) $Z_1=X+Y$ 的分布列为

$Z_1=X+Y$	-2	0	1	3	4
P	$\frac{5}{20}$	$\frac{2}{20}$	$\frac{9}{20}$	$\frac{3}{20}$	$\frac{1}{20}$

(2) $Z_2=X-Y$ 的分布列为

$Z_2=X-Y$	-3	-2	0	1	3
P	$\frac{6}{20}$	$\frac{2}{20}$	$\frac{6}{20}$	$\frac{3}{20}$	$\frac{3}{20}$

(3) $Z_3=\max(X,Y)$ 的分布列为

$Z_3=\max(X,Y)$	-1	1	2
P	$\frac{5}{20}$	$\frac{2}{20}$	$\frac{13}{20}$

例 2 设 $X\sim\pi(\lambda_1),Y\sim\pi(\lambda_2)$,且 X,Y 是相互独立的随机变量. 证明:
$Z=X+Y\sim\pi(\lambda_1+\lambda_2)$.

证明 由已知可得,$Z_1=X+Y$ 的取值范围为所有的非负整数 k.

$P\{Z=k\}=P\{X+Y=k\}$

$\qquad =P(X=0,Y=k)+P(X=1,Y=k-1)+\cdots+P(X=k,Y=0).$

因为 X,Y 是相互独立的,所以有

$P\{Z=k\}=P\{X+Y=k\}$

$\qquad =P(X=0,Y=k)+P(X=1,Y=k-1)+\cdots+P(X=k,Y=0)$

$\qquad =P(X=0)P(Y=k)+P(X=1)P(Y=k-1)+\cdots+$

$\qquad\quad P(X=k)P(Y=0)$

$\qquad =e^{-\lambda_1}\frac{\lambda_2^k}{k!}e^{-\lambda_2}+\frac{\lambda_1}{1!}e^{-\lambda_1}\frac{\lambda_2^{k-1}}{(k-1)!}e^{-\lambda_2}+\cdots+e^{-\lambda_1}\frac{\lambda_1^k}{k!}e^{-\lambda_2}$

$\qquad =\frac{e^{-(\lambda_1+\lambda_2)}}{k!}\sum_{i=0}^{k}\frac{k!}{i!(k-i)!}\lambda_1^i\lambda_2^{k-i}=\frac{e^{-(\lambda_1+\lambda_2)}}{k!}\sum_{i=0}^{k}C_k^i\lambda_1^i\lambda_2^{k-i}$

$\qquad =\frac{(\lambda_1+\lambda_2)^k}{k!}e^{-(\lambda_1+\lambda_2)}\quad k=0,1,2,\cdots.$

这表明 $Z=X+Y\sim\pi(\lambda_1+\lambda_2)$.

此例表明，泊松分布具有可加性. 显然. 这个结论也可以推广到有限个独立的服从泊松分布的随机变量的情形，即若 $X_i \sim \pi(\lambda_i)$，$i=1,2,\cdots,n$，则 $Z=X_1+X_2+\cdots+X_n \sim \pi(\lambda_1+\lambda_2+\cdots+\lambda_n)$.

3.4.2　连续型随机变量的函数的分布

1. 和 $Z=X+Y$ 的分布

设(X,Y)是一个二维连续型随机变量，其联合密度为 $f(x,y)$，现在求 $Z=X+Y$ 的分布，由分布函数的定义知

$$F_Z(z)=P\{Z\leqslant z\}=P\{X+Y\leqslant z\}=\iint\limits_{x+y\leqslant z} f(x,y)\mathrm{d}x\mathrm{d}y,$$

这里积分区域 $G: x+y\leqslant z$ 是位于直线 $x+y=z$ 的左下方的半个平面(如图 3-6)，将二重积分化成累次积分得

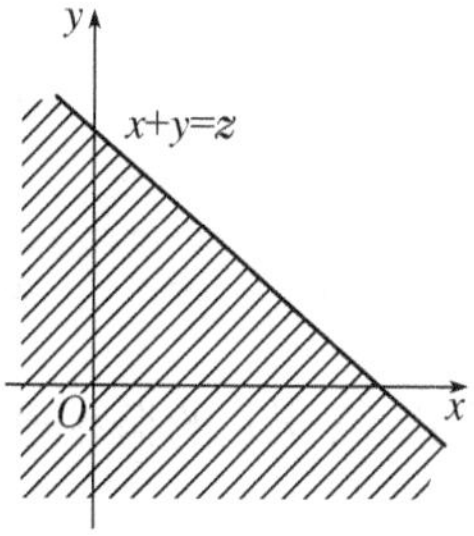

图 3-6

$$F_Z(z)=\int_{-\infty}^{+\infty}\mathrm{d}x\int_{-\infty}^{z-x} f(x,y)\mathrm{d}y.$$

固定 z 和 x 对积分 $\int_{-\infty}^{z-x} f(x,y)\mathrm{d}y$ 作变量替换，令 $y=u-x$ 或 $u=y+x$，$\mathrm{d}y=\mathrm{d}u$，

则积分

$$\int_{-\infty}^{z-x} f(x,y)\mathrm{d}y=\int_{-\infty}^{z} f(x,u-x)\mathrm{d}u,$$

于是

$$\begin{aligned}F_Z(z)&=\int_{-\infty}^{+\infty}\mathrm{d}x\int_{-\infty}^{z} f(x,u-x)\mathrm{d}u\\&=\int_{-\infty}^{z}\mathrm{d}u\int_{-\infty}^{+\infty} f(x,u-x)\mathrm{d}x,\end{aligned}$$

从而，Z 的概率密度为

$$f_Z(z)=\int_{-\infty}^{+\infty} f(x,z-x)\mathrm{d}x.$$

同理可得

$$f_Z(z)=\int_{-\infty}^{+\infty} f(z-y,y)\mathrm{d}y.$$

如果 X,Y 相互独立,上述公式成为

$$f_Z(z) = \int_{-\infty}^{+\infty} f_X(x) \cdot f_Y(z-x)\mathrm{d}x \qquad (3-21)$$

或

$$f_Z(z) = \int_{-\infty}^{+\infty} f_X(z-y) \cdot f_Y(y)\mathrm{d}y, \qquad (3-22)$$

(3-21)式和(3-22)式称为**卷积公式**.

例3 设 X,Y 是相互独立的随机变量,且 $X \sim N(0,1)$,$Y \sim N(0,1)$,求 $Z=X+Y$ 的概率密度.

解 由于 X,Y 的概率密度分别为

$$\varphi_X(x) = \frac{1}{\sqrt{2\pi}}\mathrm{e}^{-\frac{x^2}{2}}, \quad -\infty < x < \infty,$$

$$\varphi_Y(y) = \frac{1}{\sqrt{2\pi}}\mathrm{e}^{-\frac{y^2}{2}}, \quad -\infty < y < \infty.$$

则 $Z=X+Y$ 的概率密度为

$$\begin{aligned}
\varphi_Z(z) &= \int_{-\infty}^{+\infty} \varphi_X(x)\varphi_Y(z-x)\mathrm{d}x \\
&= \int_{-\infty}^{+\infty} \frac{1}{\sqrt{2\pi}}\mathrm{e}^{-\frac{x^2}{2}} \cdot \frac{1}{\sqrt{2\pi}}\mathrm{e}^{-\frac{(z-x)^2}{2}}\mathrm{d}x \\
&= \frac{1}{2\pi}\mathrm{e}^{-\frac{z^2}{4}} \int_{-\infty}^{+\infty} \mathrm{e}^{-(x-\frac{z}{2})^2}\mathrm{d}x = \frac{1}{\sqrt{2\pi} \cdot \sqrt{2}}\mathrm{e}^{-\frac{z^2}{2\times 2}}.
\end{aligned}$$

由此可知 $Z \sim N(0,2)$.

一般地,设 X,Y 相互独立,且 $X \sim N(\mu_1,\sigma_1^2)$,$Y \sim N(\mu_2,\sigma_2^2)$,则它们的和 $Z=X+Y$ 仍然服从正态分布,并且有

$$Z \sim N(\mu_1+\mu_2, \sigma_1^2+\sigma_2^2).$$

上述结论还可以推广到 n 个独立正态随机变量之和的情形. 即若 $X_i \sim N(\mu,\sigma_i^2)(i=1,2,\cdots,n)$,且它们相互独立,则它们的和 $Z=\sum_{i=1}^{n}X_i$ 仍然服从正态分布,并且有

$$Z \sim N\left(\sum_{i=1}^{n} \mu_i, \sum_{i=1}^{n} \sigma_i^2\right). \tag{3-23}$$

由于一维正态随机变量的线性函数仍服从正态分布,所以有更一般的结论:n 个相互独立的正态随机变量的线性组合仍服从正态分布.

2. 最大值 $M = \max(X, Y)$ 及最小值 $N = \min(X, Y)$ 的分布

设 X, Y 是相互独立的随机变量,它们的分布函数分别为 $F_X(x)$ 和 $F_Y(y)$.

(1) $M = \max(X, Y)$ 的分布

由于

$$\{\max(X, Y) \leqslant z\} = \{X \leqslant z, Y \leqslant z\},$$

所以

$$\begin{aligned}
F_M(z) &= P\{M \leqslant z\} = P\{\max(X, Y) \leqslant z\} \\
&= P\{X \leqslant z, Y \leqslant z\} = P\{X \leqslant z\}P\{Y \leqslant z\} \\
&= F_X(x)F_Y(y),
\end{aligned}$$

即

$$F_M(z) = F_X(z)F_Y(z). \tag{3-24}$$

(2) $N = \min(X, Y)$ 的分布

同理

$$\begin{aligned}
F_N(z) &= P\{N \leqslant z\} = 1 - P\{\min(X, Y) > z\} \\
&= 1 - P\{X > z, Y > z\} = 1 - P\{X > z\}P\{Y > z\} \\
&= 1 - (1 - P\{X \leqslant z\})(1 - P\{Y \leqslant z\}) \\
&= 1 - (1 - F_X(x))(1 - F_Y(y)). \tag{3-25}
\end{aligned}$$

上述结论容易推广到 n 个相互独立的随机变量的情形. 设随机变量 $X_1, X_2, \cdots, X_n$ 相互独立,且 X_i 的分布函数为 $F_i(x)(i = 1, 2, \cdots, n)$,则它们的最大值 $\max(X_1, X_2, \cdots, X_n)$ 的分布函数为

$$F_{\max}(z) = \prod_{i=1}^{n} F_i(z), \tag{3-26}$$

最小值 $\min(X_1, X_2, \cdots, X_n)$ 的分布函数为

$$F_{\min}(z) = 1 - \prod_{i=1}^{n}(1 - F_i(z)). \tag{3-27}$$

特别地,当 $X_1, X_2, \cdots, X_n$ 相互独立且具有相同的分布函数 $F(x)$ 时,则有

$$F_{\max}(z) = [F(z)]^n, \tag{3-28}$$

$$F_{\min}(z) = 1 - [1 - F(z)]^n. \tag{3-29}$$

例 4 设某种型号的电子管的寿命(单位:h)服从参数为 $\theta = 100$ 的指数分布,其概率密度为

$$f(x) = \begin{cases} 0.01e^{-0.01x}, & x \geqslant 0, \\ 0, & \text{其他}, \end{cases}$$

任意取出 4 只.(1) 构成串联电路 L_1,(2) 构成并联电路 L_2,求 $L_i(i=1,2)$ 的寿命不小于 200 小时的概率.

解 任意取出 4 只电子管,其寿命分别记为 X_1, X_2, X_3, X_4,它们是独立同分布的随机变量,而所求的"L_i 的寿命不小于 200 小时"$(i=1,2)$ 是指

(1) $L_1 = \min(X_1, X_2, X_3, X_4) \geqslant 200$,

由 X_i 的概率密度可知,其分布函数为

$$F(x) = \begin{cases} 1 - e^{-0.01x}, & x > 0, \\ 0, & \text{其他}, \end{cases}$$

所以

$$F_{\min}(x) = 1 - [1 - F(x)]^4 = \begin{cases} 1 - e^{-0.04x}, & x > 0, \\ 0, & \text{其他}. \end{cases}$$

$$P\{\min(X_1, X_2, X_3, X_4) \geqslant 200\} = 1 - P\{\min(X_1, X_2, X_3, X_4) < 200\}$$
$$= 1 - F_{\min}(200) = e^{-8}.$$

(2) $L_2 = \max(X_1, X_2, X_3, X_4) \geqslant 200$,

由 $F_{\max}(x) = [F(x)]^4 = \begin{cases} [1 - e^{-0.01x}]^4, & x > 0, \\ 0, & \text{其他}, \end{cases}$ 得

$$L_2 = P\{\max(X_1, X_2, X_3, X_4) \geqslant 200\}$$
$$= 1 - P\{\max(X_1, X_2, X_3, X_4) < 200\}$$
$$= 1 - F_{\max}(200) = 1 - (1 - e^{-2})^4.$$

3. 用分布函数法求概率密度

例 5 设随机变量 X,Y 相互独立, 其密度函数分别为

$$f_X(x)=\begin{cases}1, & 0<x<1,\\0, & \text{其他},\end{cases} \quad f_Y(y)=\begin{cases}\mathrm{e}^{-y}, & y>0,\\0, & \text{其他}.\end{cases}$$

求 $Z=2X+Y$ 的概率密度.

解 因为随机变量 X,Y 相互独立, 所以 (X,Y) 的联合概率密度为

$$f(x,y)=\begin{cases}\mathrm{e}^{-y}, & 0<x<1,y>0,\\0, & \text{其他},\end{cases}$$

由分布函数的定义, 有

$$F_Z(z)=P\{Z\leqslant z\}=P\{2X+Y\leqslant z\}=\iint\limits_{2x+y\leqslant z}f(x,y)\mathrm{d}x\mathrm{d}y,$$

于是当 $z<0$ 时, 有 $F_Z(z)=0$; 当 $0\leqslant z\leqslant 2$ 有

$$F_Z(z)=P\{Z\leqslant z\}=P\{2X+Y\leqslant z\}=\iint\limits_{2x+y\leqslant z}f(x,y)\mathrm{d}x\mathrm{d}y$$

$$=\int_0^{\frac{z}{2}}\mathrm{d}x\int_0^{z-2x}\mathrm{e}^{-y}\mathrm{d}y=\frac{z}{2}+\frac{\mathrm{e}^{-z}}{2}-\frac{1}{2};$$

当 $z\geqslant 2$ 时, 有

$$F_Z(z)=P\{Z\leqslant z\}=P\{2X+Y\leqslant z\}=\iint\limits_{2x+y\leqslant z}f(x,y)\mathrm{d}x\mathrm{d}y$$

$$=\int_0^1\mathrm{d}x\int_0^{z-2x}\mathrm{e}^{-y}\mathrm{d}y=1-\frac{1}{2}(\mathrm{e}^2-1)\mathrm{e}^{-z}.$$

于是, 通过求导可得 $Z=2X+Y$ 概率密度函数为

$$f_Z(z)=\begin{cases}\dfrac{1}{2}(1-\mathrm{e}^{-z}), & 0\leqslant z\leqslant 2,\\[2mm]\dfrac{1}{2}(\mathrm{e}^2-1)\mathrm{e}^{-z}, & z\geqslant 2,\\[2mm]0, & \text{其他}.\end{cases}$$

例 6 设 XOY 平面上随机点的坐标 (X,Y) 服从二维正态分布, 其概率密度为

$$f(x,y)=\frac{1}{2\pi}e^{-\frac{x^2+y^2}{2}},\ -\infty<x,y<+\infty,$$

试求(X,Y)到原点的距离的概率密度.

解　因为随机点(X,Y)到原点的距离为$Z=\sqrt{X^2+Y^2}$,由分布函数的定义有

$$F_Z(z)=P\{Z\leqslant z\}=P\{\sqrt{X^2+Y^2}\leqslant z\}.$$

于是当$z<0$时,有$F_Z(z)=0$;当$z\geqslant 0$时,有

$$F_Z(z)=P\{Z\leqslant z\}=P\{\sqrt{X^2+Y^2}\leqslant z\}=\frac{1}{2\pi}\iint\limits_{\sqrt{x^2+y^2}\leqslant z}e^{-\frac{x^2+y^2}{2}}\mathrm{d}x\mathrm{d}y$$

$$=\frac{1}{2\pi}\int_0^{2\pi}\mathrm{d}\theta\int_0^z e^{-\frac{r^2}{2}}r\mathrm{d}r=1-e^{-\frac{z^2}{2}}.$$

于是,通过求导可得$Z=\sqrt{X^2+Y^2}$概率密度函数为

$$f_Z(z)=\begin{cases}ze^{-\frac{z^2}{2}}, & z>0,\\ 0, & z\leqslant 0.\end{cases}$$

例7　设随机变量X,Y相互独立,X的概率密度函数为$f(x)$,Y的分布律为$P(Y=y_i)=p_i,i=1,2,\cdots,n$.试求$Z=X+Y$的概率密度.

解　由分布函数的定义及全概率公式有

$$F_Z(z)=P\{Z\leqslant z\}=P\{X+Y\leqslant z\}=\sum_{i=1}^{n}P(Y=y_i)P(X+Y\leqslant z\mid Y=y_i)$$

$$=\sum_{i=1}^{n}P(Y=y_i)P(X\leqslant z-y_i\mid Y=y_i),$$

因为X,Y相互独立,所以

$$F_Z(z)=\sum_{i=1}^{n}p_iP(X\leqslant z-y_i)=\sum_{i=1}^{n}p_i\int_{-\infty}^{z-y_i}f(x)\mathrm{d}x.$$

于是,随机就量$Z=X+Y$的概率密度为

$$f_Z(z)=F'_Z(z)=\sum_{i=1}^{n}p_if(z-y_i).$$

习　题　三

一、填空题

1. 二维随机变量 (X,Y) 的联合分布律为 $P\{X=x_i,Y=y_j\}=\dfrac{1}{12}$, $i=1,2,$ $3;j=1,2,3,4$, 则 $P\{X=x_1\}=$ _____.

2. 设二维随机向量 (X,Y) 的联合分布列为

X \ Y	0	1	2
0	$\dfrac{1}{12}$	$\dfrac{2}{12}$	$\dfrac{2}{12}$
1	$\dfrac{1}{12}$	$\dfrac{1}{12}$	0
2	$\dfrac{2}{12}$	$\dfrac{1}{12}$	$\dfrac{2}{12}$

则 $P\{X=0\}=$ _____.

3. 设 (X,Y) 的概率密度为 $f(x,y)$, 则 $Z=X+Y$ 的概率密度为 $f_Z(z)=$ _____.

4. 对随机变量 X,Y, 若对任意 $a<b,c<d$ 都有 $P\{a<X<b,c<Y<d\}=P\{a<X<b\}P\{c<Y<d\}$, 则称随机变量 X 与 Y 是 _____ 的.

5. 若二维随机变量 (X,Y) 的联合密度为 $f(x,y)$, 边缘密度依次为 $f_X(x),f_Y(y)$, 则随机变量 X 与 Y 独立的充要条件是 _____.

6. 设二维离散型随机变量 (X,Y) 的联合分布为

X \ Y	1	2	3
1	$\dfrac{1}{6}$	$\dfrac{1}{9}$	$\dfrac{1}{18}$
2	$\dfrac{1}{3}$	α	β

问其中的 $\alpha=$＿＿＿＿＿ , $\beta=$＿＿＿＿＿ 时, X,Y 相互独立?

7. 设二维随机变量 (X,Y) 的联合概率密度为

$$f(x,y)=\begin{cases}c, & -1\leqslant x\leqslant 1,0\leqslant y\leqslant 2,\\ 0, & \text{其他},\end{cases}$$

则 $c=$＿＿＿＿ , Y 的边缘密度函数 $f_Y(y)=$＿＿＿＿ .

8. $F(x,y)$ 是二维随机变量 (X,Y) 的分布函数,则 $P(x_1<X\leqslant x_2,y_1<Y\leqslant y_2)=$＿＿＿＿＿ .

9. 设相互独立的随机变量 X 与 Y 具有同一分布律,且 $X\sim\begin{pmatrix}0 & 1\\ \dfrac{1}{2} & \dfrac{1}{2}\end{pmatrix}$,则

随机变量 $Z=\min(X,Y)$ 的分布律为＿＿＿＿＿＿ .

二、计算题

1. 用二维随机变量 (X,Y) 的分布函数 $F(x,y)$ 表示下列概率.

(1) $P(a<X,b<Y)$;

*(2) $P(a<X\leqslant b,Y<c)$,其中 a,b,c 为常数.

2. 有 12 件产品,其中 2 只是次品.在其中取出两次,每次取一只.考虑两种试验:(1) 每次取出后放回;(2) 每次取出不放回.定义随机变量 X,Y 如下

$$X=\begin{cases}1, & \text{第一次取出正品},\\ 0, & \text{第一次取出次品},\end{cases}\quad Y=\begin{cases}1, & \text{第二次取出正品},\\ 0, & \text{第二次取出次品}.\end{cases}$$

试分别就以上两种取法写出 X,Y 的联合分布列.

3. 盒中有 3 只黑球、2 只红球、2 只白球,在其中任意取 4 只. X,Y 分别表示取出的黑球数和红球数.试求 X,Y 的联合分布列.

4. 设 X,Y 的联合密度为

$$f(x,y)=\begin{cases}k(6-x-y), & 0<x<2,2<y<4,\\ 0, & \text{其他}.\end{cases}$$

试求:(1) 常数 k ;(2) $P(X<1,Y<3)$;(3) $P(X<1.5)$;(4) $P(X+Y\leqslant 4)$.

5. 设 (X,Y) 在以点 $(0,0),(0,4),(3,4)$ 和 $(6,0)$ 为顶点的梯形 D 内服从均匀分布.试求:

（1）X,Y 的联合密度 $f(x,y)$；

（2）(X,Y) 落入 $G=\{(x,y)|x+y<4\}$ 内的概率.

6. 设 X,Y 的联合分布函数为

$$F(x,y)=A\left(B+\arctan\frac{x}{2}\right)\left(C+\arctan\frac{y}{3}\right),x\in\mathbf{R},y\in\mathbf{R}.$$

试求：（1）常数 A,B,C；（2）X,Y 的联合密度 $f(x,y)$.

7. 设 (X,Y) 的分布列为 $p_{ij}=\dfrac{i+j}{30},i=0,1,2;j=0,1,2,3.$ 试求 (X,Y) 关于 X 和 Y 的边缘分布列.

8. 二维离散型随机变量 X,Y 的联合分布列如下

Y \ X	0	1	2	3	4	5	6
0	0.202	0.174	0.113	0.062	0.049	0.023	0.004
1	0	0.099	0.064	0.040	0.031	0.020	0.006
2	0	0	0.031	0.025	0.018	0.013	0.008
3	0	0	0	0.001	0.002	0.004	0.011

试求 (X,Y) 关于 X,Y 的边缘分布列.

9. 设 X,Y 的联合分布密度分别为

（1）$f(x,y)=\begin{cases}\mathrm{e}^{-y}, & 0<x<y,\\ 0, & 其他;\end{cases}$

（2）$f(x,y)=\begin{cases}\dfrac{21}{4}x^2y, & x^2<y<1,\\ 0, & 其他;\end{cases}$

（3）$f(x,y)=\begin{cases}1, & |x|<y<1,\\ 0, & 其他.\end{cases}$

试求以上各题中关于 X,Y 的边缘分布密度.

10. 已知 $X\sim U(0,1),Y\sim E(1)$，且 X,Y 相互独立. 求 $P(X<Y)$.

11. 设 X,Y 独立同分布 $U(0,1)$，试求关于 t 的二次方程 $t^2+Xt+Y=0$

有实根的概率.

12. 对上面第 3 题,试求：

(1) 关于 X,Y 的边缘分布列；

(2) 当 $Y=1$ 时, X 的条件分布列.

13. 已知 $X \sim U(0,1)$,当 X 取定 x 时, $Y \sim U(x,1)$.试求：

(1) X,Y 的联合分布密度 $f(x,y)$；

(2) 关于 Y 的边缘密度 $f_Y(y)$.

14. 设 (X,Y) 的分布列为

X \\ Y	-1	1	2
-1	0.1	0.2	0
2	0	0.3	0.4

试求 $Z_1 = X - Y$ 和 $Z_2 = \min(X,Y)$ 的分布列.

15. 某商品月需求量 X 是一随机变量,其密度为

$$f(x) = \begin{cases} x\mathrm{e}^{-x}, & x > 0, \\ 0, & \text{其他.} \end{cases}$$

设每月的需求量相互独立.试求：

(1) 两个月需求量的密度；

*(2) 三个月需求量的密度.

16. 设 (X,Y) 的联合密度为 $f(x,y)$.试求 $Z = X - Y$ 的分布密度.

17. 设 X,Y 独立同分布 $U(0,1)$.试求 $Z = \max(X,Y)$ 的密度.

三、考研试题

1. 设相互独立的两个随机变量 X,Y 具有同一分布律,且 X 的分布律为

X	0	1
P	1/2	1/2

则随机变量 $Z = \max(X,Y)$ 的分布律为：_____.

2. 设 X 和 Y 为两个随机变量,且

$$P\{X\geqslant 0,Y\geqslant 0\}=\frac{3}{7},P\{X\geqslant 0\}=P\{Y\geqslant 0\}=\frac{4}{7},$$

则 $P\{\max(X,Y)\geqslant 0\}=$ _____.

3. 设平面区域 D 由曲线 $y=\frac{1}{x}$ 及直线 $y=0,x=1,x=\mathrm{e}^2$ 所围成,二维随机变量 (X,Y) 在区域 D 上服从均匀分布,则 (X,Y) 关于 X 的边缘概率密度在 $x=2$ 处的值为_____.

4. 设两个相互独立的随机变量 X 和 Y 分别服从正态分布 $N(0,1)$ 和 $N(1,1)$,则(　　).

(A) $P\{X+Y\leqslant 0\}=\frac{1}{2}$ 　　(B) $P\{X+Y\leqslant 1\}=\frac{1}{2}$

(C) $P\{X-Y\leqslant 0\}=\frac{1}{2}$ 　　(D) $P\{X-Y\leqslant 1\}=\frac{1}{2}$

5. 设随机交量 X 与 Y 相互独立,下表列出了二维随机变量 (X,Y) 联合分布律及关于 X 和关于 Y 的边缘分布律中的部分数值,试将其余数值填入表中的空白处.

X ＼ Y	y_1	y_2	y_3	$P\{X=x_i\}=P_i$
x_1	1/24		1/12	1/4
x_2	1/8	3/8	1/4	3/4
$P\{Y=y_i\}=P._j$			1/3	1

6. 设某班车起点站上客人数 X 服从参数为 $\lambda(\lambda>0)$ 的泊松分布,每位乘客在中途下车的概率为 $P(0<p<1)$,且中途下车与否相互独立,以 y 表示在中途下车的人数.求:

(1) 在发车时有 n 个乘客的条件下,中途有 m 人下车的概率;

(2) 二维随机变量 (X,Y) 的概率分布.

7. 设 X_1 和 X_2 是任意两个相互独立的连续型随机变量,它们的概率密度

分别为 $f_1(x)$ 和 $f_2(x)$,分布函数分别为 $F_1(x)$ 和 $F_2(x)$,则(　　).

(A) $f_1(x)+f_2(x)$ 必为某一随机变量的概率密度

(B) $f_1(x)f_2(x)$ 必为某一随机变量的概率密度

(C) $F_1(x)+F_2(x)$ 必为某一随机变量的概率密度

(D) $F_1(x)F_2(x)$ 必为某一随机变量的概率密度

8. 设二维随机变量 (X,Y) 的概率密度为

$$f(x,y)=\begin{cases}6x, & 0\leqslant x\leqslant y\leqslant 1,\\ 0, & 其他,\end{cases}$$

则 $p\{X+Y\leqslant 1\}=$ _____.

9. 设二维随机变量 (X,Y) 的概率密度为

$$f(x,y)=\begin{cases}1, & 0<x<1,0<x<2y,\\ 0, & 其他.\end{cases}$$

求:(1) (X,Y) 的边缘概率密度 $f_x(x),f_y(y)$;

(2) $Z=2X-Y$ 的概率密度 $f_z(z)$.

10. 设二维随机变量 (X,Y) 的概率密度为已知随机事件 $\{X=0\}$ 与 $\{X+Y=1\}$ 相互独立,则(　　).

(A) $a=0.2,b=0.3$　　　　　(B) $a=0.4,b=0.1$

(C) $a=0.3,b=0.2$　　　　　(D) $a=0.1,b=0.4$

11. 设随机变量 X 与 Y 相互独立,且均服从区间 $[0,3]$ 上的均匀分布.则 $P\{\max\{X,Y\}\leqslant 1\}=$ _____.

12. 设随机变量 X 的概率密度为

$$f_x(x)=\begin{cases}1/2, & -1<x<0,\\ 1/4, & 0\leqslant x<2,\\ 0, & 其他,\end{cases}$$

令 $Y=X^2,F(x,y)$ 为二维随机变量 (X,Y) 的分布函数,

求:(1) Y 的概率密度 $f_y(y)$;(2) $F(-1/2,4)$.

13. 设随机变量 (X,Y) 服从二维正态分布,且 X 与 Y 不相关,$f_x(x)$,$f_y(y)$ 分别表示 X,Y 的概率密度,则在 $Y=y$ 的条件下 X 的条件概率密度

$f_{x|y}(x|y)$ 为（   ）.

(A) $f_x(x)$ (B) $f_y(y)$

(C) $f_x(x)f_y(y)$ (D) $\dfrac{f_x(x)}{f_y(y)}$

14. 设二维随机变量 (X,Y) 的概率密度为

$$f(x,y)=\begin{cases}2-x-y, & 0<x<1,0<y<1,\\ 0, & \text{其他}.\end{cases}$$

(1) 求 $P\{X>2Y\}$；(2) 求 $Z=X+Y$ 的概率密度 $f_Z(Z)$.

15. 设随机变量 X,Y 独立同分布且 X 分布函数为 $F(x)$，则 $Z=\max\{X,Y\}$，分布函数为（   ）.

(A) $F^2(x)$ (B) $F(x)F(y)$

(C) $1-[1-F(x)]^2$ (D) $[1-F(x)][1-F(y)]$

16. 设随机变量 X 与 Y 相互独立，X 的概率分布为

$$P\{X=i\}=\frac{1}{3}(i=-1,0,1),$$

Y 的概率密度为 $f_Y(y)=\begin{cases}1, & 0\leqslant y\leqslant 1,\\ 0, & \text{其他},\end{cases}$ 记 $Z=X+Y$.

求(1) $P\left\{Z\leqslant\dfrac{1}{2}\Big| X=0\right\}$；(2) 求 Z 的概率密度.

17. 设随机变量 X 与 Y 相互独立，且 X 服从标准正态分布 $N(0,1)$，Y 的概率分布为 $P\{Y=0\}=P\{Y=1\}=1/2$，记 $f_Z(z)$ 为随机变量 $Z=XY$ 的分布函数.则函数 $f_Z(z)$ 的间断点个数为（   ）.

(A) 0 (B) 1 (C) 2 (D) 3

18. 袋中有一个红球、两个黑球、三个白球.现有放回的从袋中取两次，每次取一球，以 X,Y,Z 分别表示两次取球的红、黑、白球的个数.

(1) 求 $P\{X=1|Z=0\}$； (2) 求二维随机变量 (X,Y) 的概率分布.

第 4 章　随机变量的数字特征与中心极限定理

随机变量取值的概率规律通常由它的分布给出完整描述. 在实际应用中我们更关心随机变量某个侧面的特征, 而这类特征往往是由一个或几个数字来表达的. 我们把刻画随机变量某个侧面特征的数字, 统称为随机变量的数字特征.

本节重点讨论的是体现随机变量取值集中位置的数学期望和反映离散程度的方差和均方差.

§4.1　随机变量的数学期望

4.1.1　离散型随机变量的数学期望

先看下面的实例.

例 1　现有一等苹果 300 斤, 每斤售价 5 元钱; 二等苹果 200 斤, 每斤售价 4 元钱. 若将两种苹果混合后出售, 应卖多少钱一斤才与两种苹果单卖收入相同?

解　混合后的售价应为

$$\frac{300}{300+200} \times 5 + \frac{200}{300+200} \times 4 = 4.6(元),$$

即混合后的售价是以频率为权数的加权平均值.

频率具有偶然性, 设想把频率换成概率, 这种以概率为权数的加权平均值正是随机变量的数学期望.

定义 4.1　设离散型随机变量 X 的概率分布为

$$P\{X = x_k\} = p_k, k = 1, 2, \cdots.$$

如果级数 $\sum\limits_{k=1}^{+\infty} x_k p_k$ 绝对收敛（即 $\sum\limits_{k=1}^{+\infty} |x_k| p_k < +\infty$），则称 $\sum\limits_{k=1}^{+\infty} x_k p_k$ 为随机变量 X 的数学期望，记为 $E(X)$. 即

$$E(X) = \sum_{k=1}^{+\infty} x_k p_k. \tag{4-1}$$

数学期望是以概率为权数的加权平均值，体现了随机变量 X 取值的集中位置或平均水平，所以数学期望也称为均值或简称为期望. 用一句话概括：**数学期望是随机变量的取值与其概率乘积的和**.

例 2　已知甲、乙两箱中装有同种产品，其中甲箱中装有 3 件合格品和 3 件次品，乙箱中仅装有 3 件合格品. 从甲箱中任取 3 件产品放入乙箱后，求乙箱中次品数 X 的数学期望 $E(X)$.

解　乙箱中次品数 X 的可能取值为 $0,1,2,3$，X 的概率分布为

$$P\{X=k\} = \frac{C_3^k C_3^{3-k}}{C_6^3} \quad (k=0,1,2,3).$$

即 X 的分布律为

X	0	1	2	3
P	$\frac{1}{20}$	$\frac{9}{20}$	$\frac{9}{20}$	$\frac{1}{20}$

因此　　$E(X) = 0 \times \frac{1}{20} + 1 \times \frac{9}{20} + 2 \times \frac{9}{20} + 3 \times \frac{1}{20} = \frac{3}{2}$.

例 3　设甲、乙两名射手在一次射击中得分 X、Y 的分布律分别为

X	1	2	3
P	0.4	0.1	0.5

Y	1	2	3
P	0.1	0.6	0.3

试比较甲、乙两名射手的技术.

解　因为 $E(X) = 1 \times 0.4 + 2 \times 0.1 + 3 \times 0.5 = 2.1$，
　　　　　$E(Y) = 1 \times 0.1 + 2 \times 0.6 + 3 \times 0.3 = 2.2$，

这表明，如果进行多次射击，他们得分的平均值分别是 2.1 和 2.2，故乙射手较甲射手的技术好.

4.1.2　连续型随机变量的数学期望

定义 4.2　设连续型随机变量 X 的概率密度为 $f(x)$，如果积分 $\int_{-\infty}^{+\infty} xf(x)\mathrm{d}x$ 绝对收敛，则称 $\int_{-\infty}^{+\infty} xf(x)\mathrm{d}x$ 为随机变量 X 的数学期望. 即有

$$E(X) = \int_{-\infty}^{+\infty} xf(x)\mathrm{d}x. \qquad (4-2)$$

连续型随机变量的数学期望，与离散型情形一样，也体现了随机变量取值的集中位置或平均水平.

例 4　设随机变量 X 的概率密度为

$$f(x) = \begin{cases} x, & 0 < x < 1, \\ 2-x, & 1 \leqslant x \leqslant 2, \\ 0, & \text{其他,} \end{cases}$$

求随机变量的数学期望 $E(X)$.

解　$E(X) = \int_{-\infty}^{+\infty} xf(x)\mathrm{d}x = \int_0^1 x^2\mathrm{d}x + \int_1^2 x(2-x)\mathrm{d}x = 1$.

4.1.3　随机变量函数的数学期望

1. 一维随机变量函数的数学期望

设 X 为一维随机变量，下面讨论 X 的函数 $Y = g(X)$ 的数学期望.

定理 4.1　设 $y = g(x)$ 是连续函数，Y 是随机变量 X 的函数，$Y = g(X)$.

(1) 若 X 为离散型随机变量，其概率分布为 $P\{X = x_k\} = p_k, k = 1, 2, \cdots,$ 且级数 $\sum_{k=1}^{+\infty} g(x_k)p_k$ 绝对收敛，则有

$$E(Y) = E[g(X)] = \sum_{k=1}^{+\infty} g(x_k)p_k \qquad (4-3)$$

(2) 若 X 为连续型随机变量，其概率密度为 $f(x)$，且积分 $\int_{-\infty}^{+\infty} f(x)g(x)\mathrm{d}x$ 绝对收敛，则有

$$E(Y) = E[g(X)] = \int_{-\infty}^{+\infty} f(x)g(x)\mathrm{d}x. \qquad (4-4)$$

(证明略).

例 5 设 X 为离散型随机变量. X 的概率分布如下

$$P\{X=1\}=\frac{1}{2}, P\{X=2\}=\frac{1}{4}, P\{X=3\}=\frac{1}{4},$$

求 $E(X^2)$.

解 由定理 4.1 得

$$E(X^2) = \sum_k g(x_k)p_k = \sum_k x_k^2 p_k$$

$$= 1^2 \times \frac{1}{2} + 2^2 \times \frac{1}{4} + 3^2 \times \frac{1}{4} = \frac{15}{4}.$$

例 6 设随机变量 X 的概率密度为 $f(x) = \begin{cases} \dfrac{1}{2\pi}, & 0<x<2\pi, \\ 0, & \text{其他}, \end{cases}$ $Y=\sin X$,

求 $E(Y)$.

解 由定理 4.1 得到

$$E(Y) = \int_{-\infty}^{+\infty} \sin x f(x)\mathrm{d}x = \int_0^{2\pi} \frac{1}{2\pi} \sin x\mathrm{d}x = 0.$$

2. 二维随机变量函数的数学期望

定理 4.2 设 $Z=g(X,Y)$ 是二维随机变量 (X,Y) 的函数.

(1) 设 (X,Y) 是离散型随机变量, 它的联合分布为 $P\{X=x_i, Y=y_j\} = p_{ij}, i=1,2,\cdots, j=1,2,\cdots$.

若级数 $\sum\limits_{j=1}^{\infty} \sum\limits_{i=1}^{\infty} f(x_i, y_j)p_{ij}$ 绝对收敛, 则随机变量函数 $Z = g(X,Y)$ 的数学期望为

$$E(Z) = E[g(X,Y)] = \sum_{j=1}^{+\infty} \sum_{i=1}^{+\infty} g(x_i, y_j)p_{ij}. \tag{4-5}$$

同时有

$$E(X) = \sum_{i=1}^{+\infty} \sum_{j=1}^{+\infty} x_i p_{ij},$$

$$E(Y) = \sum_{i=1}^{+\infty} \sum_{j=1}^{+\infty} y_j p_{ij}. \tag{4-6}$$

$$D(X) = \sum_{i=1}^{+\infty} \sum_{j=1}^{+\infty} [x_i - E(X)]^2 p_{ij}, \tag{4-7}$$

$$D(Y) = \sum_{i=1}^{+\infty} \sum_{j=1}^{+\infty} [y_j - E(Y)]^2 p_{ij}. \qquad (4-8)$$

(2) 设(X,Y)为连续型随机变量,它的联合概率密度为 $f(x,y)$,若积分 $\int_{-\infty}^{+\infty} \int_{-\infty}^{+\infty} g(x,y) f(x,y) \mathrm{d}x \mathrm{d}y$ 绝对收敛,则随机变量函数 $Z = g(X,Y)$ 的数学期望为

$$E(Z) = E[g(X,Y)] = \int_{-\infty}^{+\infty} \int_{-\infty}^{+\infty} g(x,y) f(x,y) \mathrm{d}x \mathrm{d}y. \qquad (4-9)$$

同时有

$$E(X) = \int_{-\infty}^{+\infty} \int_{-\infty}^{+\infty} x f(x,y) \mathrm{d}x \mathrm{d}y, \qquad (4-10)$$

$$E(Y) = \int_{-\infty}^{+\infty} \int_{-\infty}^{+\infty} y f(x,y) \mathrm{d}x \mathrm{d}y, \qquad (4-11)$$

$$D(X) = \int_{-\infty}^{+\infty} \int_{-\infty}^{+\infty} [x - E(X)]^2 f(x,y) \mathrm{d}x \mathrm{d}y, \qquad (4-12)$$

$$D(Y) = \int_{-\infty}^{+\infty} \int_{-\infty}^{+\infty} [y - E(Y)]^2 f(x,y) \mathrm{d}x \mathrm{d}y. \qquad (4-13)$$

(证明略)

例 7　设(X,Y)概率密度为

$$f(x,y) = \begin{cases} 12y^2, & 0 \leqslant y \leqslant x \leqslant 1, \\ 0, & \text{其他}. \end{cases}$$

求 $E(X), E(Y), E(XY), E(X^2 + Y^2)$.

解　(1) $E(X) = \int_{-\infty}^{+\infty} \int_{-\infty}^{+\infty} x f(x,y) \mathrm{d}x \mathrm{d}y = 12 \int_0^1 \mathrm{d}x \int_0^x xy^2 \mathrm{d}y = \dfrac{4}{5}$;

(2) $E(Y) = \int_{-\infty}^{+\infty} \int_{-\infty}^{+\infty} y f(x,y) \mathrm{d}x \mathrm{d}y = 12 \int_0^1 \mathrm{d}x \int_0^x y^3 \mathrm{d}y = \dfrac{3}{5}$;

(3) $E(XY) = 12 \int_0^1 \mathrm{d}x \int_0^x xy^3 \mathrm{d}y = \dfrac{1}{2}$;

(4) $E(X^2 + Y^2) = 12 \int_0^1 \mathrm{d}x \int_0^x (x^2 + y^2) y^2 \mathrm{d}y = \dfrac{16}{15}$.

4.1.4　数学期望的性质

(1) 对于任意常数 c,有,$E(c) = c$.

(2) 设 X 为随机变量,对于任意常数 k,c,有,$E(kX+c)=kE(X)+c.$

(3) 设 $g_1(X)$ 与 $g_2(X)$ 均是随机变量 X 的函数,则

$$E[g_1(x)\pm g_2(x)]=E[g_1(x)]\pm E[g_2(x)].$$

(4) 设 X,Y 为任意两个随机变量,则有

$$E(X+Y)=E(X)+E(Y). \tag{4-14}$$

证　(4)(仅就连续型给出证明)设 (X,Y) 为连续型随机变量,它的联合概率密度为 $f(x,y)$,其函数 $f(X,Y)=X+Y$,从而有

$$
\begin{aligned}
E(X+Y) &= \int_{-\infty}^{+\infty}\int_{-\infty}^{+\infty}(x+y)f(x,y)\mathrm{d}x\mathrm{d}y \\
&= \int_{-\infty}^{+\infty}\int_{-\infty}^{+\infty}xf(x,y)\mathrm{d}x\mathrm{d}y + \int_{-\infty}^{+\infty}\int_{-\infty}^{+\infty}yf(x,y)\mathrm{d}x\mathrm{d}y \\
&= \int_{-\infty}^{+\infty}x\left(\int_{-\infty}^{+\infty}f(x,y)\mathrm{d}y\right)\mathrm{d}x + \int_{-\infty}^{+\infty}y\left(\int_{-\infty}^{+\infty}f(x,y)\mathrm{d}x\right)\mathrm{d}y \\
&= \int_{-\infty}^{+\infty}xf_X(x)\mathrm{d}x + \int_{-\infty}^{+\infty}yf_Y(y)\mathrm{d}y = E(X)+E(Y).
\end{aligned}
$$

一般地,这一性质可以推广到 n 个随机变量的情形,即

$$E(X_1+X_2+\cdots+X_n)=E(X_1)+E(X_2)+\cdots+E(X_n). \tag{4-15}$$

(5) 若随机变量 X 与 Y 相互独立,则有

$$E(XY)=E(X)\cdot E(Y). \tag{4-16}$$

证　(5) 同样仅以连续型为例,由于 X 与 Y 相互独立,所以

$$f(x,y)=f_X(x)f_Y(y).$$

于是

$$
\begin{aligned}
E(XY) &= \int_{-\infty}^{+\infty}\int_{-\infty}^{+\infty}xyf(x,y)\mathrm{d}x\mathrm{d}y \\
&= \int_{-\infty}^{+\infty}xf_X(x)\mathrm{d}x\int_{-\infty}^{+\infty}yf_Y(y)\mathrm{d}y \\
&= E(X)E(Y).
\end{aligned}
$$

至于离散型情形可以类似证明.

一般地,这一性质可以推广到 n 个随机变量的情形,即当随机变量 X_1, $X_2,\cdots,X_n$ 相互独立时,有

$$E(X_1 X_2 \cdots X_n) = E(X_1) E(X_2) \cdots E(X_n). \qquad (4-17)$$

例 8 设随机变量 X 的概率密度为

$$f(x) = \begin{cases} \dfrac{x^2}{3}, & -1 < x < 2, \\ 0, & \text{其他}, \end{cases} \quad \text{试求 } E(1-2X).$$

解 因为

$$E(X) = \int_{-1}^{2} x \cdot \frac{x^2}{3} \mathrm{d}x = \frac{1}{12} x^4 \Big|_{-1}^{2} = \frac{5}{4}.$$

于是,

$$E(1-2X) = 1 - 2E(X) = 1 - 2 \times \frac{5}{4} = -\frac{3}{2}.$$

例 9 某车间机修班有 6 个零件备用箱,各箱中存放有来自甲、乙工厂提供的零件依次是甲 7,乙 1;甲 5,乙 3;甲 7,乙 3;甲 8,乙 2;甲 9,乙 1;甲 6,乙 2. 现从各箱中任意取出一个零件,试求被取的 6 个零件中所含由乙厂提供的零件数 X 的均值.

解 由乙厂提供的零件数 X 是一个可能取值为 $0,1,2,3,4,5,6$ 的随机变量. 为求解方便,引入辅助随机变量

$$X_i = \begin{cases} 1, & \text{在第 } i \text{ 只箱子中抽出的是由乙厂提供的零件}, \\ 0, & \text{在第 } i \text{ 只箱子中抽出的是由甲厂提供的零件}, \end{cases} \quad i=1,2,3,4,5,6.$$

由题设可知次品件数 X 与辅助变量 X_i 的关系是

$$X = X_1 + X_2 + X_3 + X_4 + X_5 + X_6.$$

其中 X_i 是取值为 $1,0$ 且服从两点分布的随机变量. 于是,

$$\begin{aligned} EX &= E(X_1 + X_2 + X_3 + X_4 + X_5 + X_6) \\ &= E(X_1) + E(X_2) + E(X_3) + E(X_4) + E(X_5) + E(X_6) \\ &= \frac{1}{8} + \frac{3}{8} + \frac{3}{10} + \frac{2}{10} + \frac{1}{10} + \frac{2}{8} \\ &= \frac{108}{80} = 1.35. \end{aligned}$$

本题是将 X 分解成若干个随机变量的和,然后利用和的性质来求数学期

望,这种处理方法具有一定的普遍意义.

例 10　若某家电商场对某种电器的需求量为随机变量 X,且 X 服从 $U(200,400)$,设该商场每销售出这种电器 1 台,可赚三百元,但若销不出去则每台需支付保管费一百元. 问该商场应进多少台这种电器,才能使收益的期望值最大?

解　设商场进 n 台电器,收益为 Y(百元),由题意得

$$Y = g(X) = \begin{cases} 3n, & X \geqslant n, \\ 3X - (n - X), & X < n, \end{cases}$$

即

$$g(x) = \begin{cases} 3n, & x \geqslant n, \\ 3x - (n - x), & x < n, \end{cases}$$

而 X 的概率密度为

$$f(x) = \begin{cases} \dfrac{1}{200}, & 200 < x < 400, \\ 0, & 其他, \end{cases}$$

从而 Y 的数学期望为

$$E(Y) = \int_{-\infty}^{\infty} f(x) g(x) \mathrm{d}x = \frac{1}{200} \left[\int_{200}^{n} (4x - n) \mathrm{d}x + \int_{n}^{400} 3n \mathrm{d}x \right]$$

$$= \frac{1}{200} (-2n^2 + 1400n - 2 \times 200^2),$$

令

$$L(n) = E(Y) = \frac{1}{100} (-n^2 + 700n - 200^2).$$

由 $L'(n) = 0$,解得 $n = 350$(台). 故该商场应进 350 台电器才能使收益的期望值最大.

§4.2　随机变量的方差

4.2.1　方差的定义

随机变量的数学期望仅仅反映了该随机变量的平均取值,并不能反映随

机变量取值的离散程度,这有很大的局限性.下面我们引入的数字特征便可用来反映随机变量的取值相对于它的数学期望的平均偏离程度.

先看一个例子.

设甲、乙两炮射击弹着点与目标的距离分别为 X 和 Y(为简便起见,假定它们只取离散值),并有如下分布律

X	80	85	90	95	100
P	0.2	0.2	0.2	0.2	0.2

Y	85	87.5	90	92.5	95
P	0.2	0.2	0.2	0.2	0.2

由计算

$$E(X)=80\times0.2+85\times0.2+90\times0.2+95\times0.2+100\times0.2=90$$

$$E(Y)=85\times0.2+87.5\times0.2+90\times0.2+92.5\times0.2+95\times0.2=90$$

知两炮有相同的期望值,但比较两组数据可知乙炮比甲炮准确.因为它的弹着点比较集中.

可见在实际问题中,仅靠期望值不能完善地说明随机变量的分布特征,还必须研究其离散程度.通常人们关心的是随机变量 X 对期望值的离散程度.

定义 4.3 设 X 是一个随机变量,如果 $E\{[X-E(X)]^2\}$ 存在,则称之为 X 的方差,记为 $D(X)$,即

$$D(X)=E\{[X-E(X)]^2\}. \tag{4-18}$$

(1) 对于离散型随机变量,若 $P\{X=x_k\}=p_k$,则

$$D(X)=\sum_k[x_k-E(X)]p_k. \tag{4-19}$$

(2) 对于连续型随机变量,若 X 的概率密度为 $f(x)$,则

$$D(X)=\int_{-\infty}^{\infty}[x-E(X)]^2f(x)\mathrm{d}x, \tag{4-20}$$

称 $\sqrt{D(X)}$ 为标准差或均方差.

可见,随机变量的方差是一个正数,常量的方差是零.当 X 的取值集中在

它的期望 $E(X)$ 附近时, 方差较小, 反之则方差大. 因此, 方差的大小用以表征随机变量的离散程度.

4.2.2　方差的计算公式

设 X 是一个随机变量, 如果 $E\{[X-E(X)]^2\}$ 存在, 则

$$D(X)=E(X^2)-[E(X)]^2. \qquad (4-21)$$

证　$D(X)=E\{[X-E(X)]^2\}=E[X^2-2X\cdot E(X)+(EX)^2]$

$$=E(X^2)-2E(X)\cdot E(X)+(EX)^2$$

$$=E(X^2)-[E(X)]^2.$$

4.2.3　方差的性质

(1) 对于任意常数 c, 有, $D(c)=0$.

(2) 设 X 是一个随机变量, 对于任意实数 k,c, 有, $D(kX+c)=k^2D(X)$.

(3) 若随机变量 X 与 Y 相互独立, 则有

$$D(X\pm Y)=D(X)+D(Y).$$

证　由方差的定义有

$D(X\pm Y)=E([(X\pm Y)-E(X\pm Y)]^2)$

$$=E(\{[X-E(X)]\pm[Y-E(Y)]\}^2)$$

$$=E([X-E(X)]^2\pm 2[X-E(X)][Y-E(Y)]+[Y-E(Y)]^2)$$

$$=E([X-E(X)]^2)\pm 2E\{[X-E(X)][Y-E(Y)]\}+E([Y-E(Y)]^2)$$

$$=D(X)\pm 2[E(XY)-E(X)E(Y)]+D(Y),$$

因为 X 与 Y 相互独立, 由数学期望的性质有

$$E[(X-E(X))(Y-E(Y))]$$

$$=E[XY-XE(Y)-YE(X)+E(X)E(Y)]$$

$$=E(XY)-E(X)E(Y)=0.$$

所以有　$D(X\pm Y)=D(X)+D(Y).$

此结论可以推广到有限个相互独立的随机变量.

例 1　若随机变量 X 的分布律为 $P\{X=1\}=0.4. P\{X=2\}=0.6$, 求其方差 $D(X)$.

解　$E(X)=1\times 0.4+2\times 0.6=1.6,$

$$E(X^2)=1^2\times0.4+2^2\times0.6=2.8,$$

故　$D(X)=E(X^2)-[E(X)]^2=2.8-(1.6)^2=0.24.$

例 2　设随机变量 X 的概率密度为

$$f(x)=\begin{cases}\dfrac{x}{4}, & 0<x<2,\\[2mm]1-\dfrac{x}{4}, & 2\leqslant x\leqslant4,\\[2mm]0, & \text{其他},\end{cases}$$ 求方差 $D(X).$

解　$E(X)=\displaystyle\int_{-\infty}^{+\infty}xf(x)\mathrm{d}x=\int_0^2\frac{x^2}{4}\mathrm{d}x+\int_2^4\left(x-\frac{x^2}{4}\right)\mathrm{d}x=2,$

$E(X^2)=\displaystyle\int_{-\infty}^{+\infty}x^2f(x)\mathrm{d}x=\int_0^2\frac{x^3}{4}\mathrm{d}x+\int_2^4\left(x^2-\frac{x^3}{4}\right)\mathrm{d}x=\frac{14}{3},$

故　$D(X)=E(X^2)-[E(X)]^2=\dfrac{14}{3}-2^2=\dfrac{2}{3}.$

例 3　设随机变量 X 的分布律为

X	-1	0	1	3
P	0.2	0.1	0.3	0.4

求 $D(2X-1),D(X^2).$

解　$E(X)=(-1)\times0.2+0\times0.1+1\times0.3+3\times0.4=1.3,$

$E(X^2)=(-1)^2\times0.2+0^2\times0.1+1^2\times0.3+3^2\times0.4=4.1,$

$E(X^4)=(-1)^4\times0.2+0^4\times0.1+1^4\times0.3+3^4\times0.4=32.9,$

$D(X)=E(X^2)-[E(X)]^2=4.1-(1.3)^2=2.41.$

故　$D(2X-1)=4D(X)=4\times2.41=9.64,$

$D(X^2)=E(X^4)-[E(X^2)]^2=32.9-(4.1)^2=16.09.$

例 4　设随机变量 X 的概率密度为

$$f(x)=\begin{cases}\dfrac{1}{2}, & -1<x<1,\\[2mm]0, & \text{其他},\end{cases}$$ $Y=X^2,$ 求 $D(Y).$

解 $E(Y) = E(X^2) = \int_{-1}^{1} \frac{x^2}{2} \mathrm{d}x = \frac{1}{3}$,

$$E(Y^2) = E(X^4) = \int_{-1}^{1} \frac{x^4}{2} \mathrm{d}x = \frac{1}{5},$$

故 $D(Y) = E(Y^2) - [E(Y)]^2 = \frac{1}{5} - \left(\frac{1}{3}\right)^2 = \frac{4}{45}$.

例 5 设 $X_1, X_2, \cdots, X_n$ 为相互独立的随机变量,$E(X_i) = \mu, D(X_i) = \sigma^2, i = 1, 2, \cdots, n.$ 令 $\overline{X} = \frac{1}{n} \sum_{i=1}^{n} X_i$,求 $E(\overline{X}), D(\overline{X})$.

解 由数学期望与方差的性质有

$$E(\overline{X}) = E\left(\frac{1}{n} \sum_{i=1}^{n} X_i\right) = \frac{1}{n} \sum_{i=1}^{n} E(X_i) = \frac{1}{n} n\mu = \mu,$$

$$D(\overline{X}) = D\left(\frac{1}{n} \sum_{i=1}^{n} X_i\right) = \frac{1}{n^2} \sum_{i=1}^{n} D(X_i) = \frac{1}{n^2} n\sigma^2 = \frac{\sigma^2}{n}.$$

特别有,若 $X_i \sim N(\mu, \sigma^2)$,则 $\overline{X} = \frac{1}{n} \sum_{i=1}^{n} X_i \sim N\left(\mu, \frac{\sigma^2}{n}\right)$.

§4.3 常用随机变量的数学期望与方差

4.3.1 0-1 分布的数学期望和方差

例 1 设 0-1 分布的分布列为

X	0	1
P	q	p

求 $E(X), D(X)$.

解 由数学期望和方差的定义得

(1) $E(X) = 0 \times q + 1 \times p = p$.

(2) $E(X^2) = 0^2 \cdot q + 1^2 \cdot p = p$.

于是,

$$D(X)=E(X^2)-[E(X)]^2=p-p^2=p(1-p)=pq.$$

4.3.2 二项分布的数学期望和方差

例2 设随机变量 $X\sim B(n,p)$,求 $E(X),D(X)$.

解 因为 $P\{X=k\}=C_n^k p^k q^{n-k},q=1-p,k=0,1,2,\cdots,n.$

由离散型随机变量数学期望的定义,得

$$(1)\ E(X)=\sum_{k=0}^{n}kP\{\xi=k\}=\sum_{k=0}^{n}kC_n^k p^k q^{n-k}=\sum_{k=0}^{n}k\frac{n!}{k!(n-k)!}p^k q^{n-k}$$

$$=np\sum_{k=1}^{n}\frac{(n-1)!}{(k-1)![(n-1)-(k-1)]!}p^{k-1}q^{[(n-1)-(k-1)]}$$

$$(令\ i=k-1)$$

$$=np\sum_{i=0}^{n-1}\frac{(n-1)!}{i![(n-1)-i]!}p^i q^{[(n-1)-i]}=np\ (p+q)^{n-1}=np.$$

$$(2)\ E(X^2)=\sum_{k=0}^{n}k^2 C_n^k p^k q^{n-k}$$

$$=\sum_{k=0}^{n}k(k-1)\frac{n!}{k!(n-k)!}p^k q^{n-k}+\sum_{k=0}^{n}kC_n^k p^k q^{n-k}$$

$$=n(n-1)p^2\sum_{k=2}^{n}\frac{(n-2)!}{(k-2)![(n-2)-(k-2)]!}p^{k-2}q^{[(n-2)-(k-2)]}$$

$$+E(X)$$

$$=n(n-1)p^2\ (p+q)^{n-2}+np=n^2 p^2+npq.$$

于是,

$$D(X)=E(X^2)-[E(X)]^2=(n^2 p^2+npq)-(np)^2=npq.$$

4.3.3 泊松分布的数学期望和方差

例3 设随机变量 $X\sim\pi(\lambda)$,求 $E(X),D(X)$.

解 因为 $P\{X=k\}=\frac{\lambda^k}{k!}e^{-\lambda},k=0,1,2,\cdots,$所以

$$(1)\ E(X)=\sum_{k=0}^{\infty}k\cdot\frac{\lambda^k}{k!}e^{-\lambda}=\sum_{k=1}^{\infty}\frac{\lambda^k}{(k-1)!}e^{-\lambda}$$

$$=\lambda e^{-\lambda}\sum_{k=1}^{\infty}\frac{\lambda^{k-1}}{(k-1)!}=\lambda e^{-\lambda}e^{\lambda}=\lambda.$$

(2) $E(X^2) = \sum\limits_{k=0}^{+\infty} k^2 \dfrac{\lambda^k}{k!} \mathrm{e}^{-\lambda}$

$= \sum\limits_{k=0}^{+\infty} [k(k-1)+k] \dfrac{\lambda^k}{k!} \mathrm{e}^{-\lambda}$

$= \lambda^2 + \lambda.$

于是,

$$D(X) = \lambda^2 + \lambda - \lambda^2 = \lambda.$$

4.3.4　几何分布的数学期望和方差

例 4　设 $X \sim g(k,p)$ 求 $E(X), D(X)$.

解　因为 $P\{X=k\} = q^{k-1}p, k \geqslant 1$,利用无穷级数求和的常规方法,将其转化为求幂级数的和函数,很容易求出几何分布的均值和方差.

所以

$$E(X) = \sum\limits_{k=1}^{+\infty} kpq^{k-1} = \dfrac{1}{p},$$

$$E(X^2) = \sum\limits_{k=1}^{+\infty} k^2 pq^{k-1} = \dfrac{2q}{p^2} + \dfrac{1}{p},$$

$$D(X) = E(X^2) - [E(X)]^2 = \dfrac{q}{p^2}.$$

例 5　设自动生产线在调整后出现废品的概率为 p,当在生产过程中出现废品时立即重新调整. 求在两次调整之间生产的合格品数 X 的分布列及数学期望.

解　显然,X 服从几何分布,两次调整之间至少应生产一件合格品,于是

(1) X 的分布列为 $P\{X=k\} = pq^k$.

(2) $E(X) = \sum\limits_{k=1}^{+\infty} kP\{X=k\} = \sum\limits_{k=1}^{+\infty} kpq^k = \dfrac{q}{p}.$

4.3.5　均匀分布的数学期望和方差

例 6　设随机变量 X 服从 $[a,b]$ 上的均匀分布,求 $E(X), D(X)$.

解　由于均匀分布的概率密度为

$$f(x) = \begin{cases} \dfrac{1}{b-a}, & a<x<b, \\ 0, & 其他, \end{cases}$$

则

(1) $E(X) = \displaystyle\int_{-\infty}^{+\infty} xf(x)\mathrm{d}x = \dfrac{1}{2(b-a)} x^2 \Big|_a^b = \dfrac{a+b}{2}.$

可见,服从均匀分布的随机变量 X 的数学期望就是该区间的中点.

(2) $E(X^2) = \displaystyle\int_a^b x^2 \dfrac{1}{b-a}\mathrm{d}x = \dfrac{1}{3(b-a)} x^3 \Big|_a^b = \dfrac{1}{3}(b^2+ba+a^2),$

于是

$$D(X) = \dfrac{1}{3}(b^2+ba+a^2) - \dfrac{1}{4}(a+b)^2 = \dfrac{1}{12}(b-a)^2.$$

4.3.6　指数分布的数学期望和方差

例 7　设随机变量 X 服从参数为 θ 的指数分布,试求 $E(X),D(X)$.

解　已知 X 的概率密度为

$$f(x) = \begin{cases} \dfrac{1}{\theta}\mathrm{e}^{-\frac{x}{\theta}}, & x>0, \theta>0, \\ 0, & 其他, \end{cases}$$

故

(1) $E(X) = \displaystyle\int_{-\infty}^{+\infty} xf(x)\mathrm{d}x = \dfrac{1}{\theta}\int_0^{\infty} x\mathrm{e}^{-\frac{x}{\theta}}\mathrm{d}x = -x\mathrm{e}^{-\frac{x}{\theta}}\Big|_0^{\infty} + \int_0^{\infty}\mathrm{e}^{-\frac{x}{\theta}}\mathrm{d}x = \theta.$

(2) $E(X^2) = \dfrac{1}{\theta}\displaystyle\int_0^{\infty} x^2\mathrm{e}^{-\frac{x}{\theta}}\mathrm{d}x = -x^2\mathrm{e}^{-\frac{x}{\theta}}\Big|_0^{\infty} + \int_0^{\infty} 2x\mathrm{e}^{-\frac{x}{\theta}}\mathrm{d}x = 2\theta^2,$

于是

$$D(X) = 2\theta^2 - \theta^2 = \theta^2.$$

4.3.7　正态分布的数学期望和方差

例 8　设随机变量 $X \sim N(\mu,\sigma^2)$,求 $E(X),D(X)$.

解　已知 X 的概率密度为

$$f(x) = \dfrac{1}{\sigma\sqrt{2\pi}}\mathrm{e}^{-\frac{(x-\mu)^2}{2\sigma^2}}, \quad -\infty<x<+\infty$$

(1) 由定义　$E(X) = \int_{-\infty}^{+\infty} x \dfrac{1}{\sigma \sqrt{2\pi}} e^{-\frac{(x-\mu)^2}{2\sigma^2}} dx \quad \left(\diamondsuit \dfrac{x-\mu}{\sigma} = t \right)$

$$= \dfrac{1}{\sigma \sqrt{2\pi}} \int_{-\infty}^{+\infty} (\mu + \sigma t) e^{-\frac{t^2}{2}} \sigma dt$$

$$= \dfrac{\mu}{\sqrt{2\pi}} \int_{-\infty}^{+\infty} e^{-\frac{t^2}{2}} dt + \dfrac{\sigma}{\sqrt{2\pi}} \int_{-\infty}^{+\infty} t e^{-\frac{t^2}{2}} dt = \mu.$$

(2) 由定义　$D(X) = \int_{-\infty}^{+\infty} (x-\mu)^2 \dfrac{1}{\sigma \sqrt{2\pi}} e^{-\frac{(x-\mu)^2}{2\sigma^2}} dx \quad \left(\diamondsuit \dfrac{x-\mu}{\sigma} = t \right)$

$$= \dfrac{\sigma^2}{\sqrt{2\pi}} \int_{-\infty}^{+\infty} t^2 e^{-\frac{t^2}{2}} dt$$

$$= \dfrac{\sigma^2}{\sqrt{2\pi}} \left[-t e^{-\frac{t^2}{2}} \Big|_{-\infty}^{+\infty} + \int_{-\infty}^{+\infty} e^{-\frac{t^2}{2}} dt \right]$$

$$= \sigma^2 \dfrac{1}{\sqrt{2\pi}} \int_{-\infty}^{+\infty} e^{-\frac{t^2}{2}} dt = \sigma^2.$$

这就是说,正态分布的概率密度中的两个参数 μ 和 σ^2 分别就是该分布的数学期望和方差,因而正态分布完全可由它的数学期望和方差所决定.

显然,标准正态分布 $X \sim N(0,1)$ 的数学期望 $E(X) = 0$,方差 $D(X) = 1$.

4.3.8　伽玛分布的数学期望和方差

设随机变量 $X \sim \Gamma(\alpha, \lambda)$,则

X 的数学期望为

$$E(X) = \dfrac{\lambda^\alpha}{\Gamma(\alpha)} \int_0^{+\infty} x^\alpha e^{-\lambda x} dx = \dfrac{\Gamma(\alpha+1)}{\Gamma(\alpha)} \dfrac{1}{\lambda} = \dfrac{\alpha}{\lambda},$$

又因为

$$E(X^2) = \dfrac{\lambda^\alpha}{\Gamma(\alpha)} \int_0^{+\infty} x^{\alpha+1} e^{-\lambda x} dx = \dfrac{\Gamma(\alpha+2)}{\lambda^2 \Gamma(\alpha)} = \dfrac{\alpha(\alpha+1)}{\lambda^2},$$

由此得 X 的方差为

$$D(X) = E(X^2) - [E(X)]^2 = \dfrac{\alpha(\alpha+1)}{\lambda^2} - \left(\dfrac{\alpha}{\lambda} \right)^2 = \dfrac{\alpha}{\lambda^2}.$$

§4.4 切比雪夫不等式

为进一步说明方差的概率意义,引入一个重要的不等式.

定理 4.3 (切比雪夫不等式)设随机变量 X 的数学期望 $E(X)$ 与方差 $D(X)$ 存在,则对任意的 $\varepsilon > 0$,有

$$P\{|X - E(X)| \geqslant \varepsilon\} \leqslant \frac{D(X)}{\varepsilon^2}. \qquad (4-22)$$

证 这里就连续型场合证明. 设 X 的概率密度为 $f(x)$,于是

$$
\begin{aligned}
P\{|X - E(X)| \geqslant \varepsilon\} &= \int_{|X - E(X)| \geqslant \varepsilon} f(x)\mathrm{d}x \\
&\leqslant \int_{|x - E(X)| \geqslant \varepsilon} \frac{[x - E(X)]^2}{\varepsilon^2} f(x)\mathrm{d}x \\
&\leqslant \frac{1}{\varepsilon^2} \int_{-\infty}^{\infty} [x - E(X)]^2 f(x)\mathrm{d}x = \frac{DX}{\varepsilon^2}.
\end{aligned}
$$

因为 $\{|X - E(X)| \geqslant \varepsilon\}$ 与 $\{|X - E(X)| < \varepsilon\}$ 为对立事件,所以切比雪夫不等式也可以写成如下形式

$$P\{|X - E(X)| < \varepsilon\} \geqslant 1 - \frac{D(X)}{\varepsilon^2}. \qquad (4-23)$$

例 1 设有一大批种子,其中良种占 $\frac{1}{6}$,现从中任取 6000 粒. 试用切比雪夫不等式估计,6000 粒中良种所占比例与 $\frac{1}{6}$ 之差的绝对值不超过 0.01 的概率.

解 由题意可知,任取出的 6000 粒种子中,良种数是一个随机变量,设其为 X,则 $X \sim B\left(6000, \frac{1}{6}\right)$,从而,$E(X) = 1000$,$D(X) = 6000 \cdot \frac{1}{6} \cdot \frac{5}{6} = \frac{5000}{6}$.

由切不雪夫不等式有

$$P\left\{\left|\frac{X}{6000} - \frac{1}{6}\right| \leqslant 0.01\right\} = P\{|X - 1000| \leqslant 60\}$$

$$=P\{|X-1000|\leqslant 60\}\geqslant 1-\frac{D(X)}{60^2}$$

$$=1-\frac{1}{60^2}\cdot\frac{5000}{6}=1-\frac{50}{6^3}\approx 0.769.$$

§4.5　协方差与相关系数

对于二维随机变量(X,Y)除了讨论 X 与 Y 的数学期望和方差之外,还需要讨论 X 与 Y 之间相互关系的数字特征. 我们已经证明,如果两个随机变量 X 与 Y 是相互独立的,则

$$E\{[X-E(X)][Y-E(Y)]\}=0.$$

这意味着当 $E\{[X-E(X)][Y-E(Y)]\}\neq 0.$ 时,X 与 Y 不相互独立,而是存在着一定的关系的. 本节将讨论这方面的问题.

4.5.1　协方差及其性质

1. 协方差的概念

定义 4.4　对于二维随机变量(X,Y),称 $E\{[X-E(X)][Y-E(Y)]\}$ 为 X,Y 的协方差. 记作 $\mathrm{cov}(X,Y)$. 即

$$\mathrm{cov}(X,Y)=E\{[X-E(X)][Y-E(Y)]\}. \tag{4-24}$$

2. 协方差的计算

(1) 设(X,Y)是离散型随机变量,它的联合分布为 $P\{X=x_i,Y=y_j\}=p_{ij},i=1,2,\cdots,j=1,2,\cdots.$ 有

$$\mathrm{cov}(X,Y)=\sum_{i=1}^{\infty}\sum_{j=1}^{\infty}(x_i-E(X))(y_i-E(Y))p_{ij}. \tag{4-25}$$

(2) 设(X,Y)为连续型随机变量,它的联合概率密度为 $f(x,y)$,有

$$\mathrm{cov}(X,Y)=\int_{-\infty}^{+\infty}\int_{-\infty}^{+\infty}(x-E(X))(y-E(Y))f(x,y)\mathrm{d}x\mathrm{d}y. \tag{4-26}$$

(3) 计算协方差时,还常用公式

$$\mathrm{cov}(X,Y)=E(XY)-E(X)E(Y). \tag{4-27}$$

例 1　已知二维随机变量(X,Y)的联合分布如表 4-1 所示. 试求

$cov(X,Y)$.

表 4-1

X＼Y	-4	-1	1	4	$p_i.$
2	$\frac{1}{4}$	0	0	$\frac{1}{4}$	$\frac{1}{2}$
3	0	$\frac{1}{4}$	$\frac{1}{4}$	0	$\frac{1}{2}$
$p._j$	$\frac{1}{4}$	$\frac{1}{4}$	$\frac{1}{4}$	$\frac{1}{4}$	1

解 先求边缘分布,并记入表 4-1 中,然后求数学期望与协方差.

$$E(X)=2\times\frac{1}{2}+3\times\frac{1}{2}=\frac{5}{2},$$

$$E(Y)=(-4)\times\frac{1}{4}+(-1)\times\frac{1}{4}+1\times\frac{1}{4}+4\times\frac{1}{4}=0,$$

又 $$E(XY)=\frac{1}{4}[2\times(-4)+2\times4+3\times(-1)+3\times1]=0,$$

故 $$cov(X,Y)=E(XY)-E(X)E(Y)=0.$$

例 2 已知二维随机变量 (X,Y) 服从二维正态分布 $N(\mu_1,\mu_2,\sigma_2^2,\sigma_2^2,\rho)$. 求 $cov(X,Y)$.

解 由第三章 §3.2 例 3 知,$X\sim N(\mu_1,\sigma_1^2)$,$Y\sim N(\mu_2,\sigma_2^2)$,故

$$E(X)=\mu_1,E(Y)=\mu_2.$$

于是,协方差为

$$cov(X,Y)=E\{[X-E(Y)][Y-E(Y)]\}=E[(X-\mu_1)(Y-\mu_2)]$$

$$=\frac{1}{2\pi\sigma_1\sigma_2\sqrt{1-\rho^2}}\int_{-\infty}^{+\infty}\int_{-\infty}^{+\infty}(x-\mu_1)(y-\mu_2)e^{-\frac{1}{2(1-\rho^2)}\left[\left(\frac{x-\mu_1}{\sigma_1}\right)^2-\frac{2\rho(x-\mu_1)(y-\mu_2)}{\sigma_1\sigma_2}+\left(\frac{y-\mu_2}{\sigma_2}\right)^2\right]}dxdy$$

引入变换 $$\frac{x-\mu_1}{\sigma_1}=u,\frac{y-\mu_2}{\sigma_2}=v.$$

于是 $$cov(X,Y)=\frac{\sigma_1\sigma_2}{2\pi\sqrt{1-\rho^2}}\int_{-\infty}^{+\infty}\int_{-\infty}^{+\infty}uve^{-\frac{1}{2(1-\rho^2)}[u^2-2\rho uv+\rho^2v^2+v^2]}dudv$$

$$= \frac{\sigma_1 \sigma_2}{2\pi \sqrt{1-\rho^2}} \int_{-\infty}^{+\infty} \int_{-\infty}^{+\infty} uv e^{-\frac{1}{2(1-\rho^2)}[(u-\rho v)^2 + (1-\rho^2)v^2]} du dv$$

$$= \frac{\sigma_1 \sigma_2}{\sqrt{2\pi}} \int_{-\infty}^{+\infty} v e^{-\frac{v^2}{2}} dv \left\{ \frac{1}{\sqrt{2\pi} \sqrt{1-\rho^2}} \int_{-\infty}^{+\infty} u e^{\frac{(u-\rho v)^2}{2(1-\rho^2)}} du \right\}.$$

上式大括号中的积分恰好是服从正态分布 $N(\rho v, 1-\rho^2)$ 的随机变量的数学期望,

$$\text{cov}(X,Y) = \frac{\rho \sigma_1 \sigma_2}{\sqrt{2\pi}} \int_{-\infty}^{+\infty} v^2 e^{-\frac{v^2}{2}} dv = \rho \sigma_1 \sigma_2.$$

3. 协方差的性质

(1) $\text{cov}(X,X) = D(X)$,

(2) $\text{cov}(X,C) = 0$(C 为常数),

(3) $\text{cov}(X,Y) = \text{cov}(Y,X)$,

(4) $\text{cov}((a_1 X + b_1),(a_2 X + b_2)) = a_1 b_1 \text{cov}(X,Y)$($a_1, a_2, b_1, b_2$ 为常数),

(5) $\text{cov}(X+Y,Z) = \text{cov}(X,Z) + \text{cov}(Y,Z)$,

(6) $D(X \pm Y) = D(X) + D(Y) \pm 2\text{cov}(X,Y)$,并且当 X 与 Y 相互独立时,$\text{cov}(X,Y) = 0$.

这些性质可由协方差的定义推出(证明略).

例 3　设二维随机变量 (X,Y) 的联合分布律为

X \ Y	-1	0	1
0	0.07	0.18	0.15
1	0.08	0.32	0.20

求 $\text{cov}(X^2 + 3, Y^2 - 5)$.

解　由协方差的性质得

$$\text{cov}(X^2 + 3, Y^2 - 5)$$

$$= \text{cov}(X^2, Y^2) + \text{cov}(X^2, -5) + \text{cov}(3, Y^2) + \text{cov}(3, -5)$$

$$= \text{cov}(X^2, Y^2) = E(X^2 Y^2) - E(X^2) E(Y^2).$$

又 X 和 Y 的边缘分布及时 XY 的分布分别为

X	0	1
P	0.4	0.6

Y	-1	0	1
P	0.15	0.5	0.35

XY	-1	0	1
P	0.08	0.72	0.2

则
$$E(X^2)=0^2\times0.4+1^2\times0.6=0.6,$$
$$E(Y^2)=(-1)^2\times0.15+0^2\times0.5+1^2\times0.35=0.5,$$
$$E(X^2Y^2)=(-1)^2\times0.08+0^2\times0.72+1^2\times0.2=0.28,$$
所以得
$$\text{cov}(X^2+3,Y^2-5)=0.28-0.6\times0.5=-0.02.$$

4.5.2 相关系数及其性质

1. 相关系数的概念

定义 4.5 设 (X,Y) 为二维随机变量,如果 $D(X)\neq0,D(Y)\neq0$,则称

$$\rho_{XY}=\frac{\text{cov}(X,Y)}{\sqrt{D(X)}\sqrt{D(Y)}} \tag{4-28}$$

为随机变量 X 与 Y 的相关系数. 当 $\rho_{XY}=0$ 时,称 X 与 Y 不相关.

例 4 已知二维随机变量 (X,Y) 服从二维正态分布 $N(\mu_1,\mu_2,\sigma_1^2,\sigma_2^2,\rho)$. 求 X 与 Y 的相关系数 ρ_{XY}.

解 由例 2 可知 $\text{cov}(X,Y)=\rho\sigma_1\sigma_2$,又 $D(X)=\sigma_1^2,D(Y)=\sigma_2^2$,故所求的相关系数为

$$\rho_{XY}=\frac{\text{cov}(X,Y)}{\sqrt{D(X)}\sqrt{D(Y)}}=\frac{\rho\sigma_1\sigma_2}{\sigma_1\sigma_2}=\rho.$$

2. 相关系数的性质

定理 4.4 设 ρ_{XY} 为随机变量 X 与 Y 的相关系数,则

(1) $|\rho_{XY}|\leqslant1$.

(2) $|\rho_{XY}|=1$ 的充要条件是 $P\{Y=aX+b\}=1$. 其中 a,b 为常数,且 $a\neq0$.

我们仅证明(1)

$$D\left(\frac{X}{\sqrt{D(X)}}-\frac{Y}{\sqrt{D(Y)}}\right)=\frac{D(X)}{D(X)}+\frac{D(Y)}{D(Y)}-\frac{2\mathrm{cov}(X,Y)}{\sqrt{D(X)}\sqrt{D(Y)}}=2(1-\rho_{XY}),$$

考虑到方差的非负性,故有 $\rho_{XY}\leqslant 1$. 又

$$D\left(\frac{X}{\sqrt{D(X)}}+\frac{Y}{\sqrt{D(Y)}}\right)=\frac{D(X)}{D(X)}+\frac{D(Y)}{D(Y)}+\frac{2\mathrm{cov}(X,Y)}{\sqrt{D(X)}\sqrt{D(Y)}}=2(1+\rho_{XY}).$$

由方差的非负性知,$\rho_{XY}\geqslant -1$.

综上即有
$$|\rho_{XY}|\leqslant 1.$$

可见,性质(1),(2)刻画了 X 与 Y 之间的线性关系的程度. 一般地,当 $|\rho_{XY}|$ 的值越来越大而接近于 1 时,表明 X 与 Y 的线性关系程度越密切. 反之,当 $|\rho_{XY}|$ 的值越来越小而接近于 0 时,表明 X 与 Y 的线性关系程度很微弱.

定理 4.5　对二维随机变量 (X,Y),下述命题等价:

(1) $\rho=0$;

(2) $\mathrm{cov}(X,Y)=0$;

(3) $E(XY)=E(X)\cdot E(Y)$;

(4) $D(X+Y)=D(X)+D(Y)$.

(证明略)

定理 4.6　设 (X,Y) 为二维随机变量,若 X 与 Y 相互独立,则 X 与 Y 不相关. 反之不然.

例 5　设二维随机变量 (X,Y),若 X 服从 $(-1,1)$ 上的均匀分布,而 $Y=X^2$,求 ρ_{XY}.

解　由均匀分布的数学期望知 $E(X)=\dfrac{(-1)+1}{2}=0$. 从而 X 与 Y 的协方差为

$$\mathrm{cov}(X,Y)=E(XY)-E(X)E(Y)=E(X^3),$$

而

$$E(X^3)=\int_{-1}^{1}\frac{1}{2}x^3\mathrm{d}x=0,$$

所以

$$\text{cov}(X,Y)=0.$$

注意到 $D(X)\neq 0, D(Y)\neq 0$，故 $\rho_{XY}=0$，即 X 与 Y 不相关；但由于 $Y=X^2$，显然 X 与 Y 不独立.

事实上，$\rho_{XY}=0$ 只说明了 X 与 Y 之间没有线性关系，但这时 X 与 Y 之间可能存在某种非线性关系.

若随机变量 (X,Y) 服从二维正态分布. 由本节例 2 知 $\text{cov}(X,Y)=\rho\sigma_1\sigma_2$，又由本节例 4 知道 $\rho=\rho_{XY}$，故对于服从二维正态分布的随机变量 (X,Y) 而言，X 与 Y 不相关与 X 与 Y 相互独立是等价的.

4.5.3　矩及协方差矩阵

定义 4.6　设 X 和 Y 是两个随机变量，

(1) 若 $E(X^k), k=1,2,\cdots$

存在，则称它为 X 的 k 阶原点矩.

(2) 若 $E\{[X-E(X)]^k\}, k=1,2,\cdots,$

存在，则称它为 X 的 k 阶中心矩.

(3) 若 $E(X^kY^l), k,l=1,2,\cdots$

存在，则称它为 X 和 Y 的 $k+l$ 阶混和矩.

(4) 若 $E\{[X-E(X)]^k[Y-E(Y)]^l\}, k,l=1,2,\cdots$

存在，则称它为 X 和 Y 的 $k+l$ 阶混和中心矩.

显然，数学期望 $E(X), E(Y)$ 是随机变量 X, Y 的一阶原点矩，方差 $D(X), D(Y)$ 是二阶中心矩，协方差 $\text{cov}(X,Y)$ 是 X 和 Y 的二阶混和中心矩.

定义 4.7　设 $(X_1, X_2, \cdots, X_n)$ 为 n 维随机变量. 若 $\text{Cov}(X_i, X_j), i,j=1, 2,\cdots,n$ 都存在，则称 n 阶方阵

$$C=\begin{pmatrix} \text{Cov}(X_1,X_1) & \text{Cov}(X_1,X_2) & \cdots & \text{Cov}(X_1,X_n) \\ \text{Cov}(X_2,X_1) & \text{Cov}(X_2,X_2) & \cdots & \text{Cov}(X_2,X_n) \\ \vdots & \vdots & \cdots & \vdots \\ \text{Cov}(X_n,X_1) & \text{Cov}(X_n,X_2) & \cdots & \text{Cov}(X_n,X_n) \end{pmatrix}$$

为 n 维随机变量 $(X_1, X_2, \cdots, X_n)$ 的协方差矩阵(协差阵).

协方差矩阵 C 的主对角元素为方差序列 $\text{Cov}(X_i, X_i)=D(X_i), i,=1,$

$2,\cdots,n.$ 显然 C 是对称阵,还可以证明 C 是非负定的.

例 6　二维正态随机变量 (X_1,X_2) 的概率密度为

$$f(x_1,x_2)=\frac{1}{2\pi\sigma_1\sigma_2\sqrt{1-\rho^2}}\exp\left\{\frac{-1}{2(1-\rho^2)}\left[\frac{(x_1-\mu_1)^2}{\sigma_1^2}-\right.\right.$$

$$\left.\left.2\frac{(x_1-\mu_1)(x_2-\mu_2)}{\sigma_1\sigma_2}+\frac{(x_2-\mu_2)^2}{\sigma_2^2}\right]\right\}.$$

(X_1,X_2) 的协方差矩阵为

$$C=\begin{bmatrix}\sigma_1^2 & \rho\sigma_1\sigma_2 \\ \rho\sigma_1\sigma_2 & \sigma_2^2\end{bmatrix}.$$

例 7　设随机向量 (X,Y,Z) 的协差阵为 $C=\begin{bmatrix}5 & 2 & 3 \\ 2 & 3 & 0 \\ 3 & 0 & 4\end{bmatrix}.$ 计算 $\mathrm{Cov}(X-Y,Y-Z).$

解　$\mathrm{Cov}(X-Y,Y-Z)=\mathrm{Cov}(X,Y)-\mathrm{Cov}(X,Z)-D(Y)+\mathrm{Cov}(Y,Z)$
$=2-3-3+0=-4.$

§4.6　大数定律与中心极限定理

4.6.1　大数定律

我们已经知道在一定条件下,多次重复进行某一试验,随机事件发生的频率随着次数的增多逐渐稳定在某一个常数附近,这一数值也就是随机事件的概率.在实践中人们还认识到大量测量值的算术平均值也具有稳定性,即在相同条件下随着测量次数的增多,测量值的算术平均值逐渐稳定在某一个常数附近,这一数值就是测量值(看作随机变量)的数学期望.概率论中用来阐明大量随机现象平均结果的稳定性的定理统称大数定律.

定义 4.8　设 $Y_1,Y_2,\cdots,Y_n,\cdots$ 是一随机序列,a 是一个常数.若对任意给定的正数 ε,有

$$\lim_{n\to\infty}P\{|Y_n-a|\geqslant\varepsilon\}=0,$$

或 $$\lim_{n\to\infty}P\{|Y_n-a|<\varepsilon\}=1,$$

则称随机序列 $Y_1,Y_2,\cdots,Y_n,\cdots$ 依概率收敛于常数 a,记为 $Y\stackrel{P}{\longrightarrow}a$.

定理 4.7　(切比雪夫大数定律的特殊情况)设 $X_1,X_2,\cdots,X_n\cdots$ 为相互独立的随机变量序列,且具有相同的数学期望和方差: $E(X_i)=\mu$, $D(X_i)=\sigma^2(i=1,2,\cdots)$,则序列 $\overline{X}=\dfrac{1}{n}\sum\limits_{i=1}^{n}X_i$ 依概率收敛于 μ,即 $\overline{X}\stackrel{P}{\longrightarrow}\mu$.

证明　在 $X_1,X_2,\cdots,X_n$ 相互独立条件下,有

$$E\left(\frac{1}{n}\sum_{i=1}^{n}X_i\right)=\frac{1}{n}\sum_{i=1}^{n}E(X_i)=\frac{1}{n}\cdot n\mu=\mu.$$

$$D\left(\frac{1}{n}\sum_{i=1}^{n}X_i\right)=\frac{1}{n^2}\sum_{i=1}^{n}D(X_i)=\frac{1}{n^2}\cdot n\sigma^2=\frac{\sigma^2}{n}.$$

对于随机变量 $\dfrac{1}{n}\sum\limits_{i=1}^{n}X_i$,由切比雪夫不等式得

$$P\left\{\left|\frac{1}{n}\sum_{i=1}^{n}X_i-\mu\right|<\varepsilon\right\}\geqslant 1-\frac{\dfrac{\sigma^2}{n}}{\varepsilon^2}.$$

于是 $$1-\frac{\sigma^2}{n\varepsilon^2}\leqslant P\left\{\left|\frac{1}{n}\sum_{i=1}^{n}X_i-\mu\right|<\varepsilon\right\}\leqslant 1.$$

在 $n\to\infty$ 的条件下,有

$$\lim_{n\to\infty}P\left\{\left|\frac{1}{n}\sum_{i=1}^{n}X_i-\mu\right|<\varepsilon\right\}=1.$$

即 $$\frac{1}{n}\sum_{i=1}^{n}X_i\stackrel{P}{\longrightarrow}\mu.$$

定理说明在给定条件下,随机变量的算术平均 $\overline{X}=\dfrac{1}{n}\sum\limits_{i=1}^{n}X_i$ 以相当大的概率接近于数学期望 $E(X_i)=\mu(i=1,2,\cdots)$.

当每一 $X_i(i=1,2,\cdots)$ 都服从同一个 $0-1$ 分布,则得到下面的伯努利大数定律.

定理 4.8　(伯努利大数定律)设 μ_n 是 n 次独立重复试验中 A 发生的次数. p 是事件 A 在每次试验中发生的概率,则对任意正数 ε,都有

$$\lim_{n \to \infty} P \left\{ \left| \frac{\mu_n}{n} - p \right| < \varepsilon \right\} = 1.$$

（证明略）.

注意到 $\frac{\mu_n}{n}$ 实际上就是事件 A 在 n 次试验中发生的频率,定理 3.9 说明当试验次数 n 很大时,事件 A 的频率与它的概率几乎没有偏差,这就是作为统计定义立足点的频率稳定性的概率含义.

大数定律的内容十分丰富,上面所提到的仅是最常用的两个. 所有大数定律的重点在于阐明随机变量的算术平均在取极限过程中的概率性质.

4.6.2 中心极限定理

在实际问题中,有许多随机现象可以看作是由大量相互独立的因素综合影响的结果,而每一个因素对该现象的影响都很微小,那么作为因素总和的随机变量,往往服从或近似服从正态分布. 阐述独立随机变量和的极限分布是正态分布的定理被称为中心极限定理.

定理 4.9 （独立同分布的中心极限定理）设 $X_1, X_2, \cdots, X_n, \cdots$ 是相互独立且服从相同分布的随机变量序列,记

$$EX_i = \mu, DX_i = \sigma^2, \quad i = 1, 2, \cdots$$

则对于任意 x 都有

$$\lim_{n \to +\infty} P \left\{ \frac{\sum_{k=1}^{n} X_k - n\mu}{\sigma \sqrt{n}} \leqslant x \right\} = \lim_{n \to \infty} P \left\{ \frac{\overline{X} - \mu}{\frac{\sigma}{\sqrt{n}}} \leqslant x \right\}$$

$$= \int_{-\infty}^{x} \frac{1}{\sqrt{2\pi}} e^{-\frac{t^2}{2}} dt = \Phi(x).$$

（证明略）.

中心极限定理阐述了一个重要结论:随机变量序列 $X_1, X_2, \cdots, X_n, \cdots$ 不管服从何种分布,只要满足定理的条件,则其算术平均值 $\overline{X} = \frac{1}{n} \sum X_i$ 就近似服从正态分布,即 $\overline{X} \sim N \left(\mu, \frac{\sigma^2}{n} \right)$ 或 $\dfrac{\overline{X} - \mu}{\frac{\sigma}{\sqrt{n}}} \sim N(0, 1)$.

在实际问题中,只要 n 足够大,便可以把独立、同分布的随机变量之和 Y_n 当作正态变量,即 $Y_n \xrightarrow{\text{近似服从}} N(n\mu, n\sigma^2)$. 这在数理统计中用得相当普遍.

例 1　一仪器同时收到 50 组相互独立的噪声干扰,每组干扰进入该仪器的噪声信号数 $X_i(i=1,2,\cdots,50)$ 都在区间 $[0,10]$ 上服从均匀分布. 试求该仪器在同一时刻收到噪声信号总量 Y 超过 300 的概率.

解　由题设知 $E(X_i) = \dfrac{0+10}{2} = 5, D(X_i) = \dfrac{(10-0)^2}{12} = \dfrac{25}{3}$. 又 $Y_{50} = X_1 + X_2 + \cdots + X_{50}$,且

$$E(Y_{50}) = 50 \cdot 5 = 250, D(Y_{50}) = 50 \cdot \frac{25}{3} = \frac{1250}{3},$$

$$Y_{50} \xrightarrow{\text{近似服从}} N\left(250, \frac{1250}{3}\right).$$

于是　$P\{Y > 300\} = 1 - P\{0 \leqslant Y_{50} \leqslant 300\}$

$$= 1 - \Phi\left(\frac{300-250}{\sqrt{\dfrac{1250}{3}}}\right) + \Phi\left(\frac{0-250}{\sqrt{\dfrac{1250}{3}}}\right)$$

$$= 1 - \Phi(2.45) + \Phi(-12.25)$$

$$= 1 - 0.9929 = 0.0071.$$

定理 4.10　(德莫佛-拉普拉斯中心极限定理)设 $X_1, X_2, \cdots, X_n, \cdots$ 是相互独立且服从相同分布的随机变量序列,X_k 服从参数为 p 的两点分布 $B(1,p), k=1,2,\cdots$,则 $\sum\limits_{k=1}^{n} X_k \sim B(n,p)$,对任意的 x,有

$$\lim_{n \to \infty} P\left(\frac{\sum\limits_{k=1}^{n} X_k - np}{\sqrt{np(1-p)}} \leqslant x\right) = \int_{-\infty}^{x} \frac{1}{\sqrt{2\pi}} e^{-\frac{t^2}{2}} dt = \Phi(x).$$

证明:略.

例 2　一本小说共 20 万字,假定每个字被错排的概率为 $p = 10^{-5}$,求这本小说发现 6 个以上错字的概率,设书中每个字被错排是独立的.

解　设错字总数为 X,则

$$X \sim B\left(200000, \frac{1}{100000}\right),$$

$$np = 2, \sqrt{np(1-p)} = \sqrt{2 \times 0.99999} = 1.414,$$

所求概率为

$$P\{X \geqslant 6\} = 1 - P\{X \leqslant 5\} \approx 1 - \Phi\left(\frac{5-2}{1.414}\right)$$

$$= 1 - \Phi(2.12) = 1 - 0.983 = 0.017.$$

如果以泊松分布近似，$\lambda = np = 2$，查表得

$$P\{X \geqslant 6\} \approx 0.0120 + 0.0034 + 0.0009 + 0.0002 + 0$$

$$= 0.0167.$$

习　题　四

一、填空题

1. 已知 $X \sim b(5, 0.2)$，则 $E(X^2 + X + 1) = $ _____.

2. 设随机变量 X 的概率密度为 $f(x) = \begin{cases} 3x^2, & 0 \leqslant x \leqslant 1, \\ 0, & \text{其他}, \end{cases}$ 则 $E(X) = $ _____.

3. 设连续型随机变量 X 的分布函数为

$$F(x) = \begin{cases} 0, & x < 0, \\ cx, & 0 \leqslant x \leqslant 4, \\ 1, & x > 4, \end{cases}$$

则 $c = $ _____，密度函数 $f(x) = $ _____，数学期望 $E(X) = $ _____.

4. 已知 $E(X) = 1.5, E(X^2) = 6$，则 $E(2X) = $ _____，$D(X) = $ _____，$D(2X) = $ _____.

5. 已知随机变量 $X \sim B(n, p)$，且 $E(X) = 6, D(X) = 3$，则 $n = $ _____.

6. 已知 $X \sim P(5)$,$E(X)/D(X) =$ _____.

7. 设 $E(X)$,$D(X)$ 存在,且 $D(X) \neq 0$,设 $Y = \dfrac{X - E(X)}{\sqrt{D(X)}}$,则 $E(Y) =$ _____,$D(Y) =$ _____.

8. 已知 $X \sim b(5, 0.2)$,则 $E(X^2 + X + 1) =$ _____.

9. 已知 $X \sim \pi(5)$,$E(X)/D(X) =$ _____.

10. 设 $E(X)$,$D(X)$ 存在,且 $D(X) \neq 0$,设 $Y = \dfrac{X - E(X)}{\sqrt{D(X)}}$,则 $E(Y) =$ _____,$D(Y) =$ _____.

11. 设随机变量 $X \sim N(-1, 4)$,$Y \sim N(1, 2)$,且 X 与 Y 相互独立,则 $E(X - 2Y) =$ _____,$D(X - 2Y) =$ _____.

12. 已知随机变量 $X \sim N(-3, 1)$,$Y \sim N(2, 1)$,且 X 与 Y 相互独立,设随机变量 $Z = 2X - 3Y + 7$,则 $Z \sim$ _____.

13. 设随机变量 X 与 Y 相互独立,且 $X \sim N(5, 5)$,$Y \sim N(-2, 7)$,$Z \sim N(-3, 4)$,则 $P(0 \leqslant X + Y - Z \leqslant 2) =$ _____. $\left(\varPhi\left(\dfrac{1}{2}\right) = 0.6915 \right)$.

14. 设随机变量 X 服从参数为 2 的泊松分布,用切比雪夫不等式估计 $P\{|X - 2| \geqslant 4\} \leqslant$ _____.

15. 设随机变量 X 服从 $[-1, b]$ 上的均匀分布,用切比雪夫不等式估计 $P\{|X - 1| < \varepsilon\} \geqslant \dfrac{2}{3}$,则 $b =$ _____,$\varepsilon =$ _____.

16. 已知 $(X, Y) \sim N(1, -1, 4, 9, -0.2)$,则 $\mathrm{Cov}(X, Y) =$ _____.

二、计算题

1. 设随机变量 X 的分布律为

X	-1	0	2
P	0.3	0.4	0.3

求:① 分布函数 $F(x)$;

② $E(X)$ 与 $D(X)$ 的值.

2. 设随机变量 X 的概率密度为 $f(x)=\begin{cases}cx^{\alpha}, & 0<x<1, \\ 0, & \text{其他},\end{cases}$ 且 $E(X)=$
0.75,求常数 c 和 α.

3. 设随机变量 X 具有密度函数

$$f(x)=\begin{cases}x, & 0\leqslant x\leqslant 1, \\ 2-x, & 1<x\leqslant 2, \\ 0, & \text{其他},\end{cases}$$ 求 $E(X)$ 及 $D(X)$.

4. 设离散型随机变量 X 的分布律是

X	-2	-1	0	1	2
P	$\dfrac{1}{6}$	$\dfrac{2}{9}$	$\dfrac{1}{9}$	$\dfrac{1}{3}$	$\dfrac{1}{6}$

(1) 求 $Y=|X|$ 的分布律;

(2) 求 $E(X),D(X)$.

5. 设随机变量 X 的分布函数为 $F(x)=\begin{cases}0, & x<0, \\ Ax^{2}, & 0\leqslant x<1, \\ 1, & x\geqslant 1.\end{cases}$

求:(1) 常数 A;

(2) X 落在 $[-1,0.5]$ 内的概率;

(3) $E(X),D(X)$.

6. 今 A,B 两人向目标各射击一次,A,B 两人命中率分别为 0.3 和 0.4,设 X 表示两人命中的次数和.

① 在表格内填写分布率:

X	
P	

② 求 X 的数学期望.

7. 设随机变量 X 的分布律为:

X	0	1	2
P	$\frac{1}{4}$	A	$\frac{1}{4}$

求:(1) A;

(2) X 的分布函数 $F(x)$;

(3) $E(3X^2+5)$;

(4) $D(X)$.

8. 设二维随机变量(X,Y)的概率密度为

$$f(x,y)=\begin{cases}12y^2, & 0<y<x<1,\\ 0, & \text{其他},\end{cases}$$

试求 $E(X),E(Y),E(XY),E(X^2+Y^2)$.

9. 设二维随机变量(X,Y)联合概率分布为

Y\\X	1	2	3
-1	0.2	0.1	0.0
0	0.1	0.0	0.3
1	0.1	0.1	0.1

(1) 求 $E(X),E(Y)$;

(2) 设 $Z=Y/X$,求 $E(Z)$;

(3) 设 $Z=(X-Y)^2$,求 $E(Z)$.

10. 已知 X,Y,Z 是 3 个相互独立的随机变量,且

$$E(X)=7, \qquad E(Y)=3, \qquad E(Z)=10,$$
$$E(X^2)=54, \quad E(Y^2)=18, \quad E(Z^2)=106.$$

试求 $2X+Y-3Z$ 的数学期望和方差.

11. 设二维随机变量(X,Y)的概率密度为

$$f(x,y)=\begin{cases}\dfrac{1}{8}(x+y), & 0<x<2;0<y<2,\\ 0, & \text{其他},\end{cases}$$

求 $E(X),E(Y),\text{cov}(X,Y),\rho_{XY},D(X+Y)$.

12. 设随机变量的联合概率分布为

Y \ X	-4	1	4
-1	$\dfrac{1}{6}$	$\dfrac{1}{12}$	0
0	$\dfrac{1}{4}$	0	0
2	$\dfrac{1}{12}$	$\dfrac{1}{4}$	$\dfrac{1}{6}$

试求 $E(X^2+Y)$.

13. 已知正常男性成人血液中,每一毫升白细胞数平均是 7300,均方差是 700. 利用切比雪夫不等式估计每毫升含白细胞数在 5200~9400 之间的概率 p.

14. 已知 X,Y,Z 是 3 个任意的随机变量,且
$$E(X)=E(Y)=-E(Z)=1, D(X)=D(Y)=D(Z)=1,$$
$$\operatorname{cov}(X,Y)=0, \operatorname{cov}(X,Z)=-\operatorname{cov}(Y,Z)=\frac{1}{2}.$$
试求 $D(X+2Y-3Z)$.

15. 验证在题设条件下,随机变量 X,Y 的独立性与线性不相关性.
设随机变量 (X,Y) 的概率密度为
$$f(x,y)=\begin{cases} xy, & (x,y)\in G, \\ 0, & (x,y)\notin G, \end{cases}$$
其中 $G=\{(x,y)\,|\,0\leqslant x\leqslant 2, 0\leqslant y\leqslant 1\}$.

16. 设二维随机变量 (X,Y) 联合概率分布为

Y \ X	-1	0	2
0	$\dfrac{1}{4}$	$\dfrac{1}{8}$	$\dfrac{1}{8}$
1	$\dfrac{1}{12}$	$\dfrac{1}{12}$	$\dfrac{1}{6}$
3	$\dfrac{1}{18}$	$\dfrac{1}{18}$	$\dfrac{1}{18}$

试求协方差 $\text{cov}(X,Y)$ 及相关系数 ρ_{XY}，并说明 X,Y 线性不相关性与独立性.

三、考研试题

1. 设随机变量 X 的分布函数为

$$F(x)=0.3\Phi(x)+0.7\Phi\left(\frac{x-1}{2}\right),$$

其中 $\Phi(x)$ 为标准正态分布函数,则 $E(X)=($ 　　 $)$.

　　A. 0　　　　　B. 03　　　　　C. 0.7　　　　　D. 1

2. 设二维随机变量 (X,Y) 服从二维正态分布,则随机变量 $\xi=X+Y$ 与 $\eta=X-Y$ 不相关的充分必要条件为(　　).

　　A. $E(X)=E(Y)$

　　B. $E(X^2)-[E(X)]^2=E(Y^2)-[E(Y)]^2$

　　C. $E(X^2)=E(Y^2)$

　　D. $E(X^2)+[E(X)]^2=E(Y^2)+[E(Y)]^2$

3. 某流水生产线上每个产品不合格的概率为 $p(0<p<1)$,各产品合格与否相互独立,当出现一个不合格产品时即停机检修.设开机后第一次停机时已生产了产品个数为 X,求 X 的数学期望 $E(X)$ 和方差 $D(X)$.

4. 将一枚硬币重复掷 n 次,以 X 和 Y 分别表示正面向上和反面向上的次数,则 X 和 Y 的相关系数等于(　　).

　　A. -1　　　　　B. 0　　　　　C. $\dfrac{1}{2}$　　　　　D. 1

5. 设随机变量 X 的方差为 2,则根据切比雪夫不等式有估计

$$P\{|X-E(X)|\geqslant 2\}\leqslant(\qquad\qquad).$$

6. 设随机变量 X 的概率密度为

$$f(x)=\begin{cases} \dfrac{1}{2}\cos\dfrac{x}{2}, & 0\leqslant x\leqslant\pi, \\ 0, & \text{其他}, \end{cases}$$

对 X 独立地重复观察 4 次,用 Y 表示观察值大于 $\dfrac{\pi}{3}$ 的次数,求 Y^2 的数学

期望.

7. 已知甲、乙两箱中装有同种产品,其中甲箱中装有 3 件合格品和 3 件次品,乙箱中仅装有 3 件合格品,从甲箱中任取 3 件产品放入乙箱中,求:

(1) 乙箱中次品件数 X 的数学期望;

(2) 从乙箱中任取一件产品是次品的概率.

8. 设随机变量 $X_1, X_2, \cdots, X_n (n > 1)$ 独立同分布,且其方差为 $\sigma^2 > 0$. 令 $Y = \dfrac{1}{n} \sum_{i=1}^{n} X_i$, 则(　　).

　A. $\mathrm{cov}(X_1, Y) = \dfrac{\sigma^2}{n}$　　　　　　　B. $\mathrm{cov}(X_1, Y) = \sigma^2$

　C. $D(X_1 + Y) = \dfrac{n+2}{n} \sigma^2$　　　　　　D. $D(X_1 - Y) = \dfrac{n+1}{n} \sigma^2$.

9. 设 A, B 为随机事件,且 $P(A) = \dfrac{1}{4}, P(B|A) = \dfrac{1}{3}, P(A|B) = \dfrac{1}{2}$, 令

$$X = \begin{cases} 1, & A \text{ 发生}, \\ 0, & A \text{ 不发生}, \end{cases} \quad Y = \begin{cases} 1, & B \text{ 发生}, \\ 0, & B \text{ 不发生}. \end{cases}$$

求:(1) 二维随机变量 (X, Y) 的概率分布;

(2) X 与 Y 的相关系数 ρ_{xy}.

10. 设随机变量 X 服从正态分布 $N(\mu_1, \sigma_1^2)$, Y 服从正态分布 $N(\mu_2, \sigma_2^2)$, 且 $P\{|X - \mu_1| < 1\} > P\{|Y - \mu_2| < 1\}$, 则(　　).

　　A. $\sigma_1 < \sigma_2$　　　B. $\sigma_1 > \sigma_2$　　　C. $\mu_1 < \mu_2$　　　D. $\mu_1 > \mu_2$

11. 设随机变量 X 服从参数为 1 的泊松分布,则

$$P\{X = E(X)^2\} = (\qquad).$$

12. 设随机变量 $X \sim N(0, 1)$, $Y \sim N(1, 4)$ 且相关系数 $\rho_{xy} = 1$, 则(　　).

　　A. $P\{Y = -2x - 1\} = 1$　　　　　B. $P\{Y = 2x - 1\} = 1$

　　C. $P\{Y = -2x + 1\} = 1$　　　　　D. $P\{Y = 2x + 1\} = 1$

第5章 数理统计的基础知识

从本章开始,我们将讨论数理统计.数理统计是研究统计工作的一般原理和方法的科学,它主要阐述搜集、整理、分析统计数据,并据以对研究对象进行统计推断的理论和方法,是统计学的基础.数理统计以概率论为理论基础,但其研究重点与概率论不同.概率论的讨论以随机变量及其分布已知为前提,然而在实际问题中,随机变量的分布常常是未知的,这就需要从历次试验中观测到的结果出发,对随机变量进行各方面的考察,同时由于条件限制又不可能对所要研究的对象全体进行考察,这就需要在研究对象中抽取一部分进行考察研究,然后根据研究结果去推断研究对象全体,这便是数理统计处理问题的基本思想.

§5.1　总体与样本

5.1.1　总体与个体

数理统计中通常把研究对象的全体称为总体,而把总体中的每个对象称为个体.例如,要了解某一班级学生的性别、年龄、身高、体重等自然情况,那么这个班级中的每个学生是当然的研究对象.于是所有学生的全体便是总体,每个学生便是个体.需要指出的是,这仅仅是对总体、个体概念的直观描述,丝毫未涉及它们的统计特征.数理统计中,我们更多的是关心能够反映统计特征的某些数量指标.仍以一个班级学生为例,如我们可以把考察的数量指标确定为学习成绩,也可以把考察的数量指标确定为学生的身高.对于选定的数量指标 X(可以是向量)而言,每个个体所取的值是不同的.在试验中,抽取了若干个个体就观察到了 X 的这样或那样的数值,因而这一数量指标 X 是一个随机变量,而 X 的分布就完全描述了总体中我们所关心的这一数量指标的分布情况. 由于我们关心的只是此数量指标,因此我们以后就把总体与数量指标 X 等同起来,并把数量指标 X 的分布称为总体的分布.

定义 5.1 统计学中称随机变量 X 为总体,并把随机变量 X 的分布称为总体分布.

5.1.2 样本与样本值

在实际问题中,总体的分布一般来说是未知的. 为了获取总体的分布信息,一般的方法是对总体进行观察. 通过观察可得到总体 X 的一组数值 $(x_1, x_2, \cdots, x_n)$,其中每一 x_i 是从总体中抽取的某一数量指标 X_i 的观察值. 显然,再作一次抽样观察所得的一组值 $(x_1', x_2', \cdots, x_n')$ 往往和前一次得到的观察值有别. 这样考虑问题时就不能把每次抽样观察得到的值看成是一组确定的数值. 一种合理的解释是把它看成随机向量 $(X_1, X_2, \cdots, X_n)$ 的一次实现值.

定义 5.2 设有总体 X,若 $X_1, X_2, \cdots, X_n$ 是取自总体 X 独立且与总体 X 同分布的随机变量. 称 $X_1, X_2, \cdots, X_n$ 为总体 X 的简单随机样本. 样本中所含分量的个数 n 称为该样本的容量. 在一次试验中,样本 $X_1, X_2, \cdots, X_n$ 的一组观测值 $x_1, x_2, \cdots, x_n$ 称为样本值.

也可以将样本看成是一个随机向量,写成 $(X_1, X_2, \cdots, X_n)$,此时样本值相应地写成 $(x_1, x_2, \cdots, x_n)$.

从定义 5.2 可以看到,样本具有两个显著的特点:

(1) 独立性,$X_1, X_2, \cdots, X_n$ 是相互独立的;

(2) 代表性,$X_1, X_2, \cdots, X_n$ 与总体 X 同分布,可以代表总体.

5.1.3 样本的分布函数

设总体 X 有分布函数 $F(x)$,于是样本 $X_1, X_2, \cdots, X_n$ 的联合分布函数为

$$F(x_1, x_2, \cdots, x_n) = \prod_{i=1}^{n} F(x_i). \tag{5-1}$$

(1) 设总体 X 为离散型随机变量

此时 X 的概率分布为

$$P\{X = x_i\} = p_i, i = 1, 2, \cdots.$$

则样本 $X_1, X_2, \cdots, X_n$ 的联合概率分布为

$$P\{X_1 = x_1, X_2 = x_2, \cdots, X_n = x_n\} = \prod_{i=1}^{n} P\{X_i = x_i\} = \prod_{i=1}^{n} p_i,$$

$$(5-2)$$

其中 $x_1, x_2, \cdots, x_n$ 为 $X_1, X_2, \cdots, X_n$ 的任一组可能的观测值.

（2）设总体 X 为连续型随机变量

此时总体 X 有分布密度 $f(x)$.

则样本 $X_1, X_2, \cdots, X_n$ 的联合分布密度为

$$f(x_1, x_2, \cdots, x_n) = \prod_{i=1}^{n} f(x_i). \qquad (5-3)$$

（3）如果总体 X 的均值和方差分别为 μ, σ^2，则

$$E(X_k) = \mu, D(X_k) = \sigma^2, k = 1, 2, \cdots, n.$$

例 1　设总体 $X \sim N(\mu, \sigma^2)$，求样本 $X_1, X_2, \cdots, X_n$ 的联合分布密度函数.

解　因总体 $X \sim N(\mu, \sigma^2)$，其密度函数为

$$f(x) = \frac{1}{\sigma\sqrt{2\pi}} e^{-\frac{(x-\mu)^2}{2\sigma^2}},$$

则样本 $X_1, X_2, \cdots, X_n$ 的联合分布密度为

$$f(x_1, x_2, \cdots, x_n) = \prod_{i=1}^{n} \frac{1}{\sigma\sqrt{2\pi}} e^{-\frac{(x_i-\mu)^2}{2\sigma^2}} = \left(\frac{1}{\sigma\sqrt{2\pi}}\right)^n e^{-\frac{1}{2\sigma^2}\sum_{i=1}^{n}(x_i-\mu)^2}.$$

例 2　设总体 $X \sim \pi(\lambda)$，求样本 $X_1, X_2, \cdots, X_n$ 的联合概率分布.

解　因总体 $X \sim \pi(\lambda)$，其概率分布为

$$P(X = k) = \frac{\lambda^k e^{-\lambda}}{k!}, k = 0, 1, 2, \cdots,$$

则样本 $X_1, X_2, \cdots, X_n$ 的联合概率分布为

$$P\{X_1 = x_1, X_2 = x_2, \cdots, X_n = x_n\} = \prod_{i=1}^{n} P\{X_i = x_i\}$$

$$= \prod_{i=1}^{n} \frac{\lambda^{x_i}}{x_i!} e^{-\lambda} = \frac{\lambda^{\sum_{i=1}^{n} x_i}}{x_1! \cdots x_n!} e^{-n\lambda}, x_i = 0, 1, 2, \cdots, i = 1, 2, \cdots, n.$$

例 3　设总体 X 的密度函数为

$$f(x) = \begin{cases} (1+\sqrt{\theta})x^{\sqrt{\theta}}, & 0 < x < 1, \theta > 0, \\ 0, & \text{其他}, \end{cases}$$

试求样本 $(X_1, X_2, \cdots, X_n)$ 的联合分布密度.

解　样本联合分布密度为

$$f(x_1, x_2, \cdots, x_n)$$

$$= \begin{cases} \displaystyle\prod_{i=1}^{n}(1+\sqrt{\theta})x_i^{\sqrt{\theta}} = (1+\sqrt{\theta})^n \prod_{i=1}^{n} x_i^{\sqrt{\theta}}, & 0 < x_i < 1, i = 1, \cdots, n. (\theta > 0), \\ 0, & \text{其他}. \end{cases}$$

§5.2　统计量

5.2.1　统计量的概念

基于样本来自总体的事实,人们常常运用样本信息对总体特性做出推测. 但是,在应用时,往往不是直接使用样本本身,而是针对不同的问题适当构造样本函数,利用这些样本的函数进行统计推断. 这类函数就是统计量.

定义 5.3　设 $X_1, X_2, \cdots X_n$ 是来自总体 X 的一个样本,$g(X_1, X_2, \cdots, X_n)$ 是 $X_1, X_2, \cdots X_n$ 的函数,若 g 中不含未知参数,则称 $g(X_1, X_2, \cdots, X_n)$ 是一个统计量.

因为 $X_1, X_2, \cdots X_n$ 都是随机变量,而统计量 $g(X_1, X_2, \cdots, X_n)$ 是随机变量的函数,因此统计量是一个随机变量. 设 $x_1, x_2, \cdots, x_n$ 是相应于样本 $X_1, X_2, \cdots X_n$ 的样本值,则称 $g(x_1, x_2, \cdots, x_n)$ 是 $g(X_1, X_2, \cdots, X_n)$ 的观察值.

例如,若 $X_1, X_2, \cdots, X_n$ 是来自正态总体的一个样本,其中 $\mu = \mu_0$ 已知,而 σ^2 未知. 则 $\dfrac{1}{n}\displaystyle\sum_{i=1}^{n}(X_i - \mu), X_1^2 + X_2^2 + 1, X_1 + X_2$ 都是统计量,但 $\dfrac{X_1^2}{\sigma^2}, \dfrac{X_1 - \mu}{\sigma}$ 都不是统计量,因为它们含有未知参数 σ.

5.2.2　常用的统计量

设 $X_1, X_2, \cdots, X_n$ 是来自总体 X 的一个样本.

(1) 样本均值

$$\overline{X} = \frac{1}{n} \sum_{i=1}^{n} X_i ; \tag{5-4}$$

(2) 样本方差

$$S^2 = \frac{1}{n-1} \sum_{i=1}^{n} (X_i - \overline{X})^2 = \frac{1}{n-1} \sum_{i=1}^{n} (X_i^2 - n\overline{X}^2) ; \tag{5-5}$$

(3) 样本标准方差

$$S = \sqrt{S^2} = \sqrt{\frac{1}{n-1} \sum_{i=1}^{n} (X_i - \overline{X})^2} ; \tag{5-6}$$

(4) 样本 k 阶原点矩

$$\hat{v}_k = \frac{1}{n} \sum_{i=1}^{n} X_i^k , k = 1, 2, \cdots, \tag{5-7}$$

显然,样本均值($k=1$)是一阶原点矩;

(5) 样本 k 阶中心矩

$$\hat{\mu}_k = \frac{1}{n} \sum_{i=1}^{n} (X_i - \overline{X})^k , k = 1, 2, \cdots. \tag{5-8}$$

上述五种统计量可统称为样本的矩统计量,简称为样本矩.它们皆可表示为样本的显函数.

§5.3　常用的抽样分布

统计量分布称为抽样分布.本节将讨论的四个抽样分布,其统计量的形成都是与样本均值 $\overline{X}$ 或样本方差 S^2 有关.鉴于预备知识的限制,我们将绕过繁琐的推导而直接引入它们的结论.

5.3.1　上 α 分位点

在统计推断中,经常用到统计分布的一类数字特征——分位点.在即将讨论一些常用的统计分布之前,我们首先给出分位点的一般概念与性质.熟悉这些概念与性质,对于稍后查阅常用统计分布表是非常有用的.

定义 5.4　设随机变量 X 的分布函数为 $F(x)$,对给定的实数 $\alpha(0<\alpha<$

1)，如果实数 F_a 满足

$$P(X>F_a)=\alpha, \tag{5-9}$$

即　　　　　　　　　　$1-F(F_a)=\alpha$ 或 $F(F_a)=1-\alpha,$

则称 F_a 为随机变量 X 的分布的水平 α 的上分位点. 或直接称为分布函数 $F(x)$ 的上 α 分位点.

为简便以后的讨论，我们列出与分布函数的上 α 分位点有关的两个等式：

$$(1)\ P(X\leqslant F_{1-\alpha})=\alpha. \tag{5-10}$$

$$(2)\ P(F_{1-\frac{\alpha}{2}}<X\leqslant F_{\frac{\alpha}{2}})=1-\alpha. \tag{5-11}$$

对于像标准正态分布那样的对称分布（即密度函数为偶函数），统计学中还有双侧分位点.

定义 5.5　设 X 是对称分布的连续型随机变量，其分布函数为 $F(x)$，对给定的实数 $\alpha(0<\alpha<1)$，如果正实数 $F_{\frac{\alpha}{2}}$ 满足

$$P(|X|>F_{\frac{\alpha}{2}})=\alpha, \tag{5-13}$$

即　　　　　　　　　$F(F_{\frac{\alpha}{2}})-F(-F_{\frac{\alpha}{2}})=1-\alpha. \tag{5-14}$

则称 $F_{\frac{\alpha}{2}}$ 为随机变量 X 分布的水平 α 的双侧分位点. 也简称为分位点.

此外，对于具有对称密度函数的分布函数的上 α 分位点，恒有

$$F_\alpha=-F_{1-\alpha}\text{ 或 }F_{1-\alpha}=-F_\alpha. \tag{5-15}$$

$F_{1-\alpha}$ 和 F_α 又称为左侧分位点和右侧分位点.

例如，标准正态分布 $N(0,1)$ 的上 α 分位点，通常记作 u_α，则 u_α 满足

$$1-\Phi(u_\alpha)=\alpha,\text{ 即 }\Phi(u_\alpha)=1-\alpha.$$

例 1　设 $X\sim N(0,1)$，$\alpha=0.05$，求 X 的上 α 分位点和双侧分位点.

解　由于 $\Phi(u_{0.05})=1-0.05=0.95,$

查标准正态分布函数值表（附表 2）可得，上 α 分位点为：

$$u_{0.05}=1.645,$$

而水平 0.05 的双侧分位点为 $u_{0.025}$，这满足

$$\Phi(u_{0.025})=1-0.025=0.975,$$

查表得　　　　　　　　　　　$u_{0.025}=1.96.$

5.3.2　抽样分布

一、U 统计量与分布

1. U 统计量

定义 5.6　设总体 $X \sim N(\mu, \sigma^2)$，$(X_1, X_2, \cdots, X_n)$ 为样本，$\overline{X}$ 为样本均值，则称

$$U = \frac{\overline{X} - \mu}{\frac{\sigma}{\sqrt{n}}} \tag{5-16}$$

为 U 统计量.

2. U 统计量的分布

因为 $X_1, X_2, \cdots, X_n$ 与 X 是独立同分布的，易知 $\overline{X} \sim N\left(\mu, \dfrac{\sigma^2}{n}\right)$，

因而

$$U = \frac{\overline{X} - \mu}{\frac{\sigma}{\sqrt{n}}} \sim N(0, 1). \tag{5-17}$$

可见 U 统计量是服从标准正态分布的. 即 $U \sim N(0, 1)$.

3. U 分布的上 α 分位点

由标准正态分布函数得

$$\Phi(x) = P(U \leqslant x) = \frac{1}{\sqrt{2\pi}} \int_{-\infty}^{x} e^{-\frac{t^2}{2}} \, dt.$$

于是，对于给定的实数 α，设 U 的上 α 分位点为 u_α，则 u_α 满足.

$P\{U \leqslant u_\alpha\} = 1 - \alpha$.（图 5-1）　$P\{U \leqslant -u_\alpha\} = \alpha$（图 5-2）.

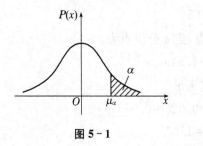

图 5-1

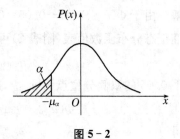

图 5-2

同样有

$$P\{|U| \geqslant u_{\alpha/2}\} = \alpha,$$

或

$$P\{|U| < u_{\alpha/2}\} = 1 - \alpha.$$

其中 $u_{1-\frac{\alpha}{2}} = -u_{\frac{\alpha}{2}}$.

二、χ^2 统计量与分布

1. χ^2 统计量

定义 5.7 设总体 $X \sim N(0,1)$, $(X_1, X_2, \cdots, X_n)$ 为样本, 则称

$$\chi^2 = \sum_{i=1}^{n} X_i^2 \tag{5-18}$$

为自由度为 n 的 χ^2 统计量.

2. χ^2 统计量的分布

χ^2 统计量的分布为 χ^2 分布, 记为 $\chi^2 \sim \chi^2(n)$, n 也称为分布 $\chi^2(n)$ 的自由度.

可以证明, χ^2 统计量的分布密度是

$$p(x) = \begin{cases} \dfrac{1}{2^{\frac{n}{2}} \Gamma\left(\dfrac{n}{2}\right)} x^{\frac{n}{2}-1} \mathrm{e}^{-\frac{x}{2}}, & x > 0, \\ 0, & x \leqslant 0, \end{cases} \tag{5-19}$$

其中自由度 n 是它唯一的参数.

3. χ^2 分布的上 α 分位点

用 $\chi_\alpha^2(n)$ 表示 $\chi^2(n)$ 分布的上 α 分位点, 即满足 $P\{\chi^2(n) > \chi_\alpha^2(n)\} = \alpha$ 的数. 如图 5-3 对于给定的 α 以及自由度 n, 通过附表 3(χ^2 分布临界值表)可查得对应的 $\chi_\alpha^2(n)$ 的值.

在双边问题中, 需要将 α 对半平分处理, 即满足

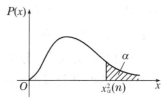

图 5-3

$$P\{\chi^2_{1-\frac{\alpha}{2}}(n)<\chi^2(n)<\chi^2_{\frac{\alpha}{2}}(n)\}=1-\alpha,$$

$\chi^2_{1-\frac{\alpha}{2}}(n)$ 和 $\chi^2_{\frac{\alpha}{2}}(n)$ 分别为左侧分位点和右侧分位点.

例 2　给定 $\alpha=0.05$，自由度 $n=29$. 试求 χ^2 统计量的上 α 分位点，双边左侧和右侧分位点.

解　由附表 3 可知，

（1）上 α 分位点为

$$\chi^2_{0.05}(29)=42.557;$$

（2）双边问题中 $\alpha=0.05$ 的左侧分位点、右侧分位点分别为

$$\chi^2_{1-\frac{0.05}{2}}(29)=\chi^2_{0.975}(29)=16.047,$$

$$\chi^2_{\frac{0.05}{2}}(29)=\chi^2_{0.025}(29)=45.722,$$

4. χ^2 分布的性质

定理 5.1　若 $X\sim\chi^2(n)$，则 $E(X)=n,D(X)=2n.$（证明略）

定理 5.2　若 $X\sim\chi^2(n),Y\sim\chi^2(m)$，并且 X 和 Y 相互独立，则

$$X+Y\sim\chi^2(n+m)\quad（证明略）.$$

三、t 统计量与分布

1. t 统计量

定义 5.8　设随机变量 $X\sim N(0,1),Y\sim\chi^2(n)$，且 X 与 Y 相互独立，则称随机变量

$$t=\frac{X}{\sqrt{\dfrac{Y}{n}}} \tag{5-20}$$

是自由度为 n 的 t 统计量.

2. t 统计量的分布

t 统计量的分布为 t 分布，记为 $t\sim t(n)$，n 也称为分布 $t(n)$ 的自由度.

可以证明 t 统计量的分布密度是

$$p(x)=\frac{\Gamma\left(\dfrac{n+1}{2}\right)}{\sqrt{n\pi}\,\Gamma\left(\dfrac{n}{2}\right)}\left(1+\frac{x^2}{n}\right)^{-\frac{n+1}{2}}. \tag{5-21}$$

其中自由度 n 是它唯一的参数. 以(5-21)式为分布密度的分布称为 t 分布. 图 5-4 给出了 t 分布密度曲线的大致图像,注意到分布密度曲线是对称于纵坐标轴的.

3. t 分布的上 α 分位点

对于给定的 α 以及自由度 n,通过附表 4 (t 分布临界值表)可查得对应的分位点 $t_\alpha(n)$. 可由图 5-4 的直观看到,附表 4 是按表达式

$$P\{t>t_\alpha(n)\}=\alpha \qquad (5-22)$$

构成的.

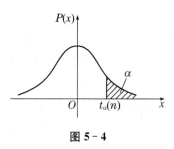

图 5-4

特别需要提出的是当自由度 $n>30$ 时,t 分布临界值可由标准正态分布数值近似替代.

由于 t 分布密度曲线的对称性,所以与正态分布类似,在双边问题中,需要将 α 对半平分处理,故满足 $P\{|t|>t_{\frac{\alpha}{2}}(n)\}=\alpha$ 的右侧分位点为 $t_{\frac{\alpha}{2}}$,左侧分位点为 $t_{1-\frac{\alpha}{2}}=-t_{\frac{\alpha}{2}}$.

例 3　设 $\alpha=0.10$,自由度 $n=15$. 试求 t 统计量下的双边左、右侧分位点.

解　由附表 4 可知,双边问题中 $\alpha=0.10$ 的左、右侧分位点分别为

$$t_{\alpha/2}=t\left(\frac{\alpha}{2};n\right)=t(0.05;15)=1.7531,$$

$$-t_{\alpha/2}=-t\left(\frac{\alpha}{2};n\right)=-t(0.05;15)=-1.7531.$$

四、F 统计量与分布

1. F 统计量

定义 5.9　设 $X\sim\chi^2(m)$,$Y\sim\chi^2(n)$,X 与 Y 相互独立,则称

$$F=\frac{X/m}{Y/n}=\frac{nX}{mY} \qquad (5-23)$$

是第一自由度为 m,第二自由度为 n 的 F 统计量.

2. F 统计量的分布

F 统计量的分布为 F 分布,记为 $F\sim F(m,n)$.

显然,若 $F \sim F(m,n)$,则 $\dfrac{1}{F} \sim F(n,m)$.

可以证明,F 统计量的分布密度是

$$p(x)=\begin{cases}\dfrac{\Gamma\left[(m+n)/2\right]}{\Gamma(m/2)\,\Gamma(n/2)}\cdot\dfrac{(m/n)^{m/2}\,x^{m/2-1}}{\left[1+mx/n\right]^{(m+n)/2}}, & x>0,\\[2mm] 0, & x\leqslant0,\end{cases} \qquad(5-24)$$

其中自由度 m,n 是它的两个参数.以(5-24)式为分布密度的分布称为 F 分布.图 5-5 给出了 F 分布密度曲线的大致图像.

3. F 分布的上 α 分位点

对于给定的 α 以及自由度 m,n,通过附表 5(F 分布临界值表)可查得对应的上 α 分位点 $F_\alpha(m,n)$.可由图 5-5 直观看到,附表 5 是按表达式

$$P\{F(m,n)>F_\alpha(m,n)\}=\alpha \qquad(5-25)$$

构成的.

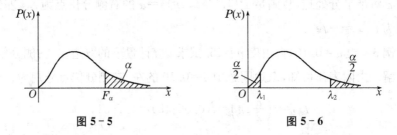

图 5-5　　　　　　　　　　图 5-6

在双边问题中,满足

$$P\{F_{1-\frac{\alpha}{2}}(m,n)<F(m,n)<F_{\frac{\alpha}{2}}(m,n)\}=1-a$$

的左侧分位点 $\lambda_1=F_{1-\frac{\alpha}{2}}=F_{1-\frac{\alpha}{2}}(m,n)$,右侧分位点 $\lambda_2=F_{\frac{\alpha}{2}}=F_{\frac{\alpha}{2}}(m,n)$.(见图 5-6)

4. F 分布的上 α 分位点的性质

通常情况下,$1-\dfrac{\alpha}{2}$ 是一个大概率,而附表 5 未列出大概率所对应的临界值,因而左侧分位点 $F_{1-\frac{\alpha}{2}}=F\left(1-\dfrac{\alpha}{2};m,n\right)$ 是无法直接查到的.但 F 分布的上 α 分位点具有如下性质:

$$F_{1-\alpha}(m,n)=\frac{1}{F_\alpha(n,m)}. \qquad (5-26)$$

因为
$$\frac{1}{F}=\frac{\frac{Y}{n}}{\frac{X}{m}}\sim F(n,m).$$

所以 $P(F>F_{1-\alpha}(m,n))=1-\alpha \Leftrightarrow P\left(\frac{1}{F}<\frac{1}{F_{1-\alpha}(m,n)}\right)=1-\alpha,$

$$P\left(\frac{1}{F}>\frac{1}{F_{1-\alpha}(m,n)}\right)=\alpha \Leftrightarrow \frac{1}{F_{1-\alpha}(m,n)}=F_\alpha(n,m).$$

例 4 设 $\alpha=0.05$,第一自由度 $m=12$,第二自由度 $n=5$. 试求 F 统计量下的双边左侧分位点和右侧分位点.

解 由附表 5 可知,双边问题中 $\alpha=0.05$ 的
左侧分位点为
$$F_{1-\frac{\alpha}{2}}=F_{1-\frac{\alpha}{2}}(m,n)=\frac{1}{F_{\frac{\alpha}{2}}(n,m)}=\frac{1}{F_{0.025}(5,12)}=\frac{1}{3.89}\approx 0.2571.$$
右侧分位点为
$$F_{\frac{\alpha}{2}}(m,n)=F_{0.025}(12,5)=6.52.$$

5.3.3 正态总体的抽样分布

在实际问题的研究中,总体通常是近似服从正态分布的,因此我们主要研究正态总体下的抽样分布.

1. 单个正态总体的抽样分布

定理 5.3 设 $X_1,X_2,\cdots,X_n$ 为总体 $X\sim N(\mu,\sigma^2)$ 的一个样本,$\overline{X},S^2$ 分别为样本均值和样本方差. 则

(1) $\overline{X}\sim N\left(\mu,\frac{\sigma^2}{n}\right)$;

(2) $U=\frac{\overline{X}-\mu}{\sigma/\sqrt{n}}\sim N(0,1)$;

(3) $\chi^2=\frac{n-1}{\sigma^2}S^2\sim\chi^2(n-1)$;

(4) $T = \dfrac{\overline{X} - \mu}{S / \sqrt{n}} \sim t(n-1)$;

(5) 样本均值 $\overline{X}$ 与样本方差 S^2 相互独立.(证明略)

2. 两个正态总体的抽样分布

定理 5.4 设 X, Y 是相互独立的两个总体,且 $X \sim N(\mu_1, \sigma_1^2)$,样本为 $(X_1, X_2, \cdots, X_{n_1})$,$\overline{X}, S_1^2$ 分别为样本均值和样本方差,$Y \sim N(\mu_2, \sigma_2^2)$,样本为 $(Y_1, Y_2, \cdots, Y_{n_2})$,$\overline{Y}, S_2^2$ 分别为样本均值和样本方差. 则

(1) $U = \dfrac{(\overline{X} - \overline{Y}) - (\mu_1 - \mu_2)}{\sqrt{\dfrac{\sigma_1^2}{n_1} + \dfrac{\sigma_2^2}{n_2}}} \sim N(0,1)$;

(2) $F = \dfrac{S_1^2 / S_2^2}{\sigma_1^2 / \sigma_2^2} \sim F(n_1 - 1, n_2 - 1)$;

(3) 在 $\sigma_1 = \sigma_2 = \sigma$ 下,有

$$T = \dfrac{(\overline{X} - \overline{Y}) - (\mu_1 - \mu_2)}{S_w \sqrt{\dfrac{1}{n_1} + \dfrac{1}{n_2}}} \sim t(n_1 + n_2 - 2),$$

其中 $S_w^2 = \dfrac{(n_1 - 1)S_1^2 + (n_2 - 1)S_2^2}{n_1 + n_2 - 2}$,

$$F = \dfrac{S_1^2}{S_2^2} = \dfrac{\dfrac{1}{n_1 - 1} \sum\limits_{i=1}^{n_1} (X_i - \overline{X})^2}{\dfrac{1}{n_2 - 1} \sum\limits_{i=1}^{n_1} (Y_i - \overline{Y})^2} \sim F(n_1 - 1, n_2 - 1).\ (证明略)$$

例 5 设总体 $X \sim N(80, \sigma^2)$,从中抽取一个容量为 25 的样本,分别在以下两种情况下,求 $P\{|\overline{X} - 80| > 3\}$ 的值.

(1) $\sigma = 20$;

(2) σ 未知,但 $s^2 = 21.9^2$.

解 (1)由 $\overline{X} \sim N\left(80, \dfrac{20^2}{25}\right)$,得 $\dfrac{\overline{X} - 80}{4} \sim N(0,1)$. 所以

$$P\{|\overline{X}-80|>3\}=P\left\{\left|\frac{\overline{X}-80}{4}\right|>\frac{3}{4}\right\}=2P\left\{\frac{\overline{X}-80}{4}<-\frac{3}{4}\right\}$$

$$=2\Phi(-0.75)=2-2\Phi(0.75)=0.4533.$$

(2) 因为 $\dfrac{\overline{X}-80}{s/5}\sim t(24)$，所以

$$P\{|\overline{X}-80|>3\}=P\left\{\left|\frac{\overline{X}-80}{21.9/5}\right|>\frac{3}{21.9/5}\right\}=2P\left\{\frac{\overline{X}-80}{21.9/5}>0.6849\right\}$$

$$=2P\left\{\frac{\overline{X}-80}{21.9/5}>t_{0.25}(24)\right\}=2\times0.25=0.5.$$

例 6　设 $X_1,X_2,\cdots,X_6$ 为总体 $X\sim N(0,2)$ 的一个样本，$\overline{X}$ 为样本均值. 试求：

(1) $P(\overline{X}>1)$；

(2) 当 k_1,k_2,k_3,k 为何值时，$k_1X_1^2+k_2\,(X_2+X_3)^2+k_3\,(X_4+X_5+X_6)^2\sim\chi^2(k)$；

(3) 当 m,n 为何值时，$\dfrac{X_1^2+X_2^2+X_2^3}{X_4^2+X_5^2+X_6^2}\sim F(m,n)$.

解　(1) 由 $\overline{X}\sim N\left(0,\dfrac{2}{6}\right)$，得 $\dfrac{\overline{X}-0}{\sqrt{2}/\sqrt{6}}\sim N(0,1)$. 所以

$$P(\overline{X}>1)=1-P(\overline{X}\leqslant1)=1-\Phi\left(\frac{1-0}{\sqrt{2}/\sqrt{6}}\right)=1-\Phi(\sqrt{3})$$

$$=1-0.9582=0.0418.$$

(2) $X_1\sim N(0,2)$，则 $\dfrac{X_1^2}{2}\sim\chi^2(1)$.

$$X_2+X_3\sim N(0,4)，则\frac{(X_2+X_3)^2}{4}\sim\chi^2(1).$$

同理 $\dfrac{(X_4+X_5+X_6)^2}{6}\sim\chi^2(1)$. 由样本的独立性及 χ^2 分布可加性，有

$$\frac{X_1^2}{2}+\frac{(X_2+X_3)^2}{4}+\frac{(X_4+X_5+X_6)^2}{6}\sim\chi^2(3).$$

即

$$k_1=\frac{1}{2},k_2=\frac{1}{4},k_3=\frac{1}{6},k=3.$$

(3) 显然 $\dfrac{X_1^2+X_2^2+X_2^3}{2}\sim\chi^2(3)$，$\dfrac{X_4^2+X_5^2+X_6^2}{2}\sim\chi^2(3)$，由独立性及定义4,有

$$F=\dfrac{\dfrac{X_1^2+X_2^2+X_2^3}{2/3}}{\dfrac{X_4^2+X_5^2+X_6^2}{2/3}}=\dfrac{X_1^2+X_2^2+X_2^3}{X_4^2+X_5^2+X_6^2}\sim F(3,3)，所以\ m=n=3.$$

习 题 五

一、填空题

1. 来自正态总体 $X\sim N(0,\sigma^2)$ 的一个简单随机样本为 $X_1,X_2,\cdots,X_n$，则样本的样本容量为 _____，$E\left(\dfrac{1}{n}\sum\limits_{i=1}^{n}X_i\right)=$ _____，$D\left(\dfrac{1}{n}\sum\limits_{i=1}^{n}X_i\right)=$ _____.

2. 设总体 $X\sim N(\mu,\sigma^2)$，其中 μ 为未知参数，σ^2 为已知参数，(X_1,X_2,X_3,X_4) 为样本. 随机变量的函数 $\sum\limits_{i=1}^{4}(X_i-\mu)^2$ _____ 统计量.

3. 已知 $X\sim N(50,2^2)$，$\overline{X}$ 为样本均值，样本容量为 9,则 $P(\overline{X}<48)=$ _____.（用标准正态分布 $\varPhi(\ )$ 表示）

4. 设 $X_1,X_2,\cdots,X_n$ 是总体 $N(\mu,\sigma^2)$ 的样本，$\overline{X},S^2$ 分别是样本平均值和样本方差，则 $\dfrac{\overline{X}-\mu}{\sigma/\sqrt{n}}$ 服从 _____ 分布，$\dfrac{\overline{X}-\mu}{S/\sqrt{n}}$ 服从 _____ 分布.

5. 已知 $X_1,X_2,\cdots,X_n$ 相互独立，且 $X_k\sim$ 分布 $N(\mu_k,\sigma_k^{\ 2})$，则 $\sum\limits_{k=1}^{n}\left(\dfrac{X_k-\mu_k}{\sigma_k}\right)^2\sim$ _____.

6. 设 $X\sim N(0,1)$，$Y\sim\chi^2(n)$，且 X,Y 独立,则随机变量 $t=\dfrac{X}{\sqrt{\dfrac{Y}{n}}}$ 服从 _____ 分布.

7. 设总体 $X \sim N(\mu, \sigma^2)$，$(X_1, X_2, \cdots, X_n)$ 为样本，$\overline{X}$ 为样本均值，则称 _____ 为 U 统计量.

8. 总体 $X \sim N(0,1)$，$(X_1, X_2, \cdots, X_n)$ 为样本，则称 _____ 为自由度为 n 的 χ^2 统计量.

9. 若 $X \sim \chi^2(n)$，则 $E(X) =$ _____，$D(X) =$ _____.

10. 若 $X \sim \chi^2(n)$，$Y \sim \chi^2(m)$，并且 X 和 Y 相互独立，则 $X + Y \sim$ _____.

11. 设 $X \sim \chi^2(m)$，$Y \sim \chi^2(n)$，X 与 Y 相互独立，则称 _____ 是第一自由度为 m，第二自由度为 n 的 F 统计量.

12. 设总体 X 为离散型随机变量，X 的概率分布为
$$P\{X = x_i\} = p_i, i = 1, 2, \cdots.$$
则样本 $(X_1, X_2, \cdots, X_n)$ 的联合概率分布 $P\{X_1 = x_1, X_2 = x_2, \cdots, X_n = x_n\} =$ _____.

二、计算题

1. 设总体 $X \sim N(\mu, \sigma^2)$，其中 μ 为未知参数，σ^2 为已知参数，(X_1, X_2, X_3, X_4) 为样本. 试问下列随机变量的函数中哪些是统计量？哪些不是？

(1) $\frac{1}{4} \sum_{i=1}^{4} i X_i$ (2) $\sum_{i=1}^{4} \left(\frac{X_i}{\sigma}\right)^2$ (3) $\sum_{i=1}^{4} (X_i - \mu)^2$ (4) $\sum_{i=1}^{4} (X_i - \overline{X})^2$

2. (1) 设总体 $X \sim P\{X = m\} = (1-p)^{m-1} p, m = 1, 2, 3, \cdots$，其中 $p(0 < p < 1)$ 为参数. 试求样本 $(X_1, X_2, \cdots, X_n)$ 的联合概率分布.

(2) 设总体 $X \sim P\{X = m\} = C_k^m p^m (1-p)^{k-m}, m = 0, 1, 2, \cdots, k$，其中 $p(0 < p < 1)$、k（自然数）为参数. 试求样本 $(X_1, X_2, \cdots, X_n)$ 的联合分布列.

3. (1) 设总体 X 有分布密度
$$p(x) = \begin{cases} (1 + \sqrt{\theta}) x^{\sqrt{\theta}}, & 0 < x < 1, \theta > 0 \text{ 为参数}, \\ 0, & \text{其他}, \end{cases}$$
试求样本 $(X_1, X_2, \cdots, X_n)$ 的联合概率密度.

(2) 设总体 $X \sim N(\mu, \sigma^2)$，试求样本 $(X_1, X_2, \cdots, X_n)$ 的联合分布密度.

4. 设总体 ξ 有数学期望 $\mu = E(X)$,方差 $\sigma^2 = D(X)$,$(X_1, X_2, \cdots, X_n)$ 为样本. 试问 $\overline{X} = \dfrac{1}{n} \sum\limits_{i=1}^{n} X_i$ 与 $\mu = E(X)$ 以及 $S^2 = \dfrac{1}{n} \sum\limits_{i=1}^{n} (X_i - \overline{X})^2$ 与 $\sigma^2 = D(X)$ 有什么本质差别?又有什么联系?

5. 设 $(X_1, X_2, \cdots, X_{57})$ 来自总体 ξ 的一个样本,试在下列题设下分别求出 $E(\overline{X}), D(\overline{X}), E(S^2)$.

(1) $X \sim b(n, p)$;(2) $X \sim U(a, b)$.

6. 设总体 $X \sim N(0,1)$,$(X_1, X_2, X_3, X_4, X_5, X_6)$ 为样本,另设
$$Y = (X_1 + X_2)^2 + (X_3 + X_4)^2 + (X_5 + X_6)^2,$$ 试问当 k 取何值时 kY 服从 χ^2 分布.

7. 对于题设中的临界概率 α 及自由度 k(或 k_1, k_2),查表求相应的分位点.

(1) 已知 $\alpha = 0.0384$,求 $u_{\frac{\alpha}{2}}, u_{\alpha}$;

(2) 已知 $\alpha = 0.05$,分别就 $k = 14$ 及 $k = 41$,求 $t_{\frac{\alpha}{2}}, t_{\alpha}$;

(3) 已知 $\alpha = 0.10, k = 23$,在 χ^2 分布下求双侧左、右分位点;

(4) 已知 $\alpha = 0.01, k_1 = 5, k_2 = 12$,在 F 分布下求双边左、右分位点.

8. 设总体 $X \sim N(\mu, \sigma^2)$,$(X_1, X_2, \cdots, X_n)$ 为样本,试求 $Y = \sum\limits_{i=1}^{n} c_i X_i$ 的分布,其中 $c_1, c_2, \cdots, c_n$ 是不全为零的常数.

9. 设总体 $X \sim N(0,1)$,$(X_1, X_2, \cdots, X_n)$ 为样本,试求下列随机变量的分布.

(1) $Y = \dfrac{X_1 - X_2}{\sqrt{X_3^2 + X_4^2}}$;   (2) $Z = \dfrac{\left(\dfrac{n}{3} - 1\right) \sum\limits_{i=1}^{3} X_i^2}{\sum\limits_{i=4}^{n} X_i^2}$.

10. 设 $X_1, X_2, \cdots, X_n$ 为总体 $X \sim B(n, p)$ 的样本. 试求:

(1) 样本均值 $\overline{X}$ 的期望和方差;(2) 样本 S^2 的期望;(3) 样本 2 阶中心矩 b_2 的期望.

11. 设 $X_1, X_2, \cdots, X_{25}$ 为总体 $X \sim N(\mu, \sigma^2)$ 的样本. 试求概率 $P(\overline{X} < 12.5)$.

(1) 已知 $\mu = 12, \sigma^2 = 2^2$;

(2) 已知 $\mu = 12, \sigma^2$ 未知但知样本方差 $S^2 = 1.897^2$.

12. 设 $X_1, X_2, \cdots, X_6$ 为总体 $X \sim N(0, 1)$ 的样本,当 k, m 为何值时,下面结果成立?

$$k[(X_1 + X_2)^2 + (X_3 + X_4)^2 + (X_5 + X_6)^2] \sim \chi^2(m).$$

13. 设 $X_1, X_2, \cdots, X_n$ 为总体 $X \sim N(\mu, \sigma^2)$ 的样本,S^2 为样本方差. 试求 $D(S^2)$.

14. 设 $X_1, X_2, \cdots, X_{16}$ 为总体 $X \sim N(\mu, \sigma^2)$ 的样本,S^2 为样本方差. 试求

$$P\left(0.5698 \leqslant \frac{S^2}{\sigma^2} \leqslant 2.0385\right).$$

15. 设 X_1, X_2 为总体 $X \sim N(0, \sigma^2)$ 的样本. 试证

$$\left(\frac{X_1 + X_2}{X_1 - X_2}\right)^2 \sim F(1, 1).$$

16. 已知 $t \sim t(n)$. 试证 $t^2 \sim F(1, n)$.

三、考研试题

1. 从正态总体 $N(3.4, 6^2)$ 中抽取容量为 n 的样本,如果要求样本均值位于区间 $(1.4, 5.4)$ 内的概率不小于 0.95,问样本容量 n 至少应取多少?

附表:标准正态分布表

$$\Phi(x) = \int_{-\infty}^{x} \frac{1}{\sqrt{2\pi}} e^{-\frac{t^2}{2}} dt$$

x	1.28	1.645	1.96	2.33
$\Phi(x)$	0.900	0.950	0.975	0.990

2. 设总体 X 服从正态分布 $N(\mu, \sigma^2)(\sigma > 0)$,该总体中抽取简单随机样本 $X_1, X_2, \cdots, X_{2n}(n \geqslant 2)$,其样本均值为 $\overline{X} = \frac{1}{2n} \sum_{i=1}^{2n} X_i$,求统计量 $Y = \sum_{i=1}^{n} (X_i + X_{n+i} - 2\overline{X})^2$ 的数学期望 $E(Y)$.

3. 设随机变量 $X \sim t(n)(n>1)$, $Y = \dfrac{1}{X^2}$, 则(　　).

　　A. $Y \sim x^2(n)$　　　　　　　　　B. $Y \sim x^2(n-1)$

　　C. $Y \sim F(n,1)$　　　　　　　　　D. $Y \sim F(1,n)$

4. 设 $X_1, X_2, \cdots, X_n (n \geqslant 2)$ 为来自总体 $N(0,1)$ 的简单随机样本, $\overline{X}$ 为样本均值, S^2 为样本方差, 则(　　).

　　A. $n\overline{X} \sim N(0,1)$　　　　　　　B. $nS^2 \sim x^2(n)$

　　C. $\dfrac{(n-1)\overline{X}}{s} \sim t(n-1)$　　　　D. $\dfrac{(n-1)X_2^2}{\sum_{i=1}^{n} X_1^2} \sim F(1, n-1)$

5. 设 $X_1, X_2, \cdots, X_n (n>2)$ 为来自总体 $N(0,1)$ 的简单随机样本, $\overline{X}$ 为样本均值, 记 $Y_i = X_i - \overline{X}, i = 1, 2, \cdots, n$. 求:

　　(1) Y_i 的方差 $D(Y_i), i = 1, 2, \cdots, n$;

　　(2) Y_1 与 Y_n 的协方差 $\mathrm{cov}(Y_i, Y_n)$.

6. 设 $X_1, X_2, \cdots, X_n$ 是来自正态总体 $N(\mu, \sigma^2)$ 的简单随机样本, $\overline{X}$ 是样本均值, 记

$$S_1^2 = \frac{1}{n-1} \sum_{i=1}^{n} (X_i - \overline{X})^2 \qquad S_2^2 = \frac{1}{n} \sum_{i=1}^{n} (X_i - \overline{X})^2$$

$$S_3^2 = \frac{1}{n-1} \sum_{i=1}^{n} (X_i - \mu)^2 \qquad S_4^2 = \frac{1}{n} \sum_{i=1}^{n} (X_i - \mu)^2$$

则服从自由度为 $n-1$ 的 t 分布的随机变量是(　　).

　　A. $t = \dfrac{\overline{X} - \mu}{S_1 / \sqrt{n-1}}$　　　　　　　B. $t = \dfrac{\overline{X} - \mu}{S_2 / \sqrt{n-1}}$

　　C. $t = \dfrac{\overline{X} - \mu}{S_3 / \sqrt{n}}$　　　　　　　D. $t = \dfrac{\overline{X} - \mu}{S_4 / \sqrt{n}}$

7. 设随机变量 X 和 Y 相互独立且都服从正态分布 $N(0, 3^2)$, 而 $X_1, X_2, \cdots, X_9$ 和 $Y_1, Y_2, \cdots, Y_9$ 分别是来自总体 X 和 Y 的简单随机样本. 则统计量 $U = \dfrac{X_1 + \cdots + X_9}{\sqrt{Y_1^2 + \cdots + Y_9^2}}$ 服从_____分布, 参数为_____.

8. 设 X_1, X_2, X_3, X_4 是来自正态总体 $n(0, 2^2)$ 的简单随机样本. $X =$

$a(X_1-2X_2)^2+b\ (3X_3-4X_4)^2$. 则当 $a=$ _____,$b=$ _____时,统计量 X 服从 χ^2 分布,其自由度为_____.

9. 设 $X_1,X_2,\cdots,X_9$ 是来自正态总体 X 的简单随机样本,

$$Y_1=\frac{1}{6}(X_1+\cdots+X_6),\quad Y_2=\frac{1}{3}(X_7+X_8+X_9),$$

$$S^2=\frac{1}{2}\sum_{i=1}^{9}(X_i-Y_2)^2,\quad Z=\frac{\sqrt{2}(Y_1-Y_2)}{S}.$$

证明统计量 Z 服从自由度为 2 的 t 分布.

10. 设总体 $X\sim N(0,2^2)$,而 $X_1,X_2,\cdots,X_{15}$ 是来自总体 X 的简单随机样本,则随机变量

$$Y=\frac{X_1^2+\cdots+X_{10}^2}{2(X_{11}^2+\cdots+X_{15}^2)}$$

服从_____分布,参数为_____.

11. 设随机变量 X 和 Y 都服从标准正态分布,则( ).

  A. $X+Y$ 服从正态分布

  B. X^2+Y^2 服从 x^2 分布

  C. X^2 和 Y^2 都服从 x^2 分布

  D. X^2/Y^2 服从 F 分布.

12. 设总体 X 服从参数为 2 的指数分布,$X_1,X_2,\cdots,X_n$ 为来自总体 X 的简单随机样本,则当 $n\to\infty$ 时,$Y_n=\frac{1}{n}\sum_{i=1}^{\infty}X_i^2$ 依概率收敛于_____.

13. 设总体 X 服从正态分布 $N(\mu_1,\sigma^2)$,总体 Y 服从正态分布 $N(\mu_2,\sigma^2)$,$X_1,X_2,\cdots,X_{n_1}$ 和 $Y_1,Y_2,\cdots,Y_{n_2}$ 分别是来自总体 X 和 Y 的简单随机样本,则

$$E\left[\frac{\sum_{i=1}^{n_1}(X_i-\overline{X})^2+\sum_{j=1}^{n_2}(Y_j-\overline{Y})^2}{n_1+n_2-2}\right]=\ \underline{\hspace{3cm}}.$$

第6章　参数估计

　　参数估计是统计推断中的一个重要内容,在许多实际问题中,人们对于所研究的总体已经有了某些信息,例如常常有理由假设总体的分布函数具有已知的形式,但其中包含一个或多个参数,因此需要估计出这些未知参数. 例如,用某测量仪测量某山峰的高度,测量 6 次,得到 6 个数据:7322.5,7320.8,7323,7321,7321.7,7320.6(米),根据测量结果估计该山的高度. 由于测量过程中各种无法控制的偶然因素的影响,测量结果是一个随机变量 X. 一般可以假设 X 服从正态分布,即 $X \sim N(\mu, \sigma^2)$,其中 μ 是山的真正高度. 那么,如何利用这组样本值来估计总体的期望值 μ,也就是山的真正高度呢? 又如何估计总体方差 σ^2 呢? 就产生了参数估计问题. 若构造统计量,用统计量的值对总体未知参数的真值作估计,则称为参数的点估计. 若利用统计量的值以一定概率对包含总体未知参数的真值的范围作估计,则称为参数的区间估计.

§6.1　参数的点估计

6.1.1　点估计的基本概念与基本思想

　　首先看一个例子. 某种电子元件的寿命 X 服从参数为 β 的指数分布,而参数 β 未知. 今抽查了 6 个元件,测得以下的数据(单位:年):1.9,2.7,4.8,3.1,3.4,2.4,我们需要利用这些数据来估计 β. 由于 $E(X) = \beta$,由大数定理知道当 n 很大时样本均值 $\overline{X} = \dfrac{1}{n}\sum_{i=1}^{n} X_i$ 接近于 $E(X)$,自然想到以 $\overline{X}$ 的观察值 $\overline{x}$ 来估计 $E(X)$,由已知数据得到

$$\overline{x} = (1.9 + 2.7 + 4.8 + 3.1 + 3.4 + 2.4)/6 = 3.05,$$

于是就以 $\bar{x}=3.05$ 作为 β 的估计值.

在这里,我们的做法是,找到一个合适的统计量 $\overline{X}$,以这一统计量的观察值 $\bar{x}$ 作为 β 的估计. $\bar{x}$ 称为 β 的估计值,$\overline{X}$ 称为 β 的估计量,都记为 $\hat{\beta}$,即 $\hat{\beta}=\bar{x},\hat{\beta}=\overline{X}$.

一般地,设总体的分布函数 $F(x;\theta)$ 的形式已知,θ 是待估计的未知参数,$(X_1,X_2,\cdots,X_n)$ 为取自总体 X 的样本,选择一个合适的统计量 $\hat{\theta}=h(X_1,X_2,\cdots,X_n)$ 称为 θ 的**估计量**. 每当有了一个合适的样本值 $(x_1,x_2,\cdots,x_n)$,将样本值代入统计量 h,得到这一统计量的一个观察值 $h(x_1,x_2,\cdots,x_n)$,以此作为 θ 的估计,$\hat{\theta}=h(x_1,x_2,\cdots,x_n)$ 称为 θ 的**估计值**. 由于估计值是一个数值,画在直线上是一个点,因而称它为 θ 的**点估计**. 在不至于引起混淆的情况下,估计量和估计值统称为**估计**,都记为 $\hat{\theta}$.

要注意的是,估计量是一个随机变量,而估计值是一个数值,对于不同的样本值,估计值一般是不同的.

常用的点估计方法有矩估计法和极大似然估计法.

6.1.2　矩估计法

在上述例题中,以样本均值 $\overline{X}=\dfrac{1}{n}\displaystyle\sum_{i=1}^{n}X_i$ 作为总体均值 $E(X)$ 的估计量,也就是以一阶样本矩作为一阶总体矩的估计量,从而得到未知参数 β 的估计量,这种做法实际上是矩估计.

矩估计就是用样本矩作为相应总体矩的估计量,而以样本矩的连续函数作为相应的总体矩的连续函数的估计量. 进而求出未知参数的一种估计方法.

一般地,设总体 X 的概率密度为 $f(x;\theta_1,\theta_2,\cdots,\theta_m)$,其中 $\theta_1,\theta_2,\cdots,\theta_m$ 为总体的未知参数,若 X 的前 m 阶原点矩 $v_k=E(X^k)(k=1,2,\cdots,m)$ 都存在且不为零,它们都是 $\theta_1,\theta_2,\cdots,\theta_m$ 的函数,记为 $g_k(\theta_1,\theta_2,\cdots,\theta_m)(k=1,2,\cdots,m)$,则求 $\theta_1,\theta_2,\cdots,\theta_m$ 的矩估计的步骤如下:

(1) 先计算总体 X 的前 m 阶矩.

$$
\begin{cases}
v_1 = E(X) = \int_{-\infty}^{+\infty} x f(x, \theta_1, \theta_2, \cdots, \theta_m)\,\mathrm{d}x = g_1(\theta_1, \theta_2, \cdots, \theta_m), \\
v_2 = E(X^2) = \int_{-\infty}^{+\infty} x^2 f(\theta_1, \theta_2, \cdots, \theta_m)\,\mathrm{d}x = g_2(\theta_1, \theta_2, \cdots, \theta_m), \\
\qquad\vdots \\
v_m = E(X^m) = \int_{-\infty}^{+\infty} x^m f(x, \theta_1, \theta_2, \cdots, \theta_m)\,\mathrm{d}x = g_m(\theta_1, \theta_2, \cdots, \theta_m).
\end{cases}
\tag{6-1}
$$

(2) 用样本矩代替总体矩.

在(6-1)式中,把 $v_k = E(X^k)$ 换成 $\hat{v}_k = \dfrac{1}{n}\sum\limits_{i=1}^{n} X_i^k, k = 1, 2, \cdots, m$, 即得方程组:

$$
\begin{cases}
\hat{v}_1 = \dfrac{1}{n}\sum\limits_{i=1}^{n} X_i = g_1(\theta_1, \theta_2, \cdots, \theta_m), \\
\hat{v}_2 = \dfrac{1}{n}\sum\limits_{i=1}^{n} X_i^2 = g_2(\theta_1, \theta_2, \cdots, \theta_m), \\
\qquad\vdots \\
\hat{v}_m = \dfrac{1}{n}\sum\limits_{i=1}^{n} X_i^m = g_m(\theta_1, \theta_2, \cdots, \theta_m).
\end{cases}
\tag{6-2}
$$

(3) 解方程组,则得参数 $\theta_1, \theta_2, \cdots, \theta_m$ 的矩估计量.

解方程组(6-2),得方程组的解:

$$
\begin{cases}
\hat{\theta}_1 = h_1(\hat{v}_1, \hat{v}_2, \cdots, \hat{v}_m), \\
\hat{\theta}_2 = h_2(\hat{v}_1, \hat{v}_2, \cdots, \hat{v}_m), \\
\qquad\vdots \\
\hat{\theta}_m = h_m(\hat{v}_1, \hat{v}_2, \cdots, \hat{v}_m),
\end{cases}
\tag{6-3}
$$

将 $\hat{v}_k = \dfrac{1}{n}\sum\limits_{i=1}^{n} X_i^k, k = 1, 2, \cdots, m$ 代入(6-3)式就得

$$
\hat{\theta}_i = h_i(X_1, X_2, \cdots, X_n), i = 1, 2, \cdots, m,
\tag{6-4}
$$

作为 $\theta_1, \theta_2, \cdots, \theta_m$ 的估计量,称为矩估计量. 若以样本值 $x_1, x_2, \cdots, x_n$ 带入 h 就得到 $\theta_1, \theta_2, \cdots, \theta_m$ 的矩估计值: $\hat{\theta}_i = h_i(x_1, x_2, \cdots, x_n), i = 1, 2, \cdots, m$.

若总体 X 是离散型随机变量矩估计的步骤也是如此.

设 θ 为未知参数, $g(\theta)$ 为连续函数,可以证明,若 $\hat{\theta}$ 为 θ 的矩估计量,则 $g(\hat{\theta})$ 就为 $g(\theta)$ 的矩估计量.

例 1 设总体 X 的概率密度

$$f(x;\theta) = \begin{cases} (\theta+1)x^{\theta}, & (0<x<1), \\ 0, & 其他, \end{cases}$$

其中 $\theta>0$ 为待估参数. 设 $X_1, X_2, \cdots, X_n$ 为来自 X 的一个样本, 试求 θ 的矩估计量.

解 总体 X 的一阶原点矩 $v_1 = E(X) = \int_0^1 x(\theta+1)x^{\theta}\mathrm{d}x = \dfrac{\theta+1}{\theta+2}$,

样本的一阶原点矩 $\hat{v}_1 = \dfrac{1}{n}\sum_{i=1}^{n} X_i = \overline{X}$,

令 $v = \dfrac{\theta+1}{\theta+2} = \overline{X}$, 从中解出 θ, 即得 θ 的矩估计量为 $\hat{\theta} = \dfrac{1-2\overline{X}}{\overline{X}-1}$. 若有样本

值 $x_1, x_2, \cdots, x_n$, 则得 θ 的矩估计值为 $\hat{\theta} = \dfrac{1-2\overline{x}}{\overline{x}-1}$.

例 2 设总体 X 的概率密度为 $f(x;\mu,\beta) = \begin{cases} \dfrac{1}{\beta}\mathrm{e}^{-(x-\mu)/\beta}, & (x>\mu), \\ 0, & 其他, \end{cases}$ 其中

$\mu, \beta(\beta>0)$ 为待估参数, $X_1, X_2, \cdots, X_n$ 是来自 X 的样本, 求 μ, β 的矩估计量.

解 总体 X 的一阶、二阶矩:

$$v_1 = E(X) = \int_{\mu}^{\infty} x \frac{1}{\beta}\mathrm{e}^{-(x-\mu)/\beta}\mathrm{d}x = \mu+\beta,$$

$$v_2 = E(X^2) = \int_{\mu}^{\infty} x^2 \frac{1}{\beta}\mathrm{e}^{-(x-\mu)/\beta}\mathrm{d}x = \mu^2 + 2\beta(\mu+\beta),$$

把 $v_k = E(X^k)$ 换成 $\hat{v}_k = \dfrac{1}{n}\sum_{i=1}^{n} X_i^k, k=1,2.$

解得 μ, β 的矩估计量分别为

$$\hat{\beta} = \sqrt{v_2 - v_1^2} = \sqrt{\frac{1}{n}\left(\sum_{i=1}^{n} X_i^2 - n\overline{X}^2\right)} = \sqrt{\frac{1}{n}\sum_{i=1}^{n}(X_i - \overline{X})^2},$$

$$\hat{\mu} = \overline{X} - \hat{\beta} = \overline{X} - \sqrt{\frac{1}{n}\sum_{i=1}^{n}(X_i - \overline{X})^2}.$$

例 3 设总体 X 的均值 μ 和方差 $\sigma^2>0$ 均未知, $X_1, X_2, \cdots, X_n$ 是来自 X

的样本,求 μ,σ^2 的矩估计量.

解
$$\begin{cases} v_1 = E(X) = \mu, \\ v_2 = E(X^2) = D(X) + (E(X))^2 = \sigma^2 + \mu^2, \end{cases} \quad \text{解得}$$

$$\begin{cases} \mu = E(X) = v_1, \\ \sigma^2 = E(X^2) - (E(X))^2 = v_2 - v_1^2, \end{cases} \quad \text{于是},\mu \text{ 和 } \sigma^2 \text{ 的矩估计量为}$$

$$\hat{\mu} = \frac{1}{n} \sum_{i=1}^{n} X_i = \overline{X},$$

$$\hat{\sigma}^2 = \frac{1}{n} \sum_{i=1}^{n} X_i^2 - \overline{X}^2 = \frac{1}{n} \sum_{i=1}^{n} (X_i - \overline{X})^2.$$

所得结果表明,μ,σ^2 的矩估计量不因不同总体而异,即不论总体 X 服从什么分布,X 的均值 μ 和方差 σ^2 的矩估计量都分别是 $\overline{X}$ 和 $\frac{1}{n}\sum_{i=1}^{n}(X_i-\overline{X})^2$.

例 4 某灯泡厂生产一大批灯泡,今从中抽取 10 个进行寿命检验,得数据如下(单位:小时):1050,1100,1080,1120,1200,1200,1040,1250,1300,1130.设灯泡使用寿命 $X \sim N(\mu,\sigma^2)$.求出平均寿命 μ,方差 σ^2,标准差 σ 的矩估计值.

解 $\overline{x} = \frac{1}{10} \sum x_i = 1147$,故 μ 的矩估计值为 $\hat{\mu} = 1147$. 样本二阶中心矩为 $\frac{1}{10} \sum_{i=1}^{10} (x_i - \overline{x})^2 = 6821$,于是得 σ^2 的矩估计值为 $\hat{\sigma}^2 = 6821$,样本标准差 σ 的矩估计值为 $\hat{\sigma} = \sqrt{6821} \approx 82.59$.

6.1.3 极大似然估计法

1. 极大似然估计的基本思想

极大似然估计法是英国统计学家费希尔(R. A-Fisher)于 1912 年所创立的,是适用范围较广的一种估计方法.他的基本出发点是实际判断原则,即在一次实验就出现的事件往往有较大的概率.为了对极大似然估计法有一个直观的了解,先看一个实例.

一个盒子中,有白球和黑球若干只,且假定它们的数目之比为 3∶1,但不知白球多还是黑球多,即抽出一个白球的概率为 $p=\dfrac{1}{4}$ 或 $p=\dfrac{3}{4}$. 今从盒中有放回抽取三次,每次取一球,结果为二个白球和一个黑球,我们在对未知参数 p 进行估计时,是认为 $p=\dfrac{1}{4}$,还是认为 $p=\dfrac{3}{4}$ 呢? 为此,我们计算事件 A:"二个白球和一个黑球"的概率.

当 $p=\dfrac{1}{4}$ 时,$P(A)=C_3^2\left(\dfrac{1}{4}\right)^2\cdot\left(\dfrac{3}{4}\right)=\dfrac{9}{64}$,

当 $p=\dfrac{3}{4}$ 时,$P(A)=C_3^2\left(\dfrac{3}{4}\right)^2\cdot\left(\dfrac{1}{4}\right)=\dfrac{27}{64}$,

根据抽取的样本的具体情况,取 $p=\dfrac{3}{4}$ 比取 $p=\dfrac{1}{4}$ 更为合理.

我们把这一思想方法用于估计总体的未知参数中. 若通过试验,得到样本值 $(x_1,x_2,\cdots,x_n)$,它是已经发生的随机事件. 可以设想样本取得这个值的事件是以最大概率发生的,因此,在对总体参数进行估计时,应以概率达到最大的参数值作为未知参数的估计值. 这就是极大似然估计方法的基本思想.

2. 极大似然估计的基本方法

设总体 X 分布已知,$\theta_1,\theta_2,\cdots,\theta_m$ 为未知参数. 要考虑当 $X_1=x_1,X_2=x_2,\cdots,X_n=x_n$ 时概率最大. 当总体 X 为离散型随机变量时,且分布列为 $P\{X=x\}=p(x,\theta_1,\theta_2,\cdots,\theta_r)$,就是要考虑 $(X_1,X_2,\cdots,X_n)$ 的联合分布列

$$\prod_{i=1}^{n}P\{X_i=x_i\}=\prod_{i=1}^{n}p\{x_i,\theta_1,\theta_2,\cdots,\theta_m\}$$ 的最值问题;而当总体 X 为连续型随机变量,概率密度为 $f(x,\theta_1,\theta_2,\cdots,\theta_m)$ 时,由于样本 $(X_1,X_2,\cdots,X_n)$ 的概率密度 $\prod_{i=1}^{n}f(x_i,\theta_1,\theta_2,\cdots,\theta_m)$ 在 $(x_1,x_2,\cdots,x_n)$ 处的值越大,则样本 $(X_1,X_2,\cdots,X_n)$ 在 $(x_1,x_2,\cdots,x_n)$ 附近取值的概率也越大,因此只要考虑 $X_1,X_2,\cdots,X_n$ 的联合概率密度 $\prod_{i=1}^{n}f(x_i,\theta_1,\theta_2,\cdots,\theta_m)$ 的最值问题,当 $x_1,x_2,\cdots,x_n$ 确定时,它是 $\theta_1,\theta_2,\cdots,\theta_m$ 的函数. 于是,我们引出了似然函数的概念:

定义 6.1　设总体 X 的概率分布为 $p(x,\theta_1,\theta_2,\cdots,\theta_m)$,其中 $\theta_1,\theta_2,\cdots,\theta_m$

为未知参数. 当总体 X 为离散型随机变量时, $p(x,\theta_1,\theta_2,\cdots,\theta_m)$ 表示 X 分布列; 当总体 X 为连续型随机变量时, $p(x,\theta_1,\theta_2,\cdots,\theta_m)$ 表示 X 的概率密度. 于是得出总体 X 的样本 $(X_1,X_2,\cdots,X_n)$ 的联合分布 $\prod\limits_{i=1}^{n} p(x_i,\theta_1,\theta_2,\cdots,\theta_m)$, 记为 $L(\theta_1,\theta_2,\cdots,\theta_m)$, 即

$$L(\theta_1,\theta_2,\cdots,\theta_m) = \prod_{i=1}^{n} p(x_i,\theta_1,\theta_2,\cdots,\theta_m) \qquad (6-5)$$

称 $L(\theta_1,\theta_2,\cdots,\theta_r)$ 为似然函数.

定义 6.2　当 $\theta_1=\hat{\theta}_1(X_1,\cdots,X_n),\theta_2=\hat{\theta}_2(X_1,\cdots,X_n),\cdots,\theta_m=\hat{\theta}_m(X_1,\cdots,X_n)$ 时, 似然函数 $L(\theta_1,\theta_2,\cdots,\theta_m)$ 取最大值, 即

$$L(\hat{\theta}_1,\hat{\theta}_2,\cdots,\hat{\theta}_m) = \max_{\theta_1,\cdots,\theta_m} L(\theta_1,\theta_2,\cdots,\theta_m), \qquad (6-6)$$

称 $\hat{\theta}_1,\hat{\theta}_2,\cdots,\hat{\theta}_m$ 为 $\theta_1,\theta_2,\cdots,\theta_m$ 的**极大似然估计量**. 而相应的 $\hat{\theta}_1=\hat{\theta}_1(x_1,\cdots,x_n),\hat{\theta}_2=\hat{\theta}_2(x_1\cdots,x_n),\cdots,\hat{\theta}_m=\hat{\theta}_m(x_1,\cdots,x_n)$ 称为 $\theta_1,\theta_2,\cdots,\theta_m$ 的**极大似然估计值**.

由于 $L(\theta_1,\theta_2,\cdots,\theta_m)$ 以乘积形式出现, 而 $L(\theta_1,\theta_2,\cdots,\theta_m)$ 与 $\ln L(\theta_1,\theta_2,\cdots,\theta_m)$ 在同一 $\theta_1,\theta_2,\cdots,\theta_m$ 处取得极值, 为方便计算, 对似然函数取对数 $\ln L(\theta_1,\theta_2,\cdots,\theta_m)$, 若该函数可微, 再利用微积分中求函数极值的方法求出函数 $\ln L(\theta_1,\theta_2,\cdots,\theta_m)$ 的最值. 即对各参数 $\theta_1,\theta_2,\cdots,\theta_m$ 分别求偏导数 (若只有一个未知参数 θ, 对 θ 求导数), 并令它们为零, 得

$$\frac{\partial\ln[L(\theta_1,\theta_2,\cdots,\theta_m)]}{\partial\theta_i}=0, i=1,2,\cdots,m. \qquad (6-7)$$

式 (6-7) 称为似然方程 (组), 从似然方程组中求出 $\ln L$ 的驻点, 从中找出满足式 (6-6) 的解 $\hat{\theta}_1,\hat{\theta}_2,\cdots,\hat{\theta}_m$.

设 θ 为未知参数, $g(\theta)$ 为连续函数, 且 $g(\theta)$ 有单值反函数, 可以证明, 若 $\hat{\theta}$ 为 θ 的极大似然估计量, 则 $g(\hat{\theta})$ 就为 $g(\theta)$ 的极大似然估计量.

例 5　设总体 $X\sim\pi(\lambda),\lambda>0$ 为未知参数, $x_1,x_2,\cdots,x_n$ 是来自总体 X 的一个样本值, 试求 λ 的极大似然估计值和估计量.

解　总体 X 的分布律为

$$P\{X=x\}=p(x;\lambda)=\frac{\lambda^x \mathrm{e}^{-\lambda}}{x!}\ (x=0,1,2,\cdots),$$

似然函数为

$$L(\lambda)=\prod_{i=1}^{n}\lambda^x_i \mathrm{e}^{-\lambda}/x_i! =\left[\mathrm{e}^{-n\lambda}\lambda^{\sum_{i=1}^{n}x_i}\right]/\prod_{i=1}^{n}x_i!,$$

$$\ln[L(\lambda)]=-n\lambda+\left(\sum_{i=1}^{n}x_i\right)\ln\lambda-\ln\left(\prod_{i=1}^{n}x_i!\right).$$

令

$$\frac{\mathrm{d}\ln[L(\lambda)]}{\mathrm{d}\lambda}=-n+\left(\sum_{i=1}^{n}x_i\right)/\lambda=0,$$

解得 λ 的极大似然估计值：

$$\hat{\lambda}=\frac{1}{n}\sum_{i=1}^{n}x_i=\overline{x},$$

极大似然估计量：$\hat{\lambda}=\dfrac{1}{n}\sum_{i=1}^{n}X_i=\overline{X}.$

由于 $E(X)=\lambda$，这就是说，以样本均值作为总体均值的极大似然估计量与矩估计量相同.

例 6　在例 1 中求参数 θ 的极大似然估计. 设 $x_1,x_2,\cdots,x_n$ 是一个样本值.

解　似然函数

$$L(\theta)=\prod_{i=1}^{n}(\theta+1)x_i^\theta=(\theta+1)^n (x_1 \cdot x_2 \cdot \cdots \cdot x_n)^\theta$$

$$\ln[L(\theta)]=n\ln(\theta+1)+\theta\sum_{i=1}^{n}\ln x_i$$

令

$$\frac{\mathrm{d}\ln[L(\theta)]}{\mathrm{d}\theta}=\frac{n}{\theta+1}+\sum_{i=1}^{n}\ln x_i=0,$$

解得 θ 的极大似然估计值 $\hat{\theta}=-1-n/\sum_{i=1}^{n}\ln x_i$，极大似然估计量 $\hat{\theta}=-1-n/\sum_{i=1}^{n}\ln X_i$

例7　设总体 $X \sim N(\mu, \sigma^2)$，其密度函数 $f(x) = \dfrac{1}{\sqrt{2\pi}\sigma} \mathrm{e}^{-\frac{(x-\mu)^2}{2\sigma^2}}$，其中 μ, σ^2 为未知参数. 求 μ 和 σ^2 的极大似然估计量.

解　设 $(x_1, x_2, \cdots, x_n)$ 为样本 $(X_1, X_2, \cdots, X_n)$ 的一组观察值，则似然函数为

$$L(\mu, \sigma^2) = \prod_{i=1}^{n} \frac{1}{\sqrt{2\pi}\sigma} \mathrm{e}^{-\frac{(x_i-\mu)^2}{2\sigma^2}} = (2\pi\sigma^2)^{-\frac{n}{2}} \mathrm{e}^{-\frac{1}{2\sigma^2}\sum\limits_{i=1}^{n}(x_i-\mu)^2},$$

两边取对数

$$\ln[L(\mu, \sigma^2)] = -\frac{n}{2}\ln(2\pi) - \frac{n}{2}\ln(\sigma^2) - \frac{1}{2\sigma^2}\sum_{i=1}^{n}(x_i - \mu)^2,$$

对 $\ln[L(\mu, \sigma^2)]$ 分别求关于 μ, σ^2 的偏导数，并令其为零，得似然方程组：

$$\begin{cases} \dfrac{\partial \ln[L(\mu, \sigma^2)]}{\partial \mu} = \dfrac{1}{\sigma^2} \sum\limits_{i=1}^{n}(x_i - \mu) = 0 \\[3mm] \dfrac{\partial \ln[L(\mu, \sigma^2)]}{\partial \sigma^2} = -\dfrac{n}{2\sigma^2} + \dfrac{1}{2\sigma^4} \sum\limits_{i=1}^{n}(x_i - \mu)^2 = 0 \end{cases},$$

解得：

$$\hat{\mu} = \frac{1}{n}\sum_{i=1}^{n} x_i, \quad \hat{\sigma}^2 = \frac{1}{n}\sum_{i=1}^{n}(x_i - \overline{x})^2,$$

故 μ, σ^2 的极大似然估计量为：

$$\hat{\mu} = \overline{X} \qquad \hat{\sigma}^2 = \frac{1}{n}\sum_{i=1}^{n}(X_i - \overline{X})^2.$$

例8　设总体 X 在区间 $[0, \theta]$ 上服从均匀分布，$\theta > 0$ 未知，由样本值 $x_1, x_2, \cdots, x_n$ 求 θ 的极大似然估计值.

解　X 的概率密度 $f(x; \theta) = \begin{cases} \dfrac{1}{\theta}, & 0 \leqslant x \leqslant \theta, \\ 0, & 其他, \end{cases} \quad (0 < \theta < \infty)$

似然函数为

$$L(\theta) = \begin{cases} \dfrac{1}{\theta^n}, & (0 \leqslant x_1, x_2, \cdots, x_n \leqslant \theta), \\ 0, & 其他, \end{cases}$$

记 $x_{(n)} = \max(x_1, x_2, \cdots, x_n)$，可知 $x_{(n)} > 0$. 而上述似然函数相当于

$$L(\theta) = \begin{cases} \dfrac{1}{\theta^n}, & (x_{(n)} \leqslant \theta), \\ 0, & (x_{(n)} > \theta), \end{cases}$$

因此，当 $\theta < x_{(n)}$ 时，$L(\theta) = 0$，而当 $\theta > x_{(n)}$ 时，$L(\theta)$ 随 θ 的增加而减小. 故 $L(\theta)$ 在 $x_{(n)}$ 处取到极大值，得到 θ 的极大似然估计值 $\hat{\theta} = x_{(n)} = \max(x_1, x_2, \cdots, x_n)$.

本题的极大似然估计值在 $L(\theta)$ 的间断点处取到，不能利用对 $L(\theta)$ 求导的办法得到.

§6.2 估计量的评价标准

一般说来，对同一参数用不同的估计方法得到的估计量是不同的，用什么标准来评价一个估计量的好坏呢? 要想知道哪一个估计量较好，就需要建立确定估计量好坏的评价标准. 通常有三个评价标准. 即为：无偏性、有效性和一致性.

6.2.1 无偏性

定义 6.3 设未知参数 θ 的估计量 $\hat{\theta} = \hat{\theta}(X_1, X_2 \cdots, X_n)$ 的数学期望 $E(\hat{\theta})$ 存在，若对任何可能的参数值都有

$$E(\hat{\theta}(X_1, X_2, \cdots, X_n)) = \theta, \tag{6-8}$$

则称 $\hat{\theta}$ 是未知参数 θ 的无偏估计量.

若 $\hat{\theta}$ 是未知参数 θ 的无偏估计量，则称用 $\hat{\theta}$ 估计 θ 时无系统误差.

无偏估计量并不意味着对于每个样本值 $x_1, x_2, \cdots, x_n$ 给出的 θ 的估计值就是 θ 的真值，只是说对于某些样本值得到的估计值相对于真值 θ 来说偏大，有些则偏小，反复使用多次，用 $\hat{\theta}(X_1, X_2, \cdots, X_n)$ 计算出 θ 的 N 个估计值，那么根据大数定律，这些值的平均值可以非常接近于真值 θ，即"平均"来说偏差为 0，因此无偏性可解释为不存在系统误差.

例 1　样本的 k 阶原点矩 $\hat{v}_k = \dfrac{1}{n}\sum_{i=1}^{n} X_i^k$ 是总体 k 阶原点矩 $v_k = E(X^k)$ 的无偏估计量.

解　$E(\hat{v}_k) = E\left(\dfrac{1}{n}\sum_{i=1}^{n} X_i^k\right) = \dfrac{1}{n}\sum_{i=1}^{n} E(X_i^k) = \dfrac{1}{n}\sum_{i=1}^{n} E(X^k) = E(X^k) = v_k$,

故 $\hat{v}_k$ 是总体 k 阶原点矩 v_k 的无偏估计量.

特别地,取 $k=1$,可知样本均值 $\overline{X}$ 是总体均值 $E(X)$ 的无偏估计量. 即 $E(\overline{X}) = E(X)$.

例 2　设 $X_1, X_2, \cdots, X_n$ 为总体 X 的一个样本,且总体方差 $D(X)$ 存在,证明样本方差 S^2 是总体方差 $D(X)$ 的无偏估计.

解　因为 $S^2 = \dfrac{1}{n-1}\sum_{i=1}^{n}(X_i - \overline{X})^2 = \dfrac{1}{n-1}\left(\sum_{i=1}^{n} X_i^2 - n\overline{X}^2\right)$,

$$E(S^2) = E\left[\dfrac{1}{n-1}\left(\sum_{i=1}^{n} X_i^2 - n\overline{X}^2\right)\right] = \dfrac{1}{n-1}\left[\sum_{i=1}^{n} E(X_i^2) - nE(\overline{X}^2)\right]$$

$$= \dfrac{1}{n-1}\left[\sum_{i=1}^{n} E(X^2) - nE(\overline{X}^2)\right] = \dfrac{n}{n-1}\left[E(X^2) - E(\overline{X}^2)\right]$$

$$= \dfrac{n}{n-1}\left[D(X) + E^2(X) - E(\overline{X}^2)\right] = \dfrac{n}{n-1}\left[D(X) + E^2(\overline{X}) - E(\overline{X}^2)\right]$$

$$= \dfrac{n}{n-1}\left[D(X) - D(\overline{X})\right] = \dfrac{n}{n-1}\left[D(X) - \dfrac{D(X)}{n}\right] = D(X).$$

所以 S^2 是 $D(X)$ 的无偏估计.

例 3　总体 X 服从正态分布 $N(\mu, \sigma^2)$,$(X_1, X_2, \cdots, X_n)$ 是其一个样本,求 c 使得

$$\hat{\sigma}^2 = c\sum_{i=1}^{n-1}(X_{i+1} - X_i)^2 \text{ 为 } \sigma^2 \text{ 的无偏估计量.}$$

解　由于 $(X_1, X_2, \cdots, X_n)$ 为样本,故 $X_i \sim N(\mu, \sigma^2)$,$i = 1, 2, \cdots, n$,且相互独立,于是 $X_{i+1} - X_i \sim N(0, 2\sigma^2)$,

$$E(\hat{\sigma}^2) = c\sum_{i=1}^{n-1} E(X_{i+1} - X_i)^2 = c\sum_{i=1}^{n-1}\left[D(X_{i+1} - X_i) + (E(X_{i+1} - X_i))^2\right]$$

$$= c\sum_{i=1}^{n-1} D(X_{i+1} - X_i) = c\sum_{i=1}^{n-1}(D(X) + D(X)) = 2c(n-1)\sigma^2,$$

因而当 $2c(n-1)=1$，即 $c=\dfrac{1}{2(n-1)}$ 时，$\hat{\sigma}^2$ 为 σ^2 的无偏估计量.

若 $\hat{\theta}_1$ 和 $\hat{\theta}_2$ 都是未知参数 θ 的无偏估计量，自然，我们要求它尽可能接近被估计的参数，由于方差是刻划随机变量取值与其数学期望的偏离程度的量，在样本容量 n 相同的情况下，若 $\hat{\theta}_1$ 的观察值较 $\hat{\theta}_2$ 更密集在真值 θ 的附近，即 $\hat{\theta}_1$ 的方差要比 $\hat{\theta}_2$ 小，则认为 $\hat{\theta}_1$ 比 $\hat{\theta}_2$ 好. 这就提出了估计量的有效性的概念.

6.2.2　有效性

定义 6.4　设 $\hat{\theta}_1=\hat{\theta}_1(X_1,X_2\cdots,X_n)$ 和 $\hat{\theta}_2=\hat{\theta}_2(X_1,X_2\cdots,X_n)$ 都是 θ 的无偏估计量，若对任意的 θ，都有

$$D(\hat{\theta}_1)\leqslant D(\hat{\theta}_2),\qquad\qquad (6-9)$$

并且至少存在某个 θ_0，使得上式的严格不等号成立，则称 $\hat{\theta}_1$ 比 $\hat{\theta}_2$ 有效.

例 4　设 X_1,X_2,X_3 为总体 X 的一个样本，且总体方差 $D(X)$ 存在. 证明

$$\hat{\theta}_1=\frac{X_1+X_2}{2},\hat{\theta}_2=\frac{X_1+X_2+X_3}{3}$$

均为总体期望 θ 的无偏估计量，并判断哪一个较有效.

证明　$E(\hat{\theta}_1)=\dfrac{1}{2}E(X_1+X_2)=\dfrac{1}{2}[E(X)+E(X)]=\theta$，

同理　$E(\hat{\theta}_2)=\theta$. 它们都是 θ 的无偏估计量.

又　$D(\hat{\theta}_1)=D\left(\dfrac{X_1+X_2}{2}\right)=\dfrac{D(X)}{2}$，$D(\hat{\theta}_2)=D\left(\dfrac{X_1+X_2+X_3}{3}\right)=\dfrac{D(X)}{3}$.

所以　$D(\hat{\theta}_1)>D(\hat{\theta}_2)$，

所以　$\hat{\theta}_2$ 较 $\hat{\theta}_1$ 有效.

前面介绍的无偏性和有效性都是在样本容量 n 固定的条件下进行的，我们自然希望随着样本容量 n 的增大，估计量就越接近被估参数的真值. 因此，一个好的估计量，随着样本容量的增加应越来越接近被估参数的真值. 这就是下面的一致性.

6.2.3　一致性

定义 6.5　设 $\theta_n=\hat{\theta}_n(X_1,X_2\cdots,X_n)$ 是参数的估计量，若当 $n\to\infty$ 时，$\hat{\theta}_n$

依概率收敛于 θ. 即对任意的 $\varepsilon > 0$，有

$$\lim_{n \to \infty} P\{|\hat{\theta}_n - \theta| < \varepsilon\} = 1, \qquad (6-10)$$

则称 $\hat{\theta}_n$ 是 θ 的一致估计量.

由大数定律可知，样本的 k 阶原点矩 $\hat{v}_k$ 是总体 k 阶原点矩 v_k 的一致估计量，可以证明，若 $g(t_1, t_2, \cdots, t_m)$ 是连续函数，则 $g(\hat{v}_1, \hat{v}_2, \cdots, \hat{v}_m)$ 是 $g(v_1, v_2, \cdots, v_m)$ 的一致估计量.

由一致估计量的定义，样本方差 S^2 为总体方差 σ^2 的一致估计量.

§6.3　参数的区间估计

6.3.1　基本概念与基本方法

1. 置信区间与置信水平

前面我们讨论了参数的点估计问题，如果用样本观察值 $(x_1, x_2, \cdots, x_n)$ 代入得到的点估计量 $\hat{\theta}(X_1, X_2, \cdots, X_n)$ 中，就得到一个数 $\hat{\theta}(x_1, x_2, \cdots, x_n)$ 作为参数 θ 的近似值. 虽然在点估计中，利用无偏性、有效性和一致性来表征估计的优劣，但却没有反映出近似值的精度，也不知道它的偏差范围. 在实际问题中，除了求出参数 θ 的点估计量 $\hat{\theta}$ 外，还要求根据样本估计出参数 θ 所在的范围，并希望知道这个范围包含 θ 的可信程度. 这个范围通常以区间形式给出，也就是用区间作为参数 θ 的估计，并且说明这个范围包含参数 θ 的可信程度. 这种形式的估计称为区间估计，这样的区间称为置信区间.

定义 6.6　设 $(X_1, X_2, \cdots, X_n)$ 是来自总体 X 的样本，总体 X 分布中含有未知参数 $\theta, \theta \in \Theta(\Theta$ 是 θ 可能取值的范围)，$\hat{\theta}_1 = \hat{\theta}_1(X_1, X_2 \cdots, X_n)$ 和 $\hat{\theta}_2 = \hat{\theta}_2(X_1, X_2 \cdots, X_n)$ 为两个统计量 $(\hat{\theta}_1 < \hat{\theta}_2)$，如果对于给定的实数 $\alpha(0 < \alpha < 1)$，对于任意 $\theta \in \Theta$ 满足

$$P\{\hat{\theta}_1 < \theta < \hat{\theta}_2\} = 1 - \alpha, \qquad (6-11)$$

则称随机区间 $(\hat{\theta}_1, \hat{\theta}_2)$ 为 θ 的置信水平为 $1 - \alpha$ 的置信区间，$\hat{\theta}_1$ 和 $\hat{\theta}_2$ 分别称为置信下限和置信上限. 置信水平 $1 - \alpha$ 也称为置信度.

　　由于 $\hat{\theta}_1,\hat{\theta}_2$ 都是统计量，所以置信区间 $(\hat{\theta}_1,\hat{\theta}_2)$ 是一个随机区间，它随着样本值不同而变异，θ 的真值可能被 $(\hat{\theta}_1,\hat{\theta}_2)$ 套住，也可能不被 $(\hat{\theta}_1,\hat{\theta}_2)$ 套住．置信度 $1-\alpha$ 则给出了 θ 的真值被 $(\hat{\theta}_1,\hat{\theta}_2)$ 套住的可信程度（概率）．然而，并非 $1-\alpha$ 越接近 1 越好，因为伴随着 $1-\alpha$ 的增大，$(\hat{\theta}_1,\hat{\theta}_2)$ 会相应地变长，从而降低了估计精度．所以需要将 α 控制在一定的范围内，一般根据实际情况来确定数 α，常取 $\alpha=0.1,0.05$ 或 0.01．

　　2. 置信区间的求法

　　下面试举一例加以说明．

　　例 1　某种疾病患者的存活时间 X（自确诊到死亡的时间，以月计）是一个随机变量，已知 $X\sim N(\mu,9)$，μ 未知．现抽查 16 个这种疾病的患者，得到以下的数据（存活时间以月计）：

| 8.0 | 13.6 | 13.2 | 13.6 | 12.5 | 14.2 | 14.9 | 14.5 |
| 13.4 | 8.6 | 11.5 | 16.0 | 14.2 | 19.0 | 17.9 | 17.0 |

试求 μ 的置信度为 0.95 的置信区间．

　　解　由于样本均值 $\overline{X}$ 是总体均值的一个点估计，将 $\overline{X}$ 标准化得到，

$$U=\frac{\overline{X}-\mu}{\dfrac{\sigma}{\sqrt{n}}}\sim N(0,1),$$

在随机变量 U 中只含有待估参数 μ，而不含有其他未知参数，并且它的分布是已知的且与 μ 无关．对于给定的置信度 $1-\alpha=0.95$，查标准正态分布表得到上侧 α 分位数 $U_{\alpha/2}$，使得（见图 6-1）

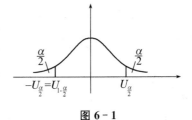

图 6-1

$$P\{\,|U|<U_{\alpha/2}\}=1-\alpha,$$

即　　　　$P\left\{\left|\dfrac{\overline{X}-\mu}{\dfrac{\sigma}{\sqrt{n}}}\right|<U_{\alpha/2}\right\}=1-\alpha.$

由于不等式 $\left|\dfrac{\overline{X}-\mu}{\dfrac{\sigma}{\sqrt{n}}}\right|<U_{\alpha/2}$ 与不等式 $\overline{X}-\dfrac{\sigma}{\sqrt{n}}U_{\alpha/2}<\mu<\overline{X}+\dfrac{\sigma}{\sqrt{n}}U_{\alpha/2}$ 是等价的,

因此　　　　$p\left\{\overline{X}-\dfrac{\sigma}{\sqrt{n}}U_{\alpha/2}<\mu<\overline{X}+\dfrac{\sigma}{\sqrt{n}}U_{\alpha/2}\right\}=1-\alpha,$

由定义 6.6,我们得到了 μ 的置信度为 $1-\alpha$ 的置信区间为

$$\left(\overline{X}-\dfrac{\sigma}{\sqrt{n}}U_{\alpha/2},\ \overline{X}+\dfrac{\sigma}{\sqrt{n}}U_{\alpha/2}\right).$$

将 $1-\alpha=0.95,U_{\alpha/2}=U_{0.025}=1.96,n=16,\overline{x}=13.88$ 代入,得到 μ 的一个置信度为 0.95 的置信区间为 $(12.41,15.35)$.

由此例,我们可以归纳出**求未知参数 θ 的置信区间的一般方法**:

(1) 选取 θ 的一个较优的点估计 $\hat{\theta}$(如上例选取 μ 的点估计为 $\overline{X}$);

(2) 围绕 $\hat{\theta}$ 构造一个依赖于样本与 θ 的函数 $T=T(X_1,X_2,\cdots,X_n,\theta)$($T$ 是随机变量),它只含待估参数 θ,而不含其他未知参数,并且 T 的分布已知且与 θ 无关.(如上例中 $T=T(X_1,X_2,\cdots,X_n,\mu)=(\overline{X}-\mu)/(\sigma/\sqrt{n})$)

(3) 对给定的置信水平 $1-\alpha$,由 T 的分布找出两个数值 t_1,t_2,使得

$$P\{t_1<T<t_2\}=1-\alpha. \tag{6-12}$$

(如上例中 $t_1=-u_{\alpha/2},t_2=u_{\alpha/2}$)

(4) 利用不等式变形导出套住 θ 的置信区间 $(\hat{\theta}_1,\hat{\theta}_2)$.则 $(\hat{\theta}_1,\hat{\theta}_2)$ 为 θ 的置信度为 $1-\alpha$ 的置信区间. $\left(\text{如上例 } \mu \text{ 的置信区间为}\left(\overline{X}-\dfrac{\sigma}{\sqrt{n}}U_{\alpha/2},\ \overline{X}+\dfrac{\sigma}{\sqrt{n}}U_{\alpha/2}\right)\right)$

由于正态分布在我们日常生活中是广泛存在的,许多产品指标服从正态分布.因而下面我们着重讨论正态总体中未知参数 μ 和 σ^2 的区间估计.

6.3.2　正态总体数学期望的置信区间

1. 单个正态总体数学期望的置信区间

设总体 $X\sim N(\mu,\sigma^2)$,$X_1,X_2,\cdots,X_n$ 为取自总体 X 的一个样本,$\overline{X},S^2$ 分

别为样本均值和样本方差.

(1) σ^2 已知，求 μ 的置信区间

由例 1，取仅含有待估参数 μ 的随机变量 $U=\dfrac{\overline{X}-\mu}{\dfrac{\sigma}{\sqrt{n}}}$，$U\sim N(0,1)$，于是对

给定的置信度 $1-\alpha$，μ 的置信度为 $1-\alpha$ 的置信区间为

$$\left(\overline{X}-\frac{\sigma}{\sqrt{n}}U_{\alpha/2},\overline{X}+\frac{\sigma}{\sqrt{n}}U_{\alpha/2}\right). \tag{6-13}$$

由式 (6-13) 看出，在求未知参数的置信区间时，应当注意下列几点：

当样本容量 n 固定时，置信度 $1-\alpha$ 越大，即 α 越小，则分位点 $u_{\alpha/2}$ 越大，从而置信区间的长度 $L=2U_{\alpha/2}\dfrac{\sigma}{\sqrt{n}}$ 越大，估计的精度就越差. 当置信度 $1-\alpha$ 一定时，样本容量 n 越大，置信区间越窄，即估计的精度越高. 因此，在保证可靠性要求的前提下，可通过增大样本容量来提高估计的精度.

即使样本容量 n 和置信度 $1-\alpha$ 都不变，未知参数 μ 的置信区间也不是唯一的. 例如，取 $t_1=-u_{\alpha/3}$，$t_4=u_{2\alpha/3}$，则仍有

$$p\left\{\overline{X}-\frac{\sigma}{\sqrt{n}}U_{\frac{\alpha}{3}}<\mu<\overline{X}+\frac{\sigma}{\sqrt{n}}U_{\frac{2\alpha}{3}}\right\}=1-\alpha$$

因此，μ 的置信度为 $1-\alpha$ 的置信区间为 $\left(\overline{X}-\dfrac{\sigma}{\sqrt{n}}U_{\frac{\alpha}{3}},\overline{X}+\dfrac{\sigma}{\sqrt{n}}U_{\frac{2\alpha}{3}}\right)$. 但由于置信区间的长度越短，估计的精度越高. 当 $T=T(X_1,X_2,\cdots,X_n,\theta)$ 的分布为单峰且关于 y 轴对称，取 $t_1=-t_2$，这样得到的置信区间的长度最短.

例 2　对某种产品的使用寿命进行试验，今从中随机抽查 10 个，试验结果如下 (单位：万小时)：

$$5.35,6.21,5.24,5.56,4.89,5.03,5.78,5.92,6.04,5.27$$

由长期经验得知该产品的使用寿命服从正态分布 $N(\mu,\sigma^2)$，已知 $\sigma^2=1.5$，试求该产品平均寿命 μ 的置信度为 0.95 的置信区间.

解　因为 $X\sim N(\mu,1.5)$，方差 σ^2 已知，求数学期望 μ 的置信区间. $\overline{x}=5.53$，$\sigma=\sqrt{1.5}$，$n=10$，$\alpha=0.05$. 查标准正态分布表，得 $u_{\alpha/2}=u_{0.025}=1.96$，由

式(6-13),有

$$置信下限为 \bar{x}-\frac{\sigma}{\sqrt{n}}u_{a/2}=5.53-\sqrt{\frac{1.5}{10}}\times1.96=4.771,$$

$$置信上限为 \bar{x}+\frac{\sigma}{\sqrt{n}}u_{a/2}=5.53+\sqrt{\frac{1.5}{10}}\times1.96=6.289,$$

因此,μ 的置信度为 0.95 的置信区间为 $(4.771,6.289)$.

(2) σ^2 未知,求 μ 的置信区间

由于 σ^2 未知,在 $U=\dfrac{\overline{X}-\mu}{\dfrac{\sigma}{\sqrt{n}}}$ 中用 S^2 代替 σ^2. 得随机变量 $T=\dfrac{\overline{X}-\mu}{\dfrac{S}{\sqrt{n}}}$,它只含

一个未知参数 μ,而且

$$T=\frac{\overline{X}-\mu}{\dfrac{S}{\sqrt{n}}}\sim t(n-1),$$

对给定的置信度 $1-\alpha$,查 t 分布表,得到
$t_2=-t_1=t_{a/2}(n-1)$,则有(见图 6-2)

$$P\left\{\left|\frac{\overline{X}-\mu}{\dfrac{S}{\sqrt{n}}}\right|<t_{a/2}(n-1)\right\}=1-\alpha.$$

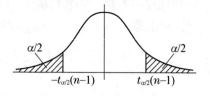

图 6-2

由不等式变形,得

$$p\left\{\overline{X}-\frac{S}{\sqrt{n}}t_{a/2}(n-1)<\mu<\overline{X}+\frac{S}{\sqrt{n}}t_{\epsilon/2}(n-1)\right\}=1-\alpha,$$

于是,μ 的置信度为 $1-\alpha$ 的置信区间为:

$$\left(\overline{X}-\frac{S}{\sqrt{n}}t_{a/2}(n-1),\overline{X}+\frac{S}{\sqrt{n}}t_{a/2}(n-1)\right). \tag{6-14}$$

例 3 某显像管厂为了加强质量管理,需对所生产的 21 英寸显像管寿命进行定期测试. 现从某月生产的产品中随机抽取 30 只,测得平均寿命为 25000 小时,样本标准差 $S=700$.设显像管使用寿命服从正态分布 $N(\mu,\sigma^2)$. 试求该厂生产的显像管平均寿命 μ 的置信度为 0.95 的置信区间.

解 因为 σ^2 未知,故只用 t 分布. 此时,$\bar{x}=25000,S=700,n=30,\alpha=$

$0.05.$查 t 分布表,得 $t_{\alpha/2}(n-1)=t_{0.025}(29)=2.0452$,由式$(5-14)$,有

$$置信上限为:\overline{X}+\frac{S}{\sqrt{n}}t_{\alpha/2}(n-1)=2500+\frac{700}{\sqrt{30}}\times2.0452=25261.38,$$

$$置信下限为:\overline{X}-\frac{S}{\sqrt{n}}t_{\alpha/2}(n-1)=2500-\frac{700}{\sqrt{30}}\times2.0452=24738.62.$$

因此,μ 的置信度为 0.95 的置信区间为$(24738.62,25261.38)$.

2. 两个正态总体数学期望差的置信区间

设总体 $X\sim N(\mu_1,\sigma_1^2)$,$X_1,X_2,\cdots,X_{n_1}$ 为来自总体 X 的一个容量为 n_1 的样本,$\overline{X},S_1^2$ 分别为样本均值和样本方差;总体 $Y\sim N(\mu_2,\sigma_2^2)$,$Y_1,Y_2,\cdots,Y_{n_2}$ 为来自总体 Y 的一个容量为 n_2 的样本,$\overline{Y},S_2^2$ 分别为样本均值和样本方差.

(1) 若 σ_1^2,σ_2^2 已知,求 $\mu_1-\mu_2$ 的置信区间.

由于 $U=\dfrac{\overline{X}-\overline{Y}-(\mu_1-\mu_2)}{\sqrt{\dfrac{\sigma_1^2}{n_1}+\dfrac{\sigma_2^2}{n_2}}}\sim N(0,1)$,且它只含未知参数 $\mu_1-\mu_2$,不含其

他未知参数.这与单个正态总体中 σ^2 已知,求 μ 的置信区间类似.对给定的置信度 $1-\alpha$,容易得到 $\mu_1-\mu_2$ 的置信度为 $1-\alpha$ 的置信区间为:

$$\left(\overline{X}-\overline{Y}-\sqrt{\frac{\sigma_1^2}{n_1}+\frac{\sigma_2^2}{n_2}}\cdot u_{\frac{\alpha}{2}},\overline{X}-\overline{Y}+\sqrt{\frac{\sigma_2^2}{n_1}+\frac{\sigma_2^2}{n_2}}\cdot u_{\frac{\alpha}{2}}\right). \qquad (6-15)$$

(2) 若 $\sigma_1^2=\sigma_2^2$ 且未知,求 $\mu_1-\mu_2$ 的置信区间.

取随机变量 $T=\dfrac{\overline{X}-\overline{Y}-(\mu_1-\mu_2)}{S_w\sqrt{\dfrac{1}{n_1}+\dfrac{1}{n_2}}}$,其中 $S_w^2=\dfrac{(n_1-1)S_1^2+(n_2-1)S_2^2}{n_1+n_2-2}$,则

$T\sim t(n_1+n_2-2)$.这与单个正态总体中 σ^2 未知,求 μ 的置信区间类似.对给定的置信度 $1-\alpha$,容易得到 $\mu_1-\mu_2$ 的置信度为 $1-\alpha$ 的置信区间为:

$$\left(\overline{X}-\overline{Y}-S_w\sqrt{\frac{1}{n_1}+\frac{1}{n_2}}\cdot t_{\frac{\alpha}{2}}(n_1+n_2-2),\overline{X}-\overline{Y}+S_w\sqrt{\frac{1}{n_1}+\frac{1}{n_2}}\cdot t_{\frac{\alpha}{2}}(n_1+n_2-2)\right).$$

$$(6-16)$$

例 4 两条生产线 A,B 生产同种型号电视机,为了比较其寿命,从 A 生产线中抽取 10 台,测量得平均寿命 $\overline{x}=2$(单位:万小时),标准差 $S_1=0.01$;从

B 生产线中抽取 15 台,测量得平均寿命 $\overline{y}=1.8$(单位:万小时),标准差 $S_2=$ 0.012.设两总体均服从正态分布,并且方差相等,求两条生产线生产的电视机寿命均值差 $\mu_1-\mu_2$ 的置信度为 0.95 的置信区间.

解 这是一个在两个正态总体方差未知且相等的情况下,求两总体均值差的置信区间问题.本题中,$n_1=10,n_2=15,\overline{x}=2,S_1=0.01;\overline{y}=1.8,S_2=$ 0.012,计算 S_w,得

$$S_w^2=\frac{(n_1-1)S_1^2+(n_2-1)S_2^2}{n_1+n_2-2}=\frac{9\times0.01^2+14\times0.012^2}{23}=0.0001268,$$

$$S_w=0.01126,$$

查 t 分布表,得 $t_{\alpha/2}(n_1+n_2-2)=t_{0.025}(23)=2.0687$,由(6-16)式,得置信限为

$$\overline{x}-\overline{y}-t_{\alpha/2}(n_1+n_2-1)\times S_w\sqrt{\frac{1}{10}+\frac{1}{15}}=0.1905,$$

$$\overline{x}-\overline{y}+t_{\alpha/2}(n_1+n_2-1)\times S_w\sqrt{\frac{1}{10}+\frac{1}{15}}=0.2095,$$

于是,$\mu_1-\mu_2$ 的置信度为 0.95 的置信区间为(0.1905,0.2095).

因 $\mu_1-\mu_2$ 的置信下限大于零,所以我们就认为 $\mu_1>\mu_2$,因而认为 A 生产线生产的电视机的寿命大于 B 生产线生产的电视机的寿命.

6.3.3 正态总体方差的置信区间

1. 单个正态总体方差的置信区间

设总体 $X\sim N(\mu,\sigma^2)$,$X_1,X_2,\cdots,X_n$ 为取自总体 X 的一个样本,$\overline{X},S^2$ 分别为样本均值和样本方差.

(1) μ 未知,求 σ^2 的置信区间.

选取随机变量

$$\chi^2=\frac{(n-1)S^2}{\sigma^2}\sim\chi^2(n-1),$$

它只含一个未知参数 σ^2,并且上式右端的分布与参数 σ^2 无关.故由置信度 $1-\alpha$,有(见图 6-3)

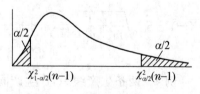

图 6-3

$$P\{\chi^2_{1-\alpha/2}(n-1)<\frac{(n-1)S^2}{\sigma^2}<\chi^2_{\alpha/2}(n-1)\}=1-\alpha,$$

即

$$P\left\{\frac{(n-1)S^2}{\chi^2_{\alpha/2}(n-1)}<\sigma^2<\frac{(n-1)S^2}{\chi^2_{1-\alpha/2}(n-1)}\right\}=1-\alpha,$$

所以 σ^2 的置信度为 $1-\alpha$ 的置信区间为:

$$\left[\frac{(n-1)S^2}{\chi^2_{\alpha/2}(n-1)}<\sigma^2<\frac{(n-1)S^2}{\chi^2_{1-\alpha/2}(n-1)}\right], \tag{6-17}$$

相应地,σ 的置信度为 $1-\alpha$ 的置信区间为:

$$\left(S\sqrt{\frac{n-1}{\chi^2_{\alpha/2}(n-1)}}<\sigma<S\sqrt{\frac{n-1}{\chi^2_{1-\alpha/2}(n-1)}}\right). \tag{6-18}$$

例 5 求例 3 中总体均方差 σ 的置信度为 0.95 的置信区间.

解 $n=30,s=700,\alpha=0.05$,查 χ^2 分布表,有 $\chi^2_{0.025}(29)=45.722$,
$\chi^2_{0.975}(29)=16.047$,所以,

$$置信下限:\sqrt{\frac{(n-1)S^2}{\chi^2_{0.025}(29)}}=\sqrt{\frac{29}{45.722}}\times700=557.49,$$

$$置信上限:\sqrt{\frac{(n-1)S^2}{\chi^2_{0.975}(29)}}=\sqrt{\frac{29}{16.074}}\times700=941.02,$$

故 σ 的置信度为 0.95 的置信区间为 $(557.49,941.02)$.

(2) μ 已知. 求 σ^2 的置信区间

因 μ 已知,选取随机变量

$$\frac{\sum\limits_{k=1}^{n}(X_k-\mu)^2}{\sigma^2}\sim\chi^2(n),$$

从而得到 σ^2 的置信度为 $1-\alpha$ 的置信区间为:

$$\left(\frac{\sum\limits_{k=1}^{n}(X_k-\mu)^2}{\chi^2_{\frac{\alpha}{2}}(n)},\frac{\sum\limits_{k=1}^{n}(X_k-\mu)^2}{\chi^2_{1-\frac{\alpha}{2}}(n)}\right). \tag{6-19}$$

2. 两个正态总体方差比的置信区间

设 $X\sim N(\mu_1,\sigma_1^2),Y\sim N(\mu_2,\sigma_2^2)$,其中,$\mu_1,\sigma_1^2,\mu_2,\sigma_2^2$ 均未知. 今从总体 X,

Y 中分别抽取容量为 n_1, n_2 的两个独立样本,得样本方差 S_1^2, S_2^2. 由于

$$\frac{(n_1-1)S_1^2}{\sigma_1^2} \sim \chi^2(n_1-1), \frac{(n_2-1)S_2^2}{\sigma_2^2} \sim \chi^2(n_2-1),$$

且 S_1^2 与 S_2^2 独立,根据 F 分布的定义,随机变量

$$F = \frac{S_1^2/\sigma_1^2}{S_2^2/\sigma_2^2} = \frac{S_1^2/S_2^2}{\sigma_1^2/\sigma_2^2} \sim F(n_1-1, n_2-1),$$

与单个正态总体中 μ 未知,求的置信区间类似,对给定的置信度 $1-\alpha$,可得两个总体方差比 σ_1^2/σ_2^2 的置信区间为:

$$\left[\frac{S_1^2/S_2^2}{F_{\alpha/2}(n_1-1,n_2-1)}, \frac{S_1^2/S_2^2}{F_{1-\alpha/2}(n_1-1,n_2-1)}\right]. \qquad (6-20)$$

例 6 有甲乙两个化验员独立地对某种聚合物的含氯量用同样的方法分别作了 11 次和 10 次测定,其测量值的样本方差 $S_1^2 = 0.5419$, $S_2^2 = 0.6065$. 假定两个化验员作的测定值都服从正态分布,试求两个总体方差比 σ_1^2/σ_2^2 的置信度为 0.90 的置信区间.

解 因为 $S_1^2 = 0.5419$, $S_2^2 = 0.6065$, $n_1 = 11$, $n_2 = 10$, $\alpha = 0.10$, 查 F 分布表得 $F_{\alpha/2}(n_1-1, n_2-1) = F_{0.05}(10, 9) = 3.14$.

$$F_{1-\alpha/2}(n_1-1, n_2-1) = F_{095}(10,9) = \frac{1}{F_{0.05}(9,10)} = \frac{1}{3.02} = 0.33,$$

所以,

$$\frac{S_1^2/S_2^2}{F_{\alpha/2}(n_1-1,n_2-1)} = \frac{0.5419/0.6065}{3.14} = 0.285,$$

$$\frac{S_1^2/S_2^2}{F_{1-\alpha/2}(n_1-1,n_2-1)} = \frac{0.5419/0.6065}{1/3.02} = 2.698,$$

故 σ_1^2/σ_2^2 的置信度为 0.90 的置信区间为 (0.285, 2.698).

若 σ_1^2/σ_2^2 的置信下限大于 1,在实际中我们就认为总体 X 的波动性较大;若 σ_1^2/σ_2^2 的置信下限小于 1,在实际中我们就认为总体 X 的波动性较小;若 σ_1^2/σ_2^2 的置信区间包含 1,则我们认为两个总体的波动大小无显著性差别. 在本例中,由于 σ_1^2/σ_2^2 的置信区间包含 1,则认为 σ_1^2, σ_2^2 无显著性的差别.

6.3.4 单侧置信区间

在前面的讨论中,我们看到未知参数 θ 的置信区间既有置信下限 $\hat{\theta}_1$,也

有置信上限 $\hat{\theta}_2$,这样的置信区间称为双侧置信区间.但在某些实际问题中,往往只要考虑其中的一个置信限.例如,对产品的平均寿命进行估计时,我们希望平均寿命越长越好,若寿命太短就不符合要求.对于这类问题上限可取至 $+\infty$,而关心平均寿命的下限;但对产品的次品率进行估计时,情况却恰好相反,希望次品率越小越好,关心次品率的上限,下限可取 $-\infty$.由此引出了单侧置信区间的概念.

定义 6.7　设总体 X 含有未知参数 θ,对于给定的数 $\alpha(0<\alpha<1)$,若由样本 $X_1,X_2,\cdots,X_n$ 可确定一个统计量 $\hat{\theta}_1=\hat{\theta}_1(X_1,X_2\cdots,X_n)$,使得

$$P\{\hat{\theta}_1<\theta\}=1-\alpha, \tag{6-21}$$

则称 $(\hat{\theta}_1,+\infty)$ 为参数 θ 的置信度为 $1-\alpha$ 的**单侧置信区间**,$\hat{\theta}_1$ 称为置信度为 $1-\alpha$ 的**单侧置信下限**.

若存在 $\hat{\theta}_2=\hat{\theta}_2(X_1,X_2\cdots,X_n)$,使得

$$P\{\theta<\hat{\theta}_2\}=1-\alpha, \tag{6-22}$$

则称 $(-\infty,\hat{\theta}_2)$ 为参数 θ 的置信度为 $1-\alpha$ 的**单侧置信区间**,$\hat{\theta}_2$ 称为置信度为 $1-\alpha$ 的**单侧置信上限**.

求单侧置信区间的方法与双侧置信区间类似.以总体方差 σ^2 未知,求总体均值 μ 的置信区间为例.

设 $(X_1,X_2,\cdots,X_n)$ 为总体的一个样本,由于

$$T=\frac{\overline{X}-\mu}{\dfrac{S}{\sqrt{n}}}\sim t(n-1),$$

对给定的置信度 $1-\alpha$,有(见图 6-4)

$$P\left\{\frac{\overline{X}-\mu}{\dfrac{S}{\sqrt{n}}}<t_\alpha(n-1)\right\}=1-\alpha,$$

即　$p\left\{\mu>\overline{X}-\dfrac{S}{\sqrt{n}}t_\alpha(n-1)\right\}=1-\alpha,$

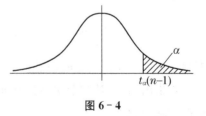

图 6-4

于是,μ 的置信度为 $1-\alpha$ 的单侧置信区间为:

$$\left[\overline{X}-\frac{S}{\sqrt{n}}t_{\alpha}(n-1),+\infty\right], \qquad (6-23)$$

μ 的单侧置信下限为:

$$\hat{\theta}_{1}=\overline{X}-\frac{S}{\sqrt{n}}t_{\alpha}(n-1). \qquad (6-24)$$

若求 μ 的单侧置信上限,可仿照上面的步骤,类似地求出 μ 的置信度为 $1-\alpha$ 的单侧置信区间为:

$$\left[-\infty,\overline{X}+\frac{S}{\sqrt{n}}t_{\alpha}(n-1)\right], \qquad (6-25)$$

μ 的单侧置信上限为:

$$\hat{\theta}_{2}=\overline{X}+\frac{S}{\sqrt{n}}t_{\alpha}(n-1). \qquad (6-26)$$

与式(6-14)相比,我们不难发现,求未知参数单侧置信区间,只需把相应的双侧置信区间中的某个置信限改为无穷大($+\infty$或$-\infty$),另一个置信限中的 $\alpha/2$ 改为 α 即可.因此对于求其他类型的未知参数的单侧置信区间就不再作详细介绍了.

例7 为测算制造某种产品所需的单件平均工时(单位:小时),现制造 5 件,记录每件所需工时如下:10.5,11,11.2,12.5,12.8.设制造单件产品所需工时 $X\sim N(\mu,\sigma^2)$,试求均值 μ 的 0.95 的单侧置信上限.

解 由题设,$1-\alpha=0.95$,$n=5$,样本均值 $\overline{x}=11.6$,样本均方差 $s^2=0.995$ 查 t 分布表,得 $t_{\alpha}(n-1)=t_{0.05}(4)=2.1318$,从而得 μ 的 0.95 的单侧置信上限为

$$\hat{\theta}_{2}=\overline{x}+\frac{s}{\sqrt{n}}t_{\alpha}(n-1)=11.6+\frac{\sqrt{0.995}}{\sqrt{5}}\times2.1318=12.55,$$

即制造单件产品平均工时不超过 12.55 小时.

要指出的是,是对未知参数 θ 进行双侧区间估计,还是单侧区间估计,应根据实际问题来确定.

习 题 六

一、填空题

1. 设 $X_1, X_2, \cdots, X_n$ 是来自总体 $N(\mu, \sigma^2)$ 的样本，$\overline{X}, S^2$ 分别是样本均值和样本方差，则 $\overline{X} \sim$ _____ 分布，$\dfrac{\overline{X}-\mu}{\sigma/\sqrt{n}} \sim$ _____ 分布，$\dfrac{\overline{X}-\mu}{S/\sqrt{n}} \sim$ _____ 分布，$\displaystyle\sum_{i=1}^{n}\left(\dfrac{X_i-\mu}{\sigma}\right)^2 \sim$ _____ 分布，$\displaystyle\sum_{i=1}^{n}\left(\dfrac{X_i-\overline{X}}{\sigma}\right)^2 \sim$ _____ 分布.

2. 设随机变量 $X \sim N(\mu, 1)$，$Y \sim \chi^2(n)$，且二者独立，则 $T = \dfrac{X-\mu}{\sqrt{Y/n}} \sim$ _____ 分布.

3. 设随机变量 X, Y 相互独立，且 $X \sim \chi^2(8)$，$Y \sim \chi^2(10)$，则 $X+Y \sim$ _____，$E(X+Y) \sim$ _____.

4. 设 $X_1, X_2, \cdots, X_n$ 是来自总体 $B(1, p)$ 的样本，$0 < p < 1$ 为常数，$\overline{X}$ 为样本均值，则 $P\left\{\overline{X} = \dfrac{k}{n}\right\} =$ _____.

5. 设 $X_1, X_2, \cdots, X_n$ 是来自正态总体的容量为 3 的样本，其中 $\hat{\mu}_1 = \dfrac{1}{5}X_1 + \dfrac{3}{10}X_2 + \dfrac{1}{2}X_3$，$\hat{\mu}_2 = \dfrac{1}{3}X_1 + \dfrac{1}{4}X_2 + \dfrac{5}{12}X_3$，$\hat{\mu}_3 = \dfrac{1}{3}X_1 + \dfrac{1}{3}X_2 + \dfrac{1}{3}X_3$，则 $\hat{\mu}_1, \hat{\mu}_2, \hat{\mu}_3$ 都是 μ 的 _____ 估计，其中 _____ 在 μ 的估计中最有效.

6. 设总体 X 服从 $[0, \theta]$ 上的均匀分布，其中 $\theta > 0$ 为未知参数，$X_1, X_2, \cdots, X_n$ 是来自总体 X 的样本，则 θ 的矩估计量为 _____，θ 的极大似然估计量为 _____.

7. 设总体 X 服从分布 $B(n, p)$，其中 p 为未知参数，n 为固定的整数，则 p 的极大似然估计量是 _____.

8. 总体 X 的分布函数为 $F(x, \theta)$，θ 是未知参数，由样本观察值得 $P(20 <$

$\theta < 40) = 0.95$,则＿＿＿＿＿＿是 θ 的一个置信度为＿＿＿＿＿＿的置信区间.

9. 设 $X_1, X_2, \cdots, X_n$ 是来自 $[\theta, \theta+1]$ $(\theta > 0)$ 上的均匀分布总体的一个样本,则 θ 的矩估计量是＿＿＿＿＿＿.

二、计算题

1. 在一批零件中随机抽取 8 个,测得的长度如下(单位 mm):

53.001　53.003　53.001　53.005　53.00　52.998　53.002　53.006

设零件长度测定值服从正态分布,试求总体均值 μ 及方差的矩估计值,并求这批零件长度小于 53.004 的概率.

2. 设总体 X 的密度函数为 $f(x, \theta) = \begin{cases} \dfrac{1}{\theta} e^{-\frac{x}{\theta}}, & x \geqslant 0, \theta > 0, \\ 0, & x < 0, \end{cases}$ 求 θ 的矩估计量. 若测得容量为 10 的样本值为 $134, 106, 125, 115, 130, 120, 110, 108, 105, 115$,求 θ 的矩估计值.

3. 设总体 X 的分布律为 $P\{X = x\} = (1-p)^{x-1} p$, $x = 1, 2, \cdots$. $X_1, X_2, \cdots, X_n$ 是来自总体 X 的样本,求未知参数 p 的矩估计量.

4. 设总体 X 的分布律为 $P\{X = x\} = \binom{m}{x} p^x (1-p)^{m-x}$, $x = 1, 2, \cdots, m$; $0 < p < 1$. $X_1, X_2, \cdots, X_n$ 是来自总体 X 的样本,求未知参数 p 的极大似然估计量.

5. 设 $X_1, X_2, \cdots, X_n$ 是来自参数为 λ 的泊松分布的样本,求 λ^2 的无偏估计量.

6. 对某种钢材的抗剪力进行 10 次测试得实验结果如下(单位 kg):578, 572, 570, 768, 572, 570, 570, 596, 584, 572,且已知方差为 25. 试求这种钢材平均抗剪力 μ 的置信度分别为 0.90 和 0.95 的置信区间.

7. 上题中若已知钢材的抗剪力 $X \sim N(\mu, 5^2)$,求 μ 的置信度为 0.95 的置信区间.

8. 设某种清漆的 9 个样本,其干燥时间(单位:h)分别为

6.0　5.7　5.8　6.5　7.0　6.3　5.6　6.1　5.0

设干燥时间总体服从正态分布 $N(\mu,\sigma^2)$，$\sigma=0.6$. 求 μ 的置信度为 0.95 的置信区间

9.　某供气站改建天然气管道，调查了 100 家用户，得出每户平均需要用气 35 立方米，由以往经验得知方差为 12，若该站供应 1 万户家庭，试对居民用气月需求量进行区间估计（取 $\alpha=0.01$），并以此确定出该站月输气量至少为多大才能以 99% 的概率供气.

10.　甲乙两台车床生产同一型号的滚珠，今从甲乙机床生产的产品中各抽取 8 个和 9 个样品，测得他们的直径（单位 mm）如下：

甲：15.0　14.5　15.2　15.5　14.8　15.1　15.2　14.8

乙：15.2　15.0　14.8　15.2　15.0　15.0　14.8　15.1　14.8

设滚珠直径服从正态分布，且甲乙产品直径的方差相同. 求两机床产品直径均值差的置信度为 0.95 的置信区间.

11.　设两个总体 $X\sim N(\mu_1,\sigma_1^2)$，$Y\sim N(\mu_2,\sigma_2^2)$，今从两个总体中分别抽得容量为 60 及 100 的样品，得 $\bar{x}=52.3$，$\bar{y}=49.2$，$s_1^2=25$，$s_2^2=19$，求 $\mu_1-\mu_2$ 的置信度为 95% 的置信区间.

12.　某车间生产一批零件，其长度方差正态分布，按设计要求其长度的标准差不得超过 0.3 mm，今随机抽取 10 件测得其长度值（单位 mm）如下：11.5　11.21　11.05　11.08　11.07　11.1　11.06　11.04　11.11　11.03. 试以 95% 的置信度估计这批零件的标准差是否符合设计要求.

13.　使用铂球测定引力常数（单位：10^{-11} $m^3kg^{-1}s^{-2}$），得测定值如下：6.661,6.676,6.667,6.678,6.669,6.668. 设测定值服从正态分布，试求均值和方差的 0.90 的置信区间.

14.　随机取某种炮弹 9 发做实验，得炮口速度的样本标准差 $S=11(m/s)$，设炮口速度服从正态分布，求这种炮弹炮口速度的标准差 σ 的置信度为 0.95 的置信区间.

15.　冷抽铜丝的折断力服从正态分布. 从一批铜丝中抽取 10 根，得折断力数据为：

578　572　570　568　572　570　570　596　584　572

求方差与标准差的置信区间($\alpha=0.05$).

16. 从甲乙两个蓄电池厂生产的产品中,分别抽取 10 个与 9 个产品,测得他们的电容量为:

甲:141　138　142　140　143　138　137　142　137　146

乙:143　139　139　140　141　138　140　136　141

若蓄电池的电容量服从正态分布,求两厂生产的蓄电池电容量的方差之比对应于置信度为 0.95 的置信区间.

17. 为估计一批钢索所能承受的平均张力,从中抽取 10 根做实验.测得其平均张力为 $6720(\text{kg}/\text{cm}^2)$,$s=220(\text{kg}/\text{cm}^2)$.设张力服从正态分布,求钢索所能承受的平均张力的 95% 的单侧置信下限.

18. 从一批某种型号的电子元件中抽取 10 只做试验,得 $s=45$(小时).设整批电子元件的寿命方差服从正态分布,求这批电子元件寿命标准差的 95% 的单侧置信上限.

三、考研试题

1. 设总体 X 的概率密度为

$$f(x)=\begin{cases}(\theta+1)x^{\theta}, & 0<x<1,\\ 0, & \text{其他},\end{cases}$$

其中 $\theta>-1$ 是未知数,$X_1,X_2,\cdots,X_n$ 是来自总体 X 的一个容量为 n 的简单随机样本,试分别用矩估计法和最大似然估计法求 θ 的估计值.

2. 设总体 X 的概率密度为

$$f(x)=\begin{cases}\dfrac{6x}{\theta^2}, & 0<x<\theta,\\ 0, & \text{其他},\end{cases}$$

$X_1,X_2,\cdots,X_n$ 是来自总体 X 的简单随机样本.

(1) 求 θ 的矩估量值 $\hat{\theta}$.

(2) 求 $\hat{\theta}$ 的方差 $D(\hat{\theta})$.

3. 设某种元件的使用寿命 X 的概率密度为

$$f(x;\theta)=\begin{cases}2\mathrm{e}^{-2(x-\theta)}, & x>\theta,\\ 0, & x\leqslant\theta,\end{cases}$$

其中 $\theta>0$ 为未知参数,又设 $X_1,X_2,\cdots,X_n$ 是 X 的一组样本观测值,求参数 θ 的最大似然估计值.

4. 设总体 X 的概率分布为

X	0	1	2	3
P	θ^2	$2\theta(1-\theta)$	θ^2	$(1-2\theta)$

其中 $\theta(0<\theta<1/2)$ 是未知参数,利用总体 X 的如下样本值

$$3,1,3,0,3,1,2,3,$$

求 θ 的矩估值和最大似然估值.

5. 已知一批零件的长度 X(单位:cm)服从正态分布 $N(\mu,1)$,从中随机抽取 16 个零件,得知长度的平均值为 $40(\mathrm{cm})$,则 μ 的置信度为 0.95 的置信区间是( ).

(注:标准正态分布函数值 $\Phi(1.96)=0.975,\Phi(1.645)=0.95$)

6. 设总体 X 的概率密度为

$$f(x)\begin{cases}2\mathrm{e}^{-2(x-\theta)}, & x>\theta,\\ 0, & x\leqslant\theta,\end{cases}$$

其中 $\theta>0$ 为未知参数,从总体 X 中抽取简单随机样本 $X_1,X_2,\cdots,X_n$,记

$$\hat{\theta}=\min(X_1,X_2,\cdots,X_n),$$

(1) 求总体 X 的分布函数 $F(x)$.

(2) 求统计量 $\hat{\theta}$ 的分布函数 $F\hat{\theta}(x)$.

(3) 如果用 $\hat{\theta}$ 作为 θ 的估量值,讨论它是否具有无偏性.

7. 设总体 X 的分布函数为

$$F(x;\beta)=\begin{cases}1-\dfrac{1}{x^6}, & x>1,\\ 0, & x\leqslant 1,\end{cases}$$

其中未知参数 $\beta>1$,又设 $X_1,X_2,\cdots,X_n$ 是来自总体 X 的简单随机样本,求:

(1) β 的矩估量.

(2) β 的最大似然估量.

8. 设 $X_1,X_2,\cdots,X_n$ 为总体 $N(\mu,\sigma^2)$ 的简单随机样本,记

$$\overline{X}=\frac{1}{n}\sum_{i=1}^{n}X_i,S^2=\frac{1}{n-1}\sum_{i=1}^{n}(X_i-\overline{X})^2,T=\overline{X}^2-\frac{1}{n}S^2,$$

(1) 证 T 是 μ^2 的无偏估计量.

(2) 当 $\mu=0,\sigma=1$ 时,求 $D(T)$.

9. 设 $X_1,X_2,\cdots,X_m$ 为来自二项分布总体 $B(n,p)$ 的简单随机样本,$\overline{X}$ 和 S^2 分别为样本均值和样本方差. 若 $\overline{X}+kS^2$ 为 np^2 的无偏估计差,则 $k=$ (   ).

10. 设总体 X 的概率密度为

$$f(x)=\begin{cases}\gamma^2xe^{-7x}, & x>0,\\ 0, & 其他,\end{cases}$$

其中参数 $\gamma(\gamma>0)$ 未知,$X_1,X_2,\cdots,X_n$ 是来自总体 X 的简单随机样本.

(1) 求参数 γ 的矩估计量;

(2) 求参数 γ 的最大似然估计量.

第7章 假设检验

假设检验是统计推断的一项重要内容.在解决一些实际问题时,人们常常对所研究总体的某些感兴趣的未知特性提出某种陈述.例如,提出"某地区男子的平均身高为 1.75 米","一个班级概率论课程的考试分数服从正态分布","某厂生产的灯泡的寿命是 1000 h"等.这种关于总体分布函数的形式或关于总体参数的陈述称为**统计假设**.为了判断一个统计假设是否成立,就需要进行随机试验,收集数据,对数据进行分析,然后做出接受或者拒绝这一假设的决策.假设检验就是一个决策过程.本章主要介绍一些常用的有关均值和方差的假设检验问题.

§7.1 假设检验的基本思想和方法

7.1.1 假设检验的基本概念

1. 检验假设的提出

先看下面几个实际例子

例 1 某厂用包装机包装奶粉,包装的每袋奶粉的重量服从正态分布.其标准差为 $\sigma=3$ g,且要求平均每袋净重 1000 g.今从包装线上任取一袋,测得净重 $x=1010$ g,能否认为包装机工作正常?

这个问题是在包装机正常工作时,称得的奶粉重量 $X \sim N(\mu, \sigma^2)$,今抽得一包净重为 1010 g,要判断包装机是否正常,即在 σ^2 已知时,要检验假设 $\mu=1000$ 是否成立.为此,提出两个相互对立的统计假设:$H_0: \mu=1000$,$H_1: \mu \neq 1000$.我们将做出接受 H_0 还是拒绝 H_0 的决策.

例 2 从某厂生产的一种圆柱形材料中随机抽取 11 根,测得他们的直径

为(单位 mm):

 5.52 5.41 5.18 5.32 5.64 5.22 5.77 5.59 5.38 5.45

5.69.问这批材料的直径是否服从正态分布.

  这个问题要对总体类型进行判断,即要检验假设总体 $X \sim N(\mu, \sigma^2)$ 是否成立.

  以上例子的共同点就是先对总体分布中的某些参数或总体的分布类型提出假设 H_0 和与之对立的假设 H_1.我们称 H_0 为**原假设**,H_1 为**对立假设**或者**备择假设**.接下来给出一个合理的法则,根据这一法则,由已知的样本值做出是接受假设 H_0(即拒绝假设 H_1),还是拒绝假设 H_0(即接受假设 H_1)的判断.这一过程称为对假设 H_0 进行**检验**.

  如果检验的假设是在总体分布类型已知(如例1)的情况下,仅仅涉及总体分布中的参数,这种形式的检验称为**参数假设检验**,若对总体的分布(如例2)或总体的某些特性进行检验,这类的检验称为**非参数假设检验**,**本章只讨论参数假设检验**.

  2. 检验假设的形式

  设总体的分布中含有未知参数 μ,若假设为

$$H_0 : \mu = \mu_0, \quad H_1 : \mu \neq \mu_0, \tag{7-1}$$

这样的检验问题称为**双侧假设检验**(如例1),所谓"双侧"源于备择假设所确定的范围恰好在原假设的两侧.但有时,我们只关心参数是否增大或减少.例如检验新工艺是否提高显像管的平均寿命,这时所考虑的总体的均值应越大越好;又如,在产品质量的检验中,若产品的次品率是未知参数,那么,我们希望总体的次品率越低越好.因此,我们需要检验假设

$$H_0 : \mu \geqslant \mu_0, \quad H_1 : \mu < \mu_0, \text{(左检验)} \tag{7-2}$$

或

$$H_0 : \mu \leqslant \mu_0, \quad H_1 : \mu > \mu_0, \text{(右检验)} \tag{7-3}$$

由于备择假设确定的范围处于原假设的一侧,这类的检验问题称为**单侧假设检验**.

7.1.2　假设检验的基本思想与步骤

1. 假设检验的基本思想

假设检验的基本思想是以小概率原理作为拒绝或接受 H_0 的依据.

由伯努利大数定律,在大量的重复独立试验中,某事件 A 发生的频率依概率收敛于事件 A 发生的概率. 因而,若事件 A 发生的概率很小,则在大量的重复独立试验中,事件 A 出现的频率应很小. 例如 $P(A)=0.001$,则大约在 1000 次重复独立试验中,事件 A 才出现一次. 这样的事件称为小概率事件. 人们通过大量的实践,认识到**"小概率事件在一次试验中是几乎不会发生的"**,这就是**"小概率原理"**. 在实际生活中,人们常常不知不觉使用这个原理. 例如,客机坠毁的概率很小,是一个小概率事件,人们在坐飞机时深信自己乘坐的飞机是不会坠毁的,因此,人们总是很放心乘坐飞机外出旅游、度假. 至于一个事件的概率 α 多小才算小概率,这要根据具体的问题而定. 一般把 $\alpha \leqslant 0.1$ 的事件称为小概率事件.

具体地说,**为了检验某个假设 H_0 是否成立,我们先假定 H_0 是成立的.** 在此前提下,构造一个概率不超过事先给定的数值 $\alpha(0<\alpha<1)$ 的小概率事件 A. 若在一次试验中,小概率事件 A 发生了,就认为是不合理的,因而拒绝原假设 H_0. 如果事件 A 没有发生,则表明原假设 H_0 与小概率原理不矛盾,于是接受 H_0. 这样的检验方法称为**显著性检验**,数值 α 称为**显著性水平**,对不同的问题,可以选取不同的水平. 为查表方便,通常选取 $\alpha=0.1,0.05,0.01$,等等.

我们以例 1 来说明假设检验的基本思想和具体做法. 由于要检验的假设涉及总体均值 μ,而样本均值 $\overline{X}$ 是总体均值 μ 的无偏估计量,$\overline{X}$ 的观察值的大小在一定程度上反映了 μ 的大小. 因此,若假设 H_0 为真,那么样本均值 $\overline{X}$ 与 μ_0 的偏差 $|\overline{X}-\mu_0|$ 一般不应太大,即 $|U|=\left|\dfrac{\overline{X}-\mu_0}{\dfrac{\sigma}{\sqrt{n}}}\right|$ 的值不会太大,若 $|U|$ 的值太大,我们就怀疑 H_0 的正确性而拒绝 H_0. 但 $|U|$ 的值大到何种程度才认为 $|U|$ 的值很大呢? 为此,对显著性水平 α,我们构造一个小概率事件 A,使得

$P(A) = \alpha$. 由于当 H_0 为真时,统计量 $U = \dfrac{\overline{X} - \mu_0}{\dfrac{\sigma}{\sqrt{n}}} \sim N(0, 1)$,根据标准正态分

布临界值的定义,有

$$P\left\{ \left| \dfrac{\overline{X} - \mu_0}{\dfrac{\sigma}{\sqrt{n}}} \right| \geqslant U_{\alpha/2} \right\} = \alpha,$$

即 $\left| \dfrac{\overline{X} - \mu_0}{\dfrac{\sigma}{\sqrt{n}}} \right| \geqslant U_{\alpha/2}$ 为一个小概率事件. 因此,取 $A = \left\{ \left| \dfrac{\overline{X} - \mu_0}{\dfrac{\sigma}{\sqrt{n}}} \right| \geqslant U_{\alpha/2} \right\}$,这样在

H_0 为真时,我们就找到了一个小概率事件. 由小概率原理,若统计量 U 的观察值 u 满足

$$|U| = \left| \dfrac{\overline{X} - \mu_0}{\dfrac{\sigma}{\sqrt{n}}} \right| \geqslant U_{\alpha/2},$$

这说明在一次试验中小概率事件发生了,则拒绝 H_0. 若满足

$$|U| = \left| \dfrac{\overline{X} - \mu_0}{\dfrac{\sigma}{\sqrt{n}}} \right| < U_{\alpha/2},$$

由于 $P\{|U| < U_{\alpha/2}\} = 1 - \alpha$,它不是小概率事件,因而没有理由拒绝 H_0. 所以接受 H_0.

统计量 $U = \dfrac{\overline{X} - \mu_0}{\dfrac{\sigma}{\sqrt{n}}}$ 称为**检验统计量**. 对不同的实际问题,需要构造不同的

检验统计量.

拒绝原假设的区域称为**拒绝域**,用字母 W 表示. 在例 1 中,$W = \{U: |U| \geqslant U_{\alpha/2}\}$,为方便起见,常常记 $W = \{|U| \geqslant U_{\alpha/2}\}$. 拒绝域以外的区域称为**接受域**,拒绝域和接受域的交点称为**临界点或临界值**,如例 1 中 $U = U_{\alpha/2}$ 和 $U = -U_{\alpha/2}$ 为临界点.

在例 1 中,若取显著性水平 $\alpha = 0.05$,则 $U_{\alpha/2} = U_{0.025} = 1.96$,检验的拒绝

域为

$$W = \left\{ \left| \frac{\overline{X} - \mu_0}{\frac{\sigma}{\sqrt{n}}} \right| \geqslant 1.96 \right\},$$

把 $n=1, \overline{x}=1010, \sigma=3$ 代入 $|U|$ 中,计算 $|U|$ 的观察值 $|U|$

$$|U| = \left| \frac{\overline{x} - \mu_0}{\frac{\sigma}{\sqrt{n}}} \right| = \frac{10}{3} = 3.33,$$

由于 $3.33 > 1.96$,这说明 $|U|$ 在拒绝域中,因而拒绝假设 H_0,即认为机器工作不正常,需要维修.

2. 假设检验的基本步骤

综上所述,可得假设检验的步骤如下:

(1) 根据实际问题要求,提出原假设 H_0 和备择假设 H_1.

(2) 构造一个检验统计量,当 H_0 为真时,该检验统计量的分布是已知的,且与未知参数无关.

(3) 对给定的显著性水平 α,查统计量的分布表,确定临界值,从而确定拒绝域 W.

(4) 根据样本值,计算出检验统计量的观察值.

(5) 作结论:若观察值落入拒绝域 W 中,则拒绝 H_0;若观察值不在拒绝域 W 中,则接受 H_0.

7.1.3 假设检验中的两类错误

由于假设检验是由样本(即总体中的部分样品)去推断总体的性质,并且是以"小概率事件在一次试验中一般不会发生"作为判断是否拒绝假设 H_0 的依据.但是这种判断的可靠性为 $1-\alpha$,即有做出错误判断的可能,其判错的概率是 α.同时由于抽样的随机性,即使小概率事件在一次试验中也有可能会发生,也可能使判断出现错误.因此,我们在做出接受或拒绝原假设 H_0 时,都不会是百分之百的正确,有可能犯下面两类错误:

第一类错误称为**"弃真错误"**,即 H_0 本来是正确的,但由于检验统计量的值落入拒绝域中而拒绝 H_0.对显著性水平 α,犯第一类错误的概率为

$P\{$拒绝 $H_0 | H_0$ 为真$\}=P\{$小概率事件 A 发生$| H_0$ 为真$\}\leqslant\alpha.$

第二类错误称为"**取伪错误**",即 H_0 本来不正确的,但由于检验统计量的值不在拒绝域中从而接受 H_0.设犯第二类错误的概率为 β,则

$\beta=P\{$接受 $H_0 | H_0$ 为假$\}=P\{$小概率事件 A 不发生$| H_0$ 为假$\}.$

在实际应用中,只控制 α 的取值,一般取 $\alpha=0.1,0.05,0.01$ 等,并要注意 α 和 β 不是两个对立事件的概率,故 $\alpha+\beta\neq1$.在进行假设检验时,当然希望犯两类错误的概率都很小,但是,当样本容量 n 固定时,若减少犯第一类错误的概率,即 α 变小,则 $u_{\alpha/2}$ 变大,于是犯第二类错误的概率 β 就变大,特别地,当 $\alpha\rightarrow0$ 时,$\beta\rightarrow1$.这也是在假设检验中为什么拒绝原假设 H_0 是有充分理由的,而接受原假设 H_0 是不大可靠的原因.同样,若减少犯第二类错误的概率,也会增加犯第一类错误的概率.要使犯二类错误的概率都减小,只有增大样本容量 n.但在许多实际问题中,由于各种条件的限制,如财力、物力和人力等因素的影响,要增大样本容量往往是不太容易的.通常采用的方法是,控制犯第一类错误的概率,使得犯第一类错误的概率不超过显著性水平 α,而不考虑犯第二类错误的概率 β.α 的大小视具体情况而定,通常 α 取 $0.1,0.05,0.01$,等等.

关于假设检验还须说明的一点是接受原假设 H_0 和 H_0 成立并不是同一个概念.如有必要,可增大样本容量,进一步进行检验.

§7.2　正态总体数学期望的假设检验

7.2.1　单个正态总体数学期望的假设检验

设总体 $X\sim N(\mu,\sigma^2)$,$X_1,X_2,\cdots,X_n$ 为取自总体 X 容量为 n 的一个样本,$\overline{X},S^2$ 分别为样本均值和样本方差,μ_0 和 σ_0^2 为已知常数,$\sigma_0>0$.

1. 已知 $\sigma^2=\sigma_0^2$,检验 $H_0:\mu=\mu_0$,$H_1:\mu\neq\mu_0$(U 检验)

因为 $\overline{X}$ 为 μ 的点估计,选择检验统计量为

$$U=\frac{\overline{X}-\mu_0}{\dfrac{\sigma_0}{\sqrt{n}}}, \tag{7-4}$$

当 H_0 成立时，$U \sim N(0,1)$，给定显著性水平 α，查标准正态分布表得 $U_{\alpha/2}$，使得

$$P\{|U| \geqslant U_{\alpha/2}\} = \alpha,$$

从而拒绝域为　　　　　　　　$W = \{|U| \geqslant U_{\alpha/2}\}.$　　　　　　(7-5)

再由样本值计算出 U 的值，当 $|U| \geqslant$ $U_{\alpha/2}$ 时，拒绝 H_0，反之，接受 H_0. 在这个检验问题中，利用了正态概率密度曲线两侧的尾部面积(图 7-1)来确定小概率事件. 由于检验统计量 U 服从正态分布，这样的检验方法称为 U **检验法**.

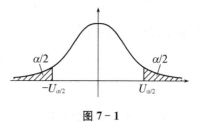

图 7-1

例 1　某种化工原料的含脂率 $X \sim N(0.27, 0.16^2)$，对经处理后的这种原料取样分析，测得含脂率如下：

0.19　0.24　1.04　0.08　020　0.12　0.31　0.29　0.13　0.07

已知其处理前后方差不变，给定显著性水平($\alpha = 0.05$)，问处理后的原料含脂率的平均值有无显著变化.

解　第一步：根据题意提出假设

$$H_0: \mu = \mu_0 = 0.27, \quad H_1: \mu \neq \mu_0 = 0.27.$$

第二步：选择检验统计量式(7-4)，并由样本观察值计算出 $\bar{x} = 0.267$ 和统计量观察值

$$U = \frac{\bar{x} - \mu_0}{\dfrac{\sigma_0}{\sqrt{n}}} = \frac{0.267 - 0.27}{0.16 / \sqrt{10}} = -0.059.$$

第三步：根据显著性水平 $\alpha = 0.05$ 确定拒绝域为 $W = \{|U| \geqslant U_{0.025} = 1.96\}$.

第四步：判断，由于 $|U| = 0.059 < 1.96$，从而接受 H_0，即认为原料处理前后其含脂率的平均值 μ 无显著变化.

2. 未知 σ^2,检验 $H_0:\mu=\mu_0,H_1:\mu\neq\mu_0$($T$ 检验)

由于方差 σ^2 未知,$U=\dfrac{\overline{X}-\mu_0}{\dfrac{\sigma}{\sqrt{n}}}$ 含有未知参数 σ,因此它不能作为检验统计

量.由于样本方差 $S^2=\dfrac{1}{n-1}\sum\limits_{i=1}^{n}(X_i-\overline{X})^2$ 是方差 σ^2 的无偏估计量,故用 S
代替 σ 可得 T 检验统计量

$$T=\frac{\overline{X}-\mu_0}{\dfrac{S}{\sqrt{n}}}. \tag{7-6}$$

当 H_0 成立时,统计量 $T\sim t(n-1)$.对给定的显著性水平 α,查 t 分布表,
得临界值 $t_{\alpha/2}(n-1)$,从而有

$$P\{|T|\geqslant t_{\alpha/2}(n-1)\}=\alpha,$$

这说明$\{|T|\geqslant t_{\alpha/2}(n-1)\}$是一个小概率事件.

于是拒绝域为

$$W=\{|T|\geqslant t_{\alpha/2}(n-1)\}, \tag{7-7}$$

由样本计算出 T 的值,当 $|T|\geqslant t_{\alpha/2}(n-1)$时,拒绝 H_0,反之则接受 H_0.这种
利用统计量服从 t 分布的检验法称为 T **检验法**.

例 2 某药厂生产一种药品,已知在正常生产情况下,每瓶药品的某项主
要指标服从均值为 179 的正态分布.某日开工后,测得 5 瓶的数据如下:

$$175\quad 173\quad 178\quad 174\quad 176$$

问该日生产是否正常($\alpha=0.05$).

解 本题是考察某项指标的差异显著性问题.

假设 $H_0:\mu=179,H_1:\mu\neq179$.

选择检验统计量式(6-6),由显著性水平 α,查 t 分布表,得 $t_{0.025}(4)=$
2.7764,由式(6-7),得拒绝域为

$$W=\{|T|\geqslant t_{0.025}(4)=2.7764\}.$$

已知 $n=5,\alpha=0.05$.由样本值计算得 $\overline{x}=175.2,S^2=3.7,S=1.92$,代入
得统计量观察值为

$$T = \frac{\overline{x} - \mu_0}{\dfrac{S}{\sqrt{n}}} = \frac{175.2 - 179}{1.92/\sqrt{5}} = -4.417.$$

因 $|T| = 4.417 > 2.7764$，故拒绝 H_0，从而认为这批药品的某项指标与 179 有显著的差异，即该日生产不正常.

3. 单侧检验

在实际应用中，我们常常关心的是产量、产值等指标是否提高，成本、原材料等指标是否降低，等等. 对于这些问题的处理往往涉及**单侧检验**问题. 对于参数的单侧假设检验，原假设 H_0 的表达形式中都含有不等式符号"$\leqslant$"或"$\geqslant$"，而备择假设 H_1 含有"$>$"或"$<$". 下面，我们就以 $\sigma^2 = \sigma_0^2$ 已知的条件下，检验 $H_0 : \mu \leqslant \mu_0$，$H_1 : \mu > \mu_0$（右边检验）为例来说明如何进行单侧假设检验.

右边检验 $H_0 : \mu \leqslant \mu_0$，$H_1 : \mu > \mu_0$，与双侧假设检验一样，选取相同的检验统计量

$$U = \frac{\overline{X} - \mu_0}{\dfrac{\sigma_0}{\sqrt{n}}},$$

但是，当 H_0 成立时，与双侧检验统计量不同的是，这里的 U 不一定服从标准正态分布，为了构造一个小概率事件 A，取随机变量

$$\tilde{U} = \frac{\overline{X} - \mu}{\dfrac{\sigma_0}{\sqrt{n}}},$$

则 $\tilde{U} \sim N(0,1)$，当 H_0 成立时，还有 $U \leqslant \tilde{U}$. 对给定的显著性水平 α，由标准正态分布表，查得 U_α（见图 7-2），有

$$P\{\tilde{U} \geqslant U_\alpha\} = \alpha.$$

由于 $\{U \geqslant U_\alpha\} \subset \{\tilde{U} \geqslant U_\alpha\}$，由事件运算性质，有

$$P\{U \geqslant U_\alpha\} \leqslant P\{\tilde{U} \geqslant U_\alpha\} = \alpha,$$

这说明 $\{U \geqslant U_\alpha\}$ 是小概率事件，因此 H_0 的拒绝域为

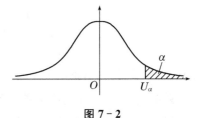

图 7-2

$$W = \{U \geqslant U_\alpha\}, \tag{7-8}$$

由样本值计算出统计量 U 的值 U, 若 $U \geqslant U_\alpha$, 则拒绝 H_0, 否则接受 H_0.

对于**左边检验** $H_0 : \mu \geqslant \mu_0$, $H_1 : \mu < \mu_0$, 类似推导可得 H_0 的拒绝域为

$$W = \{U \leqslant -U_\alpha\}. \tag{7-9}$$

从上面的推导可以看出, 关于方差已知, 对数学期望的单侧检验中所使用的统计量与相应的双侧检验都相同, 只是拒绝域不同而已. 在单侧检验中, 拒绝域中不等式的方向与备择假设 H_1 中的不等式方向一致, 临界值下标中的 $\alpha/2$ 换成 α. 对于其他各种类型的单侧检验, 就不再作详细的推导了, 而通过举例来加以说明.

例 3 某种电池, 要求其使用寿命不得低于 1000 h. 现在从一批这种元件中任取 25 件, 测得其寿命平均值为 950 h, 已知该种元件寿命服从均方差 $\sigma = 100$ h 的正态分布, 问这批元件是否合格($\alpha = 0.05$)?

解 本题为方差已知, 检验电池平均使用寿命是否低于 1000 h, 属于左边检验问题. 根据题设

假设 $H_0 : \mu \geqslant \mu_0 = 1000$, $H_1 : \mu < 1000$.

检验统计量为 $U = \dfrac{\overline{X} - \mu_0}{\sigma_0 / \sqrt{n}}$, 查表得临界值 $u_\alpha = u_{0.05} = 1.645$, 于是由式 (7-9), 得拒绝域为

$$W = \{U \leqslant -U_{0.05} = -1.645\}.$$

将 $\overline{x} = 950$, $\sigma = 100$ 代入求得统计量的观察值为

$$U = \frac{\overline{x} - \mu_0}{\dfrac{\sigma_0}{\sqrt{n}}} = \frac{950 - 1000}{\dfrac{100}{\sqrt{25}}} = -2.5 < -1.645,$$

故拒绝 H_0, 即认为这批电池不合格.

例 4 某种合金弦的抗拉强度 $X \sim N(\mu, \sigma^2)$, 过去经验 $\mu \leqslant 10560 (\text{kg}/\text{cm}^2)$, 今用新工艺生产了一批弦线, 随机取 10 根作抗拉试验, 测得数据如下:

10512　10632　10668　10554　10776　10707　10557　10581　10666　10670

问这批抗拉强度是否提高了($\alpha = 0.05$)?

解　本题为方差未知,判断在新工艺下生产的合金弦抗拉强度是否提高,属于右边检验问题.

假设 $H_0:\mu\leqslant10560,H_1:\mu>10560$.

检验统计量为 $T=\dfrac{\overline{X}-\mu_0}{\dfrac{S}{\sqrt{n}}}$,对显著性水平 α,H_0 的拒绝域为

$$W=\{T\geqslant t_\alpha(n-1)\},$$

查 t 分布表得临界值 $t_\alpha(n-1)=t_{0.05}(9)=1.833$,由样本观察值得

$$\overline{x}=10631.4,S^2=6560.44,$$

$$T=\frac{\overline{x}-\mu_0}{\dfrac{S}{\sqrt{n}}}=\frac{10631.4-10560}{\dfrac{\sqrt{6560.44}}{\sqrt{10}}}=2.788>1.833,$$

故拒绝 H_0,即认为改进工艺后合金弦的抗拉强度有明显提高.

在单侧假设检验问题中,根据题中的检验要求正确地提出原假设 H_0 和备择假设 H_1 是至关重要的一步.习惯上约定:在产品的检验中,取合格的情形为原假设 H_0.如某产品的次品率 p 应不超过 2%,今从一批产品随机取 100 个,有 3 个次品,问这批产品是否合格? 故设 $H_0:p\leqslant0.02,H_1:p>0.02$;在比较工艺的新旧或品种的更新等方面,若检验某个指标有无显著性变化时,取在旧工艺或原品种时的指标为原假设 H_0.如某产品的平均抗拉强度 μ 不超过 $150\,\mathrm{kg/m^2}$,进过技术革新后,问新产品的抗拉强度是否提高了? 此时设原假设为 $H_0,\mu\leqslant150$,备择假设为 $H_1:\mu>150$.所以原假设 H_0 取 $\mu=\mu_0,\mu\leqslant\mu_0,\mu\geqslant\mu_0$ 中的一种情形,而备择假设 H_1 相应为 $\mu\neq\mu_0,\mu>\mu_0,\mu<\mu_0$.

7.2.2　两个正态总体数学期望的假设检验

设有总体 $X\sim N(\mu_1,\sigma_1^2),Y\sim N(\mu_2,\sigma_2^2)$. $X_1,X_2,\cdots,X_{n_1}$ 为来自总体 X 的容量为 n_1 的样本,$\overline{X}$ 和 S_1^2 分别为它的样本均值和样本方差;$Y_1,Y_2,\cdots,Y_{n_2}$ 为来自总体 Y 的容量为 n_2 的样本,$\overline{Y}$ 和 S_2^2 分别为它的样本均值和样本方差.又设两样本相互独立,下面讨论两总体均值和方差的各种假设检验问题.

1. σ_1^2,σ_2^2 已知,检验 $H_0:\mu_1=\mu_2,H_1:\mu_1\neq\mu_2$($U$ 检验)

选取检验统计量

$$U = \frac{\overline{X} - \overline{Y}}{\sqrt{\dfrac{\sigma_1^2}{n_1} + \dfrac{\sigma_2^2}{n_2}}}, \tag{7-10}$$

当 H_0 成立时,$U \sim N(0,1)$. 对给定的显著性水平 α,由标准正态分布表查临界值为 $u_{\alpha/2}$,由于 $P\{|U| \geqslant u_{\alpha/2}\} = \alpha$,这说明在 H_0 成立下,事件 $A = \{|U| \geqslant u_{\alpha/2}\}$ 是一个小概率事件,从而 H_0 的拒绝域为

$$W = \{|U| \geqslant U_{\alpha/2}\}, \tag{7-11}$$

此检验法称为两总体的 U **检验法**.

例 5 设甲、乙两厂生产相同的电子元件,其寿命分别服从正态分布 $N(\mu_1, 84^2), N(\mu_2, 96^2)$,现从两厂生产的产品中分别取 60 只和 70 只,测得甲厂平均寿命为 1295 h,乙厂为 1230 h,能否认为两厂生产的元件寿命无显著差异($\alpha = 0.05$)?

解 设 X 和 Y 分别表示甲、乙两厂生产产品的寿命,由题意,$X \sim N(\mu_1, 84^2), Y \sim N(\mu_2, 96^2)$. 两厂产品寿命是否有显著性差异可表示为检验假设

$$H_0: \mu_1 = \mu_2, \quad H_1: \mu_1 \neq \mu_2.$$

由于方差已知,故用 U 检验法. 已知 $n_1 = 60, n_2 = 70, \overline{X} = 1295, \overline{Y} = 1230, \sigma_1^2 = 84^2, \sigma_2^2 = 96^2$,由此得检验统计量的值为

$$U = \frac{\overline{X} - \overline{Y}}{\sqrt{\dfrac{\sigma_1^2}{n_1} + \dfrac{\sigma_2^2}{n_2}}} = \frac{1295 - 1230}{\sqrt{\dfrac{84^2}{60} + \dfrac{96^2}{70}}} = 4.11,$$

对 $\alpha = 0.05$,查标准正态分布表,得临界值 $U_{\alpha/2} = U_{0.025} = 1.96$. 所以拒绝域为

$$W = \{|U| \geqslant U_{\alpha/2} = 1.96\},$$

由于 $|U| = 4.11 > 1.96$,故拒绝 H_0,即认为两厂生产的灯泡的寿命有显著差异.

2. σ_1^2, σ_2^2 未知,但 $\sigma_1^2 = \sigma_2^2$,检验 $H_0: \mu_1 = \mu_2, H_1: \mu_1 \neq \mu_2$($T$ 检验)

选取检验统计量

$$T = \frac{\overline{X} - \overline{Y}}{S_w \sqrt{\dfrac{1}{n_1} + \dfrac{1}{n_2}}}, \tag{7-12}$$

其中

$$S_w^2 = \frac{(n_1-1)S_1^2 + (n_2-1)S_2^2}{n_1+n_2-2},\qquad (7-13)$$

当 H_0 成立时，$T \sim t(n_1+n_2-2)$. 对给定的显著性水平 α，由 t 分布表查临界值为 $t_{\alpha/2}(n_1+n_2-2)$，由 $P\{|T| \geqslant t_{\alpha/2}(n_1+n_2-2)\} = \alpha$，从而 H_0 的拒绝域为

$$W = \{|T| \geqslant t_{\alpha/2}(n_1+n_2-2)\},\qquad (7-14)$$

此检验法称为两总体的 T **检验法**.

例 6　某种物品在处理前后分别取样本分析其含脂率，得到数据如下：

处理前　0.29　0.18　0.31　0.30　0.36　0.32　0.28　0.12　0.30　0.27

处理后　0.15　0.13　0.09　0.07　0.24　0.19　0.04　0.08　0.20　0.12　0.24

假设处理前后含脂率都服从正态分布且方差不变. 问处理前后的含脂率是否有显著性的变化（$\alpha=0.05$）？

解　设 X 和 Y 分别表示处理前后的含脂率，则 $X \sim N(\mu_1, \sigma^2)$，$Y \sim N(\mu_2, \sigma^2)$，依题意，需检验假设

$$H_0: \mu_1 = \mu_2, H_1: \mu_1 \neq \mu_2.$$

由样本值分别计算出处理前后样本均值和样本方差等数据如下：

$$n_1 = 10, \overline{X} = 0.273, S_1^2 = 0.005,$$

$$n_2 = 11, \overline{Y} = 0.141, S_2^2 = 0.00477,$$

$$S_w = \sqrt{\frac{(n_1-1)S_1^2 + (n_2-1)S_2^2}{n_1+n_2-2}} = \sqrt{\frac{9 \times 0.005 + 10 \times 0.00477}{19}} = 0.00488,$$

拒绝域为

$$W = \{|T| \geqslant t_{0.025}(19) = 2.093\}\},$$

由于统计量的绝对值 $|T| = \left| \dfrac{\overline{X}-\overline{Y}}{S_w\sqrt{\dfrac{1}{n_1}+\dfrac{1}{n_2}}} \right| = \left| \dfrac{0.273-0.141}{\sqrt{0.00488 \times \left(\dfrac{1}{10}+\dfrac{1}{11}\right)}} \right| = 4.3$

$> 2.093,$

所以拒绝 H_0,即认为处理前后的含脂率有显著性的不同.

§7.3　正态总体方差的假设检验

7.3.1　单个正态总体方差的假设检验

1. 已知 μ,检验 $H_0 : \sigma^2 = \sigma_0^2$,$H_1 : \sigma^2 \neq \sigma_0^2$($\chi^2$ 检验)

设总体 $X \sim N(\mu,\sigma^2)$,已知 μ,检验 $H_0 : \sigma^2 = \sigma_0^2$,$H_1 : \sigma^2 \neq \sigma_0^2$,($\sigma_0^2$ 已知)

假设 H_0 为真,$X_1,X_2,\cdots,X_n$ 是来自总体的样本,显然 $X_i \sim N(\mu,\sigma_0^2)$,可以验证 $\dfrac{1}{n} \sum\limits_{i=1}^{n} (X_i - \mu)^2$ 是 σ^2 的无偏估计量,且 $\dfrac{X_i - \mu}{\sigma_0} \sim N(0,1)$. 由于 X_1,

$X_2,\cdots,X_n$ 相互独立,所以 $\sum\limits_{i=1}^{n} \dfrac{(X_i - \mu)^2}{\sigma_0^2} = \dfrac{\sum\limits_{i=1}^{n} (X_i - \mu)^2}{\sigma_0^2} \sim \chi^2(n)$,因此,可以选择检验统计量

$$\chi^2 = \frac{\sum\limits_{i=1}^{n} (x_i - \mu)^2}{\sigma_0^2}. \qquad (7-15)$$

对给定的显著性水平 α,查 χ^2 分布表得临界值 $\chi_{\alpha/2}^2(n)$ 与 $\chi_{1-\alpha/2}^2(n)$,则

$$P(\{\chi^2 \leqslant \chi_{1-\alpha/2}^2(n)\} \bigcup \{\chi^2 \geqslant \chi_{\alpha/2}^2(n)\}) = \alpha,$$

这说明 $\{\chi^2 \leqslant \chi_{1-\alpha/2}^2(n)\} \bigcup \{\chi^2 \geqslant \chi_{\alpha/2}^2(n)\}$ 是小概率事件,因此,H_0 的拒绝域为

$$W = \{\chi^2 \leqslant \chi_{1-\alpha/2}^2(n)\} 或 \{\chi^2 \geqslant \chi_{\alpha/2}^2(n)\} \qquad (7-16)$$

由于这个检验法所用统计量服从 χ^2 分布,所以称为 χ^2 **检验法**.

2. 未知 μ,检验 $H_0 : \sigma^2 = \sigma_0^2$,$H_1 : \sigma^2 \neq \sigma_0^2$($\chi^2$ 检验)

设总体 $X \sim N(\mu,\sigma^2)$,未知 μ,检验 $H_0 : \sigma^2 = \sigma_0^2$,$H_1 : \sigma^2 \neq \sigma_0^2$. ($\sigma_0^2$ 已知)

选择检验统计量

$$\chi^2 = \frac{(n-1)S^2}{\sigma_0^2}, \qquad (7-17)$$

其中 S^2 是样本方差,它是 σ^2 的无偏估计量. 如果在 H_0 成立的条件下,$\chi^2 \sim$

$\chi^2(n-1)$. 所以对给定的显著性水平 α, 查 χ^2 分布表得临界值

$$\chi^2_{\alpha/2}(n-1) \text{与} \chi^2_{1-\alpha/2}(n-1),$$

则 $P(\{\chi^2 \leqslant \chi^2_{1-\alpha/2}(n-1)\} \bigcup \{\chi^2 \geqslant \chi^2_{\alpha/2}(n-1)\}) = \alpha$(图7-3),这说明

$$\{\chi^2 \leqslant \chi^2_{1-\alpha/2}(n-1)\} \bigcup \{\chi^2 \geqslant \chi^2_{\alpha/2}(n-1)\}$$

是小概率事件,因此,H_0 的拒绝域为

$$W = \{\chi^2 \leqslant \chi^2_{1-\alpha/2}(n-1)\} \text{或} \{\chi^2 \geqslant \chi^2_{\alpha/2}(n-1)\}.$$

$$(7-18)$$

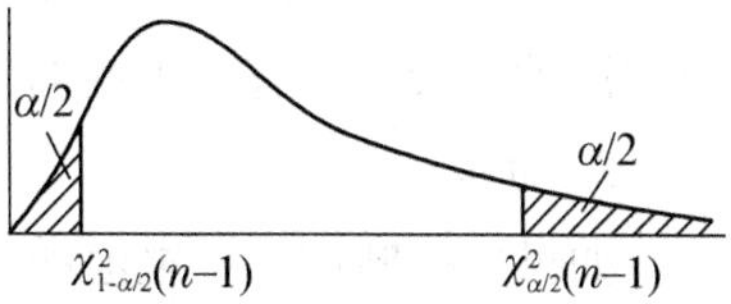

图7-3

由于这个检验法所用统计量服从 χ^2 分布,所以称为 χ^2 **检验法**.

不难看出,如果我们从 χ^2 分布表中查出临界值 $\chi^2_{1-\alpha_1}(n-1)$ 与 $\chi^2_{\alpha_2}(n-1)$ 满足 $P\{\chi^2 \leqslant \chi^2_{1-\alpha_1}(n-1)\} = \alpha_1, P\{\chi^2 \geqslant \chi^2_{\alpha_2}(n-1)\} = \alpha_2$, 那么,只要 $\alpha_1 \geqslant 0, \alpha_2 \geqslant 0$, 且 $\alpha_1 + \alpha_2 = \alpha$, 则事件 $A = \{\chi^2 \leqslant \chi^2_{1-\alpha_1}(n-1)\} \bigcup \{\chi^2 \geqslant \chi^2_{\alpha_2}(n-1)\}$ 仍然是小概率事件,可见对选定不同的 α_1, α_2, 可决定不同的检验法则. 因此,对同一检验统计量,检验法则也是很多的. 我们上面采用 $\alpha_1 = \alpha_2 = \dfrac{\alpha}{2}$ 的形式主要是为查表方便.

例1 电池厂生产某种型号的电池,其使用寿命一直服从正态分布,其中方差 $\sigma_0^2 = 100$(小时^2),某日随机抽取 9 个,测得寿命为(单位:小时)

$$678 \quad 670 \quad 650 \quad 680 \quad 672 \quad 612 \quad 601 \quad 605 \quad 674$$

问能否认为这批电池寿命的波动性较过去有显著的变化($\alpha = 0.05$).

解 由题意知要检验的假设为

$$H_0 : \sigma^2 = \sigma_0^2 = 10^2, H_1 : \sigma^2 \neq \sigma_0^2 = 10^2.$$

因为 μ 未知,用 χ^2 检验法,故统计量为 $\chi^2 = \dfrac{(n-1)S^2}{\sigma_0^2}$.

由样本值计算得 $S^2 = 1125.9$,由此得

$$\chi^2 = \frac{(n-1)S^2}{\sigma_0^2} = \frac{8 \times 1125.9}{10^2} = 90.07,$$

在 H_0 成立的条件下,$\chi^2 \sim \chi^2(n-1)$. 这里 $n=9,\alpha=0.05$,查 χ^2 分布表,有 $\chi^2_{\alpha/2}(n-1)=\chi^2_{0.025}(8)=17.535,\chi^2_{1-\alpha/2}(n-1)=\chi^2_{0.975}(8)=2.180$,即拒绝域 $(0,2.18)$ 或 $(17.535,+\infty)$. 而 90.07 落入拒绝域,故拒绝 H_0,即认为电池寿命的波动性较过去有显著性的变化.

2. 方差的单侧检验

如果要推断例 1 中电池的波动性是否比以往大,或比以往小,这就是方差的单边检验问题.

设总体 $X \sim N(\mu,\sigma^2)$,μ,σ^2 均未知,要做如下两种检验

(1) 右边检验:$H_0:\sigma^2 \leqslant \sigma_0^2,H_1:\sigma^2 > \sigma_0^2$,($\sigma_0^2$ 已知).

(2) 左边检验:$H_0:\sigma^2 \geqslant \sigma_0^2,H_1:\sigma^2 < \sigma_0^2$,($\sigma_0^2$ 已知).

对于方差的单边检验,仍选用统计量 $\chi^2 = \dfrac{(n-1)S^2}{\sigma_0^2}$,在右边检验中,当 H_0 成立时,σ^2 可以比 σ_0^2 小,所以 $\dfrac{(n-1)S^2}{\sigma_0^2} \leqslant \dfrac{(n-1)S^2}{\sigma^2}$,于是,对于给定的 α,有

$$P\left\{\frac{(n-1)S^2}{\sigma_0^2} > \chi^2_\alpha(n-1)\right\} \leqslant P\left\{\frac{(n-1)S^2}{\sigma^2} > \chi^2_\alpha(n-1)\right\} = \alpha, \quad (7-19)$$

即有

$$P\left\{\frac{(n-1)S^2}{\sigma_0^2} > \chi^2_\alpha(n-1)\right\} = \alpha, \quad (7-20)$$

从而得 σ^2 的拒绝域为

$$W = \left\{\chi^2\, \frac{(n-1)S^2}{\sigma_0^2} > \chi^2_\alpha(n-1)\right\}. \quad (7-21)$$

同理对于左边检验,其拒绝域为

$$W = \left\{\chi^2\, \frac{(n-1)S^2}{\sigma_0^2} < \chi^2_{1-\alpha}(n-1)\right\}. \quad (7-22)$$

例 2 例 1 中本批电池寿命的波动性是否比以往各批大?

解 按题意检验假设 $H_0:\sigma^2 \leqslant 10^2$;$H_1:\sigma^2 > 10^2$.

由于 $S^2=1125.9,n=9,\chi^2 = \dfrac{(n-1)S^2}{\sigma_0^2} = \dfrac{8 \times 1125.9}{10^2} = 90.07$, 查表得

临界值 $\chi_a^2(n-1)=\chi_{0.05}^2(8)=15.507$，所以拒绝域为 $(15.507,+\infty)$，而 90.07 >15.507，故拒绝 H_0，即认为这批电池寿命波动性显著地大于以往各批.

7.3.2　两个正态总体方差的假设检验

这里只讨论两个总体均值均未知的情形.

未知 μ_1,μ_2，检验 $H_0:\sigma_1^2=\sigma_2^2$，$H_1:\sigma_1^2\neq\sigma_2^2$.

选取检验统计量

$$F=\frac{S_1^2}{S_2^2},\tag{7-23}$$

当 H_0 成立时，$F\sim F(n_1-1,n_2-1)$. 对显著性水平 α，查 F 分布表，得

$$F_{1-\alpha/2}(n_1-1,n_2-1),F_{\alpha/2}(n_1-1,n_2-1),$$

可使

$$P[\{F\leqslant F_{1-\alpha/2}(n_1-1,n_2-1)\}\bigcup\{F\geqslant F_{\alpha/2}(n_1-1,n_2-1)\}]=\alpha,$$

从而可得 H_0 的拒绝域为

$$W=\{F\leqslant F_{1-\alpha/2}(n_1-1,n_2-1)\}\bigcup\{F\geqslant F_{\alpha/2}(n_1-1,n_2-1)\},\tag{7-24}$$

该检验法称为两总体的 F **检验法**. 对两总体方差是否相等的检验又称为**方差齐性检验**.

例 3　两台机床加工同一种零件，分别取 5 个和 6 个零件，量其长度得 $S_1^2=0.368$，$S_2^2=4.331$，假设零件长度服从正态分布，问是否可认为两台机床加工的零件长度的方差无显著差异（$\alpha=0.05$）？

解　根据题设，需检验假设 $H_0:\sigma_1^2=\sigma_2^2$；$H_1:\sigma_1^2\neq\sigma_2^2$，由给定的样本值得 $n_1=5,n_2=6$，统计量的值为

$$F=\frac{S_1^2}{S_2^2}=\frac{0.368}{4.331}=0.085,$$

查 F 分布表得　　$F_{\alpha/2}(n_1-1,n_2-1)=F_{0.025}(4,5)=7.39,$

$$F_{1-\alpha/2}(n_1-1,n_2-1)=F_{0.975}(4,5)=\frac{1}{F_{0.025}(5,4)}=\frac{1}{9.36}=0.107,$$

故拒绝域为

$$W=\{F\leqslant 0.107\}\bigcup\{F\geqslant 7.39\},$$

因 $\qquad F=0.085<0.107=F_{1-\alpha/2}$，

样本观测值在拒绝域内，故拒绝 H_0，即在水平 $\alpha=0.05$ 下认为两个总体的方差有显著差异.

在实际问题中我们有时会遇到两个正态总体均值与方差均未知，但还要求比较两总体均值是否有差异的情况. 当两个总体满足方差齐性时，可用 7.2 节介绍的 σ_1^2,σ_2^2 未知，但 $\sigma_1^2=\sigma_2^2$ 的假设检验的方法进行假设检验. 对于不知道方差是否满足齐性的情形，首先应用 F 检验法作方差齐性检验，如果经检验接受方差相等这一假设，我们才能再运用 T 检验法检验它们均值之间的关系. 下面举例说明这类问题的检验方法.

例 4　测得两批电子器件的样本的电阻(单位：Ω)为

A 批：0.140　0.138　0.143　0.142　0.144　0.137

B 批：0.135　0.140　0.142　0.136　0.138　0.140

这两批器材的电阻值分别服从正态分布 $N(\mu_1,\sigma_1^2),N(\mu_2,\sigma_2^2)$，且两样本独立，试问这两批电子器材的电阻值是否有显著性差异($\alpha=0.05$)？

解　判断两批电子器材的电阻值是否有显著性差异，就需要检验

$$H_0:\mu_1=\mu_2,H_1:\mu_1\neq\mu_2,$$

但要选取式(6-12)的检验统计量时，前提是 $\sigma_1^2=\sigma_2^2$ 必须成立. 而题中并不知道两总体的方差是否相等. 因此，首先需检验

$$H_0':\sigma_1^2=\sigma_2^2,H_1':\sigma_1^2\neq\sigma_2^2.$$

选取 $F=\dfrac{S_1^2}{S_2^2}$ 为检验统计量，$n_1=n_2=6$，由给定的样本值得 $S_1^2=7.87\times10^{-6}$，$S_2^2=7.1\times10^{-6}$. 统计量 F 的值为

$$F=\frac{S_1^2}{S_2^2}=\frac{7.87\times10^{-6}}{7.1\times10^{-6}}=1.0803,$$

由 $\alpha=0.05$，得临界值 $F_{\alpha/2}(n_1-1,n_2-1)=F_{0.025}(5,5)=7.15$，

$$F_{1-\alpha/2}(n_1-1,n_2-1)=F_{0.975}(5,5)=\frac{1}{F_{0.025}(5,5)}=\frac{1}{7.15}=0.1399,$$

拒绝域为

$$W = \{F \leqslant 0.1399\} \bigcup \{F \geqslant 7.15\},$$

由于 $0.1399 < 1.0803 < 7.15$，故接受 H_0'，即认为两总体方差相等.

下面检验假设 $H_0 : \mu_1 = \mu_2, H_1 : \mu_1 \neq \mu_2$.

为此，取检验统计量 $T = \dfrac{\overline{X} - \overline{Y}}{S_w \sqrt{\dfrac{1}{n_1} + \dfrac{1}{n_2}}}$，其中 $S_w = \sqrt{\dfrac{(n_1-1)S_1^2 + (n_2-1)S_2^2}{n_1 + n_2 - 2}}$，

由给定的样本值计算各统计量的值为

$$\overline{x} = 0.1407, \overline{y} = 0.1385, S_w = \sqrt{\dfrac{5 \times 7.87 \times 10^{-6} + 5 \times 7.1 \times 10^{-6}}{10}} = 0.002718,$$

$$T = \dfrac{\overline{x} - \overline{y}}{S_w \sqrt{\dfrac{1}{n_1} + \dfrac{1}{n_2}}} = \dfrac{0.1407 - 0.1385}{0.002718 \times \sqrt{\dfrac{1}{6} + \dfrac{1}{6}}} = 1.402.$$

对给定的 $\alpha = 0.05$，查 t 分布表得临界值 $t_{\alpha/2}(n_1 + n_2 - 2) = t_{0.025}(10) = 2.228$. 因 $1.402 < 2.228$，所以接受 H_0，即认为两批电子器材的电阻值无显著性差异.

习 题 七

一、填空题

1. 设总体 X 服从正态分布 $N(\mu, \sigma^2)$，$X_1, X_2, \cdots, X_n$ 是来自总体的样本，记 $\overline{X} = \dfrac{1}{n} \sum\limits_{i=1}^{n} X_i, Q^2 = \sum\limits_{i=1}^{n} (X_i - \overline{X})^2$，当 μ, σ^2 未知时，则

(1) 检验假设 $H_0 : \mu = \mu_0$ 所使用的统计量是＿＿＿＿＿＿；

(2) 检验假设 $H_0 : \sigma = \sigma_0$ 所使用的统计量是＿＿＿＿＿＿.

2. 某种产品以往的废品率为 5%，采用某种技术革新后，对产品的样本进行检验，以确定产品的废品率是否降低，取显著水平 $\alpha = 5\%$，则此问题的原假设 H_0：＿＿＿＿＿＿，备择假设 H_1：＿＿＿＿＿＿，犯第一类错误的概率是＿＿＿＿＿＿.

3. 设总体 X 服从正态分布 $N(\mu, \sigma^2)$，方差未知，对假设 $H_0 : \mu = \mu_0, H_1$：

$\mu \neq \mu_0$ 通常采取的统计量是 _____ ,服从 _____ 分布,自由度是_____.

4. 设总体 X 和 Y 独立,且 $X \sim N(\mu_1, \sigma_1^2)$,$Y \sim N(\mu_2, \sigma_2^2)$,$\mu_1, \mu_2, \sigma_1^2, \sigma_2^2$ 均未知,分别从 X 和 Y 得到容量为 n_1 和 n_2 的样本,其样本均值分别为 $\overline{X}$ 和 $\overline{Y}$,样本方差分别为 S_1^2 和 S_2^2,对假设 $H_0: \sigma_1^2 = \sigma_2^2$;$H_1: \sigma_1^2 \neq \sigma_2^2$ 进行假设检验时,通常采用的统计量是 _____ ,其自由度是 _____ .

5. 设总体 X 服从正态分布 $N(\mu, \sigma^2)$,$X_1, X_2, \cdots, X_n$ 是来自总体的样本,方差为已知常数,要检验假设 $H_0: \mu = \mu_0$(μ_0 为已知常数),所使用的统计量是 _____ ,当 H_0 成立时,该统计量服从 _____ 分布.

6. t 检验中,统计量 $t = \dfrac{\overline{X} - \mu_0}{S/\sqrt{n}}$,若检验假设 $H_0: \mu = \mu_0$;$H_1: \mu \neq \mu_0$,则拒绝域为 _____ ;若检验假设 $H_0: \mu \leqslant \mu_0$;$H_1: \mu > \mu_0$,则拒绝域为 _____ .

二、计算题

1. 设某产品的质量指标 $X \sim N(\mu, 150^2)$. 今随机抽查 26 个,测得该指标的平均值为 1637. 问在 5% 的显著水平下,能否认为这批产品质量指标的平均值为 1600?

2. 某仪器间接测温度,重复 5 次,得数据为(℃):1250　1265　1245　1260　1275. 而用别的精确方法测得温度为 1277 ℃(可视为温度的真值). 试问此仪器间接测量温度有无系统偏差,即检测测量温度的均值是否为 1277 ℃.($\alpha = 0.05$)

3. 有 A, B 两个实验室,每天同时从工厂的冷却水中抽样检验水中含氯量(ppm),下面是 7 天的实验记录:

A 实验室:1.15　1.86　0.75　1.82　1.14　1.65　1.90

B 实验室:1.00　1.90　0.90　1.80　1.20　1.70　1.95

设两天测定值都服从正态分布,且方差相等. 问 A, B 两实验室测定值之间有无显著性差异(设 $\alpha = 0.01$).

4. 某厂生产的一种产品,它的强度(单位:kg/mm²) $X \sim N(52.8, 0.54)$.

为了提高产品的质量,进行工艺改革,希望平均强度比原来的有所提高,而方差保持不变或者变小. 今从工艺改革后的产品中随机抽得 9 件产品,测得其强度值为:

　　　53.9　54.0　53.7　54.1　53.2　53.3　52.3　54.1　54.7

问改革后新产品强度的方差是否为所希望的($\alpha=0.05$)?

5. 有甲乙两台机床加工同样产品,从这两台机床加工的产品中随机抽取样品,测得直径(mm)为:

甲:20.5　19.8　19.7　20.4　20.1　20.0　19.6　19.9

乙:19.7　20.8　20.5　19.8　19.4　20.6　19.2

假定甲乙机床产品直径都服从正态分布,比较甲乙机床加工精度有无显著差异($\alpha=0.05$).

三、考研试题

1. 设某次考试的考生成绩服从正态分布,从中随机地抽取 36 位考生的成绩,算得平均成绩为 66.5,标准差为 15 分,问在显著性水平 0.05 下,是否可以认为这次考试全体考生的平均成绩为 70 分? 并给出检验过程.

附表:t 分布表:

$$P\{t(n)\leqslant t_p(n)\}=p$$

$t_p(n)$　　p　　　n	0.95	0.975
35	1.6896	2.0301
36	1.6883	2.0281

2. 设 $X_1,\cdots,X_n$ 是来自正态总体 $N(\mu,\sigma^2)$ 的简单随机样本,其中参数 μ, σ^2 未知. 记

$$\overline{X}=\frac{1}{n}\sum_{i=1}^{n}X_i,\quad Q^2=\sum_{i=1}^{n}(X_i-\overline{X})^2,$$

则假设 $H_0:\mu=0$ 的 t 检验使用的统计量 t _____.

附表

附表 1　泊松分布函数表

$$P(X \leq k) = \sum_{i=0}^{k} \frac{\lambda^i}{i!} e^{-\lambda}$$

λ	0	1	2	3	4	5	6	7	8
0.1	0.905	0.995	1.000						
0.2	0.819	0.982	0.999	1.000					
0.3	0.741	0.963	0.996	1.000					
0.4	0.670	0.938	0.992	0.999	1.000				
0.5	0.607	0.910	0.986	0.998	1.000				
0.6	0.549	0.878	0.977	0.997	1.000				
0.7	0.497	0.844	0.966	0.994	0.999	1.000			
0.8	0.449	0.809	0.953	0.991	0.999	1.000			
0.9	0.407	0.772	0.937	0.987	0.998	1.000			
1.0	0.368	0.736	0.920	0.981	0.996	0.999	1.000		
1.1	0.333	0.699	0.900	0.974	0.995	0.999	1.000		
1.2	0.301	0.663	0.879	0.966	0.992	0.998	1.000		
1.3	0.273	0.627	0.857	0.957	0.989	0.998	1.000		
1.4	0.247	0.592	0.833	0.946	0.986	0.997	0.999	1.000	
1.5	0.223	0.558	0.809	0.934	0.981	0.996	0.999	1.000	
1.6	0.202	0.525	0.783	0.921	0.976	0.994	0.999	1.000	
1.7	0.183	0.493	0.757	0.907	0.970	0.992	0.998	1.000	
1.8	0.165	0.463	0.731	0.891	0.964	0.990	0.997	0.999	1.000
1.9	0.150	0.434	0.704	0.875	0.956	0.987	0.997	0.999	1.000
2.0	0.135	0.406	0.677	0.857	0.947	0.983	0.995	0.999	1.000

λ	0	1	2	3	4	5	6	7	8	9	10	11	12
2.1	0.122	0.380	0.650	0.839	0.938	0.980	0.994	0.999	1.000				
2.2	0.111	0.355	0.623	0.819	0.928	0.975	0.993	0.998	1.000				
2.3	0.100	0.331	0.596	0.799	0.916	0.970	0.991	0.997	0.999	1.000			
2.4	0.091	0.308	0.570	0.779	0.904	0.964	0.988	0.997	0.999	1.000			
2.5	0.082	0.287	0.544	0.758	0.891	0.958	0.986	0.996	0.999	1.000			
2.6	0.074	0.267	0.518	0.736	0.877	0.951	0.983	0.995	0.999	1.000			
2.7	0.067	0.249	0.494	0.714	0.863	0.943	0.979	0.993	0.998	0.999	1.000		
2.8	0.061	0.231	0.469	0.692	0.848	0.935	0.976	0.992	0.998	0.999	1.000		
2.9	0.055	0.215	0.446	0.670	0.832	0.926	0.971	0.990	0.997	0.999	1.000		
3.0	0.050	0.199	0.423	0.647	0.815	0.916	0.966	0.988	0.996	0.999	1.000		
3.1	0.045	0.185	0.401	0.625	0.798	0.906	0.961	0.986	0.995	0.999	1.000		
3.2	0.041	0.171	0.380	0.603	0.781	0.895	0.955	0.983	0.994	0.998	1.000		
3.3	0.037	0.159	0.359	0.580	0.763	0.883	0.949	0.980	0.993	0.998	0.999	1.000	
3.4	0.033	0.147	0.340	0.558	0.744	0.871	0.942	0.977	0.992	0.997	0.999	1.000	
3.5	0.030	0.136	0.321	0.537	0.725	0.858	0.935	0.973	0.990	0.997	0.999	1.000	
3.6	0.027	0.126	0.303	0.515	0.706	0.844	0.927	0.969	0.988	0.996	0.999	1.000	
3.7	0.025	0.116	0.285	0.494	0.687	0.830	0.918	0.965	0.986	0.995	0.998	1.000	
3.8	0.022	0.107	0.269	0.473	0.668	0.816	0.909	0.960	0.984	0.994	0.998	0.999	1.000
3.9	0.020	0.099	0.253	0.453	0.648	0.801	0.899	0.955	0.981	0.993	0.998	0.999	1.000
4.0	0.018	0.092	0.238	0.433	0.629	0.785	0.889	0.949	0.979	0.992	0.997	0.999	1.000

续表

λ	\(k\) 0	1	2	3	4	5	6	7	8	9	10	11	12	13	14
5	0.007	0.040	0.125	0.265	0.440	0.616	0.762	0.867	0.932	0.968	0.986	0.995	0.998	0.999	1.000
6	0.002	0.017	0.062	0.151	0.285	0.446	0.606	0.744	0.847	0.916	0.957	0.980	0.991	0.996	0.999
7	0.001	0.007	0.030	0.082	0.173	0.301	0.450	0.599	0.729	0.830	0.901	0.947	0.973	0.987	0.994
8	0.000	0.003	0.014	0.042	0.100	0.191	0.313	0.453	0.593	0.717	0.816	0.888	0.936	0.966	0.983
9	0.000	0.001	0.006	0.021	0.055	0.116	0.207	0.324	0.456	0.587	0.706	0.803	0.876	0.926	0.959
10	0.000	0.000	0.003	0.010	0.029	0.067	0.130	0.220	0.333	0.458	0.583	0.697	0.792	0.864	0.917
11	0.000	0.000	0.001	0.005	0.015	0.038	0.079	0.143	0.232	0.341	0.460	0.579	0.689	0.781	0.854
12	0.000	0.000	0.001	0.002	0.008	0.020	0.046	0.090	0.155	0.242	0.347	0.462	0.576	0.682	0.772
13	0.000	0.000	0.000	0.001	0.004	0.011	0.026	0.054	0.100	0.166	0.252	0.353	0.463	0.573	0.675
14	0.000	0.000	0.000	0.000	0.002	0.006	0.014	0.032	0.062	0.109	0.176	0.260	0.358	0.464	0.570
15	0.000	0.000	0.000	0.000	0.001	0.003	0.008	0.018	0.037	0.070	0.118	0.185	0.268	0.363	0.466

λ	\(k\) 15	16	17	18	19	20	21	22	23	24	25	26	27	28	29
6	1.000														
7	0.998	0.999	1.000												
8	0.992	0.996	0.998	0.999	1.000										
9	0.978	0.989	0.995	0.998	0.999	1.000									
10	0.951	0.973	0.986	0.993	0.997	0.998	0.999								
11	0.907	0.944	0.968	0.982	0.991	0.995	0.998	0.999							
12	0.844	0.899	0.937	0.963	0.979	0.988	0.994	0.997	0.999						
13	0.764	0.835	0.890	0.930	0.957	0.975	0.986	0.992	0.996	0.998					
14	0.669	0.756	0.827	0.883	0.923	0.952	0.971	0.983	0.991	0.995	0.997	0.999			
15	0.568	0.664	0.749	0.819	0.875	0.917	0.947	0.967	0.981	0.989	0.994	0.997	0.998	0.999	1.000

附表 2　标准正态分布函数数值表

$$\Phi(u) = \frac{1}{\sqrt{2\pi}} \int_{-\infty}^{u} e^{-\frac{x^2}{2}} \, dx$$

u	0.00	0.01	0.02	0.03	0.04	0.05	0.06	0.07	0.08	0.09
0.0	0.500 0	0.504 0	0.508 0	0.512 0	0.516 0	0.519 9	0.523 9	0.527 9	0.531 9	0.535 9
0.1	0.539 8	0.543 8	0.547 8	0.551 7	0.555 7	0.559 6	0.563 6	0.567 5	0.571 4	0.575 3
0.2	0.579 3	0.583 2	0.587 1	0.591 0	0.594 8	0.598 7	0.602 6	0.606 4	0.610 3	0.614 1
0.3	0.617 9	0.621 7	0.625 5	0.629 3	0.633 1	0.636 8	0.640 6	0.644 3	0.648 0	0.651 7
0.4	0.655 4	0.659 1	0.662 8	0.666 4	0.670 0	0.673 6	0.677 2	0.680 8	0.684 4	0.687 9
0.5	0.691 5	0.695 0	0.698 5	0.701 9	0.705 4	0.708 8	0.712 3	0.715 7	0.719 0	0.722 4
0.6	0.725 7	0.729 1	0.732 4	0.735 7	0.738 9	0.742 2	0.745 4	0.748 6	0.751 7	0.754 9
0.7	0.758 0	0.761 1	0.764 2	0.767 3	0.770 3	0.773 4	0.776 4	0.779 4	0.782 3	0.785 2
0.8	0.788 1	0.791 0	0.793 9	0.796 7	0.799 5	0.802 3	0.805 1	0.807 8	0.810 6	0.813 3
0.9	0.815 9	0.818 6	0.821 2	0.823 8	0.826 4	0.828 9	0.831 5	0.834 0	0.836 5	0.838 9
1.0	0.841 3	0.843 8	0.846 1	0.848 5	0.850 8	0.853 1	0.855 4	0.857 7	0.859 9	0.862 1
1.1	0.864 3	0.866 5	0.868 6	0.870 8	0.872 9	0.874 9	0.877 0	0.879 0	0.881 0	0.883 0
1.2	0.884 9	0.886 9	0.888 8	0.890 7	0.892 5	0.894 4	0.896 2	0.898 0	0.899 7	0.901 5

续表

u / $\Phi(u)$	0.00	0.01	0.02	0.03	0.04	0.05	0.06	0.07	0.08	0.09
1.3	0.903 2	0.904 9	0.906 6	0.908 2	0.909 9	0.911 5	0.913 1	0.914 7	0.916 2	0.917 7
1.4	0.919 2	0.920 7	0.922 2	0.923 6	0.925 1	0.926 5	0.927 8	0.929 2	0.930 6	0.931 9
1.5	0.933 2	0.934 5	0.935 7	0.937 0	0.938 2	0.939 4	0.940 6	0.941 8	0.943 0	0.944 1
1.6	0.945 2	0.946 3	0.947 4	0.948 4	0.949 5	0.950 5	0.951 5	0.952 5	0.953 5	0.954 5
1.7	0.955 4	0.956 4	0.957 3	0.958 2	0.959 1	0.959 9	0.960 8	0.961 6	0.962 5	0.963 3
1.8	0.964 1	0.964 8	0.965 6	0.966 4	0.967 1	0.967 8	0.968 6	0.969 3	0.970 0	0.970 6
1.9	0.971 3	0.971 9	0.972 6	0.973 2	0.973 8	0.974 4	0.975 0	0.975 6	0.976 2	0.976 7
2.0	0.977 2	0.977 8	0.978 3	0.978 8	0.979 3	0.979 8	0.980 3	0.980 8	0.981 2	0.981 7
2.1	0.982 1	0.982 6	0.983 0	0.983 4	0.983 8	0.984 2	0.984 6	0.985 0	0.985 4	0.985 7
2.2	0.986 1	0.986 4	0.986 8	0.987 1	0.987 4	0.987 8	0.988 1	0.988 4	0.988 7	0.989 0
2.3	0.989 3	0.989 6	0.989 8	0.990 1	0.990 4	0.990 6	0.990 9	0.991 1	0.991 3	0.991 6
2.4	0.991 8	0.992 0	0.992 2	0.992 5	0.992 7	0.992 9	0.993 1	0.993 2	0.993 4	0.993 6
2.5	0.993 8	0.994 0	0.994 1	0.994 3	0.994 5	0.994 6	0.994 8	0.994 9	0.995 1	0.995 2
2.6	0.995 3	0.995 5	0.995 6	0.995 7	0.995 9	0.996 0	0.996 1	0.996 2	0.996 3	0.996 4
2.7	0.996 5	0.996 6	0.996 7	0.996 8	0.996 9	0.997 0	0.997 1	0.997 2	0.997 3	0.997 4
2.8	0.997 4	0.997 5	0.997 6	0.997 7	0.997 7	0.997 8	0.997 9	0.997 9	0.998 0	0.998 1
2.9	0.998 1	0.998 2	0.998 2	0.998 3	0.998 4	0.998 4	0.998 5	0.998 5	0.998 6	0.998 6
3.0	0.998 7	0.999 0	0.999 3	0.999 5	0.999 7	0.999 8	0.999 8	0.999 9	0.999 9	1.000 0

注:本表最后一行自左至右依次是 $\Phi(3.0),\cdots,\Phi(3.9)$ 的值.

附表 3　χ² 分布临界值表

$$P\{\chi^2(n) > \chi^2_\alpha(n)\} = \alpha$$

α \ n	0.995	0.99	0.975	0.95	0.90	0.75	0.25	0.10	0.05	0.025	0.01	0.005
1			0.001	0.004	0.016	0.102	1.323	2.706	3.841	5.024	6.635	7.879
2	0.010	0.020	0.051	0.103	0.211	0.575	2.773	4.605	5.991	7.378	9.210	10.597
3	0.072	0.115	0.216	0.352	0.584	1.213	4.108	6.251	7.815	9.348	11.345	12.838
4	0.207	0.297	0.484	0.711	1.064	1.923	5.385	7.779	9.488	11.143	13.277	14.860
5	0.412	0.554	0.831	1.145	1.610	2.675	6.626	9.236	11.071	12.833	15.086	16.750
6	0.676	0.872	1.237	1.635	2.204	3.455	7.841	10.645	12.592	14.449	16.812	18.548
7	0.989	1.239	1.690	2.167	2.833	4.255	9.037	12.017	14.067	16.013	18.475	20.278
8	1.344	1.646	2.180	2.733	3.490	5.071	10.219	13.362	15.507	17.535	20.090	21.955
9	1.735	2.088	2.700	3.325	4.168	5.899	11.389	14.684	16.919	19.023	21.666	23.589
10	2.156	2.558	3.247	3.940	4.865	6.737	12.549	15.987	18.307	20.483	23.209	25.188
11	2.603	3.053	3.816	4.575	5.578	7.584	13.701	17.275	19.675	21.920	24.725	26.757
12	3.074	3.571	4.404	5.226	6.304	8.438	14.845	18.549	21.026	23.337	26.217	28.299
13	3.565	4.107	5.009	5.892	7.042	9.299	15.984	19.812	22.362	24.736	27.688	29.819
14	4.075	4.660	5.629	6.571	7.790	10.165	17.117	21.064	23.685	26.119	29.141	31.319
15	4.601	5.229	6.262	7.261	8.547	11.037	18.245	22.307	24.996	27.488	30.578	32.801
16	5.142	5.812	6.908	7.962	9.312	11.912	19.369	23.542	26.296	28.845	32.000	34.267

续表

自由度 α	0.995	0.99	0.975	0.95	0.90	0.75	0.25	0.10	0.05	0.025	0.01	0.005
17	5.697	6.408	7.564	8.672	10.085	12.792	20.489	24.769	27.587	30.191	33.409	35.718
18	6.265	7.015	8.213	9.390	10.865	13.675	21.605	25.989	28.869	31.526	34.805	37.156
19	6.844	7.633	8.907	10.117	11.651	14.562	22.718	27.204	30.144	32.852	36.191	38.582
20	7.434	8.260	9.591	10.851	12.443	15.452	23.828	28.412	31.410	34.170	37.566	39.997
21	8.034	8.897	10.283	11.591	13.240	16.344	24.935	29.615	32.671	35.479	38.932	41.401
22	8.643	9.542	10.982	12.338	14.042	17.240	26.039	30.813	33.924	36.781	40.289	42.796
23	9.260	10.196	11.689	13.091	14.848	18.137	27.141	32.007	35.172	38.076	41.638	44.181
24	9.886	10.856	12.401	13.848	15.659	19.037	28.241	33.196	36.415	39.364	42.980	45.559
25	10.520	11.524	13.120	14.611	16.473	19.939	29.339	34.382	37.652	40.646	44.314	46.928
26	11.160	12.198	13.844	15.379	17.292	20.843	30.435	35.563	38.885	41.923	45.642	48.290
27	11.808	12.879	14.573	16.151	18.114	21.749	31.528	36.741	40.113	43.194	46.963	49.645
28	12.461	13.565	15.308	16.928	18.939	22.657	32.620	37.916	41.337	44.461	48.278	50.993
29	13.121	14.257	16.047	17.708	19.768	23.567	33.711	39.087	42.557	45.722	49.588	52.336
30	13.787	14.954	16.791	18.493	20.599	24.478	34.800	40.256	43.773	46.979	50.892	53.672
31	14.458	15.655	17.539	19.281	21.434	25.390	35.887	41.422	44.985	48.232	52.191	55.003
32	15.134	16.362	18.291	20.072	22.271	26.304	36.973	42.585	46.194	49.480	53.486	56.328
33	15.815	17.074	19.047	20.867	23.110	27.219	38.058	43.745	47.400	50.725	54.776	57.648
34	16.501	17.789	19.806	21.664	23.952	28.136	39.141	44.903	48.602	51.966	56.061	58.964
35	17.192	18.509	20.569	22.465	24.797	29.054	40.223	46.059	49.802	53.203	57.342	60.275
36	17.887	19.233	21.336	23.269	25.643	29.973	41.304	47.212	50.998	54.437	58.619	61.581
37	18.586	19.960	22.106	24.075	26.492	30.893	42.383	48.363	52.192	55.668	59.892	62.883
38	19.289	20.691	22.878	24.884	27.343	31.815	43.462	49.513	53.384	56.896	61.162	64.181
39	19.996	21.426	23.654	25.695	28.196	32.737	44.539	50.660	54.572	58.120	62.428	65.476
40	20.707	22.164	24.433	26.509	29.051	33.660	45.616	51.805	55.758	59.342	63.691	66.766

附表 4 t-分布临界值表

$$P\{t(n)>t_\alpha(n)\}$$

n \ α	0.25	0.10	0.05	0.025	0.01	0.005
1	1.000 0	3.077 7	6.313 8	12.706 2	31.820 7	63.657 4
2	0.816 5	1.885 6	2.920 0	4.320 7	6.964 6	9.924 8
3	0.764 9	1.637 7	2.353 4	3.182 4	4.540 7	5.840 9
4	0.740 7	1.533 2	2.131 8	2.776 4	3.746 9	4.604 1
5	0.726 7	1.475 9	2.015 0	2.570 6	3.364 9	4.032 2
6	0.717 6	1.439 8	1.943 2	2.446 9	3.142 7	3.707 4
7	0.711 1	1.414 9	1.894 6	2.364 6	2.998 0	3.499 5
8	0.706 4	1.396 8	1.859 5	2.306 0	2.896 5	3.355 4
9	0.702 7	1.383 0	1.833 1	2.262 2	2.821 4	3.249 8
10	0.699 8	1.372 2	1.812 5	2.228 1	2.763 8	3.169 3
11	0.697 4	1.363 4	1.795 9	2.201 0	2.718 1	3.105 8
12	0.695 5	1.356 2	1.782 3	2.178 8	2.681 0	3.054 5

续表

k \ α (t_α)	0.25	0.10	0.05	0.025	0.01	0.005
13	0.6938	1.3502	1.7709	2.1604	2.6503	3.0123
14	0.6924	1.3450	1.7613	2.1448	2.6245	2.9768
15	0.6912	1.3406	1.7531	2.1315	2.6025	2.9467
16	0.6901	1.3368	1.7459	2.1199	2.5835	2.9028
17	0.6892	1.3334	1.7396	2.1098	2.5669	2.8982
18	0.6884	1.3304	1.7341	2.1009	2.5524	2.8784
19	0.6876	1.3277	1.7291	2.0930	2.5395	2.8609
20	0.6870	1.3253	1.7247	2.0860	2.5280	2.8453
21	0.6864	1.3232	1.7207	2.0796	2.5177	2.8314
22	0.6858	1.3212	1.7171	2.0739	2.5083	2.8188
23	0.6853	1.3195	1.7139	2.0687	2.4999	2.8073
24	0.6848	1.3178	1.7109	2.0639	2.4922	2.7969
25	0.6844	1.3163	1.7081	2.0595	2.4851	2.7874
26	0.6840	1.3150	1.7056	2.0555	2.4786	2.7787
27	0.6837	1.3137	1.7033	2.0518	2.4727	2.7707
28	0.6834	1.3125	1.7011	2.0484	2.4671	2.7633
29	0.6830	1.3114	1.6991	2.0452	2.4620	2.7564
30	0.6828	1.3104	1.6973	2.0423	2.4573	2.7500

附表 5　F 分布表临界值

$$P\{F(n_1,n_2) > F_\alpha(n_1,n_2)\} = \alpha$$

$$\alpha = 0.10$$

n_1 \ n_2	1	2	3	4	5	6	7	8	9	10	12	15	20	24	30	40	60	120	∞
1	39.86	49.50	53.59	55.83	57.24	58.20	58.91	59.44	59.86	60.19	60.71	61.22	61.74	62.00	62.26	62.53	62.79	63.06	63.33
2	8.53	9.00	9.16	9.24	9.29	9.33	9.35	9.37	9.38	9.39	9.41	9.42	9.44	9.45	9.46	9.47	9.47	9.48	9.49
3	5.54	5.46	5.39	5.34	5.31	5.28	5.27	5.25	5.24	5.23	5.22	5.20	5.18	5.18	5.17	5.16	5.15	5.14	5.13
4	4.54	4.32	4.19	4.11	4.05	4.01	3.98	3.95	3.94	3.92	3.90	3.87	3.84	3.83	3.82	3.80	3.79	3.78	3.76
5	4.06	3.78	3.62	3.52	3.45	3.40	3.37	3.34	3.32	3.30	3.27	3.24	3.21	3.19	3.17	3.16	3.14	3.12	3.10
6	3.78	3.46	3.29	3.18	3.11	3.05	3.01	2.98	2.96	2.94	2.90	2.87	2.84	2.82	2.80	2.78	2.76	2.74	2.72
7	3.59	3.26	3.07	2.96	2.88	2.83	2.78	2.75	2.72	2.70	2.67	2.63	2.59	2.58	2.56	2.54	2.51	2.49	2.47
8	3.46	3.11	2.92	2.81	2.73	2.67	2.62	2.59	2.56	2.54	2.50	2.46	2.42	2.40	2.38	2.36	2.34	2.32	2.29
9	3.36	3.01	2.81	2.69	2.61	2.55	2.51	2.47	2.44	2.42	2.38	2.34	2.30	2.28	2.25	2.23	2.21	2.18	2.16
10	3.28	2.92	2.73	2.61	2.52	2.46	2.41	2.38	2.35	2.32	2.28	2.24	2.20	2.18	2.16	2.13	2.11	2.08	2.06
11	3.23	2.86	2.66	2.54	2.45	2.39	2.34	2.30	2.27	2.25	2.21	2.17	2.12	2.10	2.08	2.05	2.03	2.00	1.97
12	3.18	2.81	2.61	2.48	2.39	2.33	2.28	2.24	2.21	2.19	2.15	2.10	2.06	2.04	2.01	1.99	1.96	1.93	1.90
13	3.14	2.76	2.56	2.43	2.35	2.28	2.23	2.20	2.16	2.14	2.10	2.05	2.01	1.98	1.96	1.93	1.90	1.88	1.85

续表

n_1 / n_2	1	2	3	4	5	6	7	8	9	10	12	15	20	24	30	40	60	120	∞
14	3.10	2.73	2.52	2.39	2.31	2.24	2.19	2.15	2.12	2.10	2.05	2.01	1.96	1.94	1.91	1.89	1.86	1.83	1.80
15	3.07	2.70	2.49	2.36	2.27	2.21	2.16	2.12	2.09	2.06	2.02	1.97	1.92	1.90	1.87	1.85	1.82	1.79	1.76
16	3.05	2.67	2.46	2.33	2.24	2.18	2.13	2.09	2.06	2.03	1.99	1.94	1.89	1.87	1.84	1.81	1.78	1.75	1.72
17	3.03	2.64	2.44	2.31	2.22	2.15	2.10	2.06	2.03	2.00	1.96	1.91	1.86	1.84	1.81	1.78	1.75	1.72	1.69
18	3.01	2.62	2.42	2.29	2.20	2.13	2.08	2.04	2.00	1.98	1.93	1.89	1.84	1.81	1.78	1.75	1.72	1.69	1.66
19	2.99	2.61	2.40	2.27	2.18	2.11	2.06	2.02	1.98	1.96	1.91	1.86	1.81	1.79	1.76	1.73	1.70	1.67	1.63
20	2.97	2.59	2.38	2.25	2.16	2.09	2.04	2.00	1.96	1.94	1.89	1.84	1.79	1.77	1.74	1.71	1.68	1.64	1.61
21	2.96	2.57	2.36	2.23	2.14	2.08	2.02	1.98	1.95	1.92	1.87	1.83	1.78	1.75	1.72	1.69	1.66	1.62	1.59
22	2.95	2.56	2.35	2.22	2.13	2.06	2.01	1.97	1.93	1.90	1.86	1.81	1.76	1.73	1.70	1.67	1.64	1.60	1.57
23	2.94	2.55	2.34	2.21	2.11	2.05	1.99	1.95	1.92	1.89	1.84	1.80	1.74	1.72	1.69	1.66	1.62	1.59	1.55
24	2.93	2.54	2.33	2.19	2.10	2.04	1.98	1.94	1.91	1.88	1.83	1.78	1.73	1.70	1.67	1.64	1.61	1.57	1.53
25	2.92	2.53	2.32	2.18	2.09	2.02	1.97	1.93	1.89	1.87	1.82	1.77	1.72	1.69	1.66	1.63	1.59	1.56	1.52
26	2.91	2.52	2.31	2.17	2.08	2.01	1.96	1.92	1.88	1.86	1.81	1.76	1.71	1.68	1.65	1.61	1.58	1.54	1.50
27	2.90	2.51	2.30	2.17	2.07	2.00	1.95	1.91	1.87	1.85	1.80	1.75	1.70	1.67	1.64	1.60	1.57	1.53	1.49
28	2.89	2.50	2.29	2.16	2.06	2.00	1.94	1.90	1.87	1.84	1.79	1.74	1.69	1.66	1.63	1.59	1.56	1.52	1.48
29	2.89	2.50	2.28	2.15	2.06	1.99	1.93	1.89	1.86	1.83	1.78	1.73	1.68	1.65	1.62	1.58	1.55	1.51	1.47
30	2.88	2.49	2.28	2.14	2.05	1.98	1.93	1.88	1.85	1.82	1.77	1.72	1.67	1.64	1.61	1.57	1.54	1.50	1.46
40	2.84	2.44	2.23	2.09	2.00	1.93	1.87	1.83	1.79	1.76	1.71	1.66	1.61	1.57	1.54	1.51	1.47	1.42	1.38
60	2.79	2.39	2.18	2.04	1.95	1.87	1.82	1.77	1.74	1.71	1.66	1.60	1.54	1.51	1.48	1.44	1.40	1.35	1.29
120	2.75	2.35	2.13	1.99	1.90	1.82	1.77	1.72	1.68	1.65	1.60	1.55	1.48	1.45	1.41	1.37	1.32	1.26	1.19
∞	2.71	2.30	2.08	1.94	1.85	1.77	1.72	1.67	1.63	1.60	1.55	1.49	1.42	1.38	1.34	1.30	1.24	1.17	1.00

续表

$\alpha = 0.05$

n_2 \ n_1	1	2	3	4	5	6	7	8	9	10	12	15	20	24	30	40	60	120	∞
1	161.4	199.5	215.7	224.6	230.2	234.0	236.8	238.9	240.5	241.9	243.9	245.9	248.0	249.1	250.1	251.1	252.2	253.3	254.3
2	18.51	19.00	19.16	19.25	19.30	19.33	19.35	19.37	19.38	19.40	19.41	19.43	19.45	19.45	19.46	19.47	19.48	19.49	19.50
3	10.13	9.55	9.28	9.12	9.01	8.94	8.89	8.85	8.81	8.79	8.74	8.70	8.66	8.64	8.62	8.59	8.57	8.55	8.53
4	7.71	6.94	6.59	6.39	6.26	6.16	6.09	6.04	6.00	5.96	5.91	5.86	5.80	5.77	5.75	5.72	5.69	5.66	5.63
5	6.61	5.79	5.41	5.19	5.05	4.95	4.88	4.82	4.77	4.74	4.68	4.62	4.56	4.53	4.50	4.46	4.43	4.40	4.36
6	5.99	5.14	4.76	4.53	4.39	4.28	4.21	4.15	4.10	4.06	4.00	3.94	3.87	3.84	3.81	3.77	3.74	3.70	3.67
7	5.59	4.74	4.35	4.12	3.97	3.87	3.79	3.73	3.68	3.64	3.57	3.51	3.44	3.41	3.38	3.34	3.30	3.27	3.23
8	5.32	4.46	4.07	3.84	3.69	3.58	3.50	3.44	3.39	3.35	3.28	3.22	3.15	3.12	3.08	3.04	3.01	2.97	2.93
9	5.12	4.26	3.86	3.63	3.48	3.37	3.29	3.23	3.18	3.14	3.07	3.01	2.94	2.90	2.86	2.83	2.79	2.75	2.71
10	4.96	4.10	3.71	3.48	3.33	3.22	3.14	3.07	3.02	2.98	2.91	2.85	2.77	2.74	2.70	2.66	2.62	2.58	2.54
11	4.84	3.98	3.59	3.36	3.20	3.09	3.01	2.95	2.90	2.85	2.79	2.72	2.65	2.61	2.57	2.53	2.49	2.45	2.40
12	4.75	3.89	3.49	3.26	3.11	3.00	2.91	2.85	2.80	2.75	2.69	2.62	2.54	2.51	2.47	2.43	2.38	2.34	2.30
13	4.67	3.81	3.41	3.18	3.03	2.92	2.83	2.77	2.71	2.67	2.60	2.53	2.46	2.42	2.38	2.34	2.30	2.25	2.21
14	4.60	3.74	3.34	3.11	2.96	2.85	2.76	2.70	2.65	2.60	2.53	2.46	2.39	2.35	2.31	2.27	2.22	2.18	2.13
15	4.54	3.68	3.29	3.06	2.90	2.79	2.71	2.64	2.59	2.54	2.48	2.40	2.33	2.29	2.25	2.20	2.16	2.11	2.07
16	4.49	3.63	3.24	3.01	2.85	2.74	2.66	2.59	2.54	2.49	2.42	2.35	2.28	2.24	2.19	2.15	2.11	2.06	2.01

续表

n_1 \ n_2	1	2	3	4	5	6	7	8	9	10	12	15	20	24	30	40	60	120	∞
17	4.45	3.59	3.20	2.96	2.81	2.70	2.61	2.55	2.49	2.45	2.38	2.31	2.23	2.19	2.15	2.10	2.06	2.01	1.96
18	4.41	3.55	3.16	2.93	2.77	2.66	2.58	2.51	2.46	2.41	2.34	2.27	2.19	2.15	2.11	2.06	2.02	1.97	1.92
19	4.38	3.52	3.13	2.90	2.74	2.63	2.54	2.48	2.42	2.38	2.31	2.23	2.16	2.11	2.07	2.03	1.98	1.93	1.88
20	4.35	3.49	3.10	2.87	2.71	2.60	2.51	2.45	2.39	2.35	2.28	2.20	2.12	2.08	2.04	1.99	1.95	1.90	1.84
21	4.32	3.47	3.07	2.84	2.68	2.57	2.49	2.42	2.37	2.32	2.25	2.18	2.10	2.05	2.01	1.96	1.92	1.87	1.81
22	4.30	3.44	3.05	2.82	2.66	2.55	2.46	2.40	2.34	2.30	2.23	2.15	2.07	2.03	1.98	1.94	1.89	1.84	1.78
23	4.28	3.42	3.03	2.80	2.64	2.53	2.44	2.37	2.32	2.27	2.20	2.13	2.05	2.01	1.96	1.91	1.86	1.81	1.76
24	4.26	3.40	3.01	2.78	2.62	2.51	2.42	2.36	2.30	2.25	2.18	2.11	2.03	1.98	1.94	1.89	1.84	1.79	1.73
25	4.24	3.39	2.99	2.76	2.60	2.49	2.40	2.34	2.28	2.24	2.16	2.09	2.01	1.96	1.92	1.87	1.82	1.77	1.71
26	4.23	3.37	2.98	2.74	2.59	2.47	2.39	2.32	2.27	2.22	2.15	2.07	1.99	1.95	1.90	1.85	1.80	1.75	1.69
27	4.21	3.35	2.96	2.73	2.57	2.46	2.37	2.31	2.25	2.20	2.13	2.06	1.97	1.93	1.88	1.84	1.79	1.73	1.67
28	4.20	3.34	2.95	2.71	2.56	2.45	2.36	2.29	2.24	2.19	2.12	2.04	1.96	1.91	1.87	1.82	1.77	1.71	1.65
29	4.18	3.33	2.93	2.70	2.55	2.43	2.35	2.28	2.22	2.18	2.10	2.03	1.94	1.90	1.85	1.81	1.75	1.70	1.64
30	4.17	3.32	2.92	2.69	2.53	2.42	2.33	2.27	2.21	2.16	2.09	2.01	1.93	1.89	1.84	1.79	1.74	1.68	1.62
40	4.08	3.23	2.84	2.61	2.45	2.34	2.25	2.18	2.12	2.08	2.00	1.92	1.84	1.79	1.74	1.69	1.64	1.58	1.51
60	4.00	3.15	2.76	2.53	2.37	2.25	2.17	2.10	2.04	1.99	1.92	1.84	1.75	1.70	1.65	1.59	1.53	1.47	1.39
120	3.92	3.07	2.68	2.45	2.29	2.17	2.09	2.02	1.96	1.91	1.83	1.75	1.66	1.61	1.55	1.50	1.43	1.35	1.25
∞	3.84	3.00	2.60	2.37	2.21	2.10	2.01	1.94	1.88	1.83	1.75	1.67	1.57	1.52	1.46	1.39	1.32	1.22	1.00

续表

$\alpha = 0.025$

n_2 \ n_1	1	2	3	4	5	6	7	8	9	10	12	15	20	24	30	40	60	120	∞
1	647.8	799.5	864.2	899.6	921.8	937.1	948.2	956.7	963.3	968.6	976.7	984.9	993.1	997.2	1 001	1 006	1 010	1 014	1 018
2	38.51	39.00	39.17	39.25	39.30	39.33	39.36	39.37	39.39	39.40	39.41	39.43	39.45	39.46	39.46	39.47	39.48	39.49	39.50
3	17.44	16.04	15.44	15.10	14.88	14.73	14.62	14.54	14.47	14.42	14.34	14.25	14.17	14.12	14.08	14.04	13.99	13.95	13.90
4	12.22	10.65	9.98	9.60	9.36	9.20	9.07	8.98	8.90	8.84	8.75	8.66	8.56	8.51	8.46	8.41	8.36	8.31	8.26
5	10.01	8.43	7.76	7.39	7.15	6.98	6.85	6.76	6.68	6.62	6.52	6.43	6.33	6.28	6.23	6.18	6.12	6.07	6.02
6	8.81	7.26	6.60	6.23	5.99	5.82	5.70	5.60	5.52	5.46	5.37	5.27	5.17	5.12	5.07	5.01	4.96	4.90	4.85
7	8.07	6.54	5.89	5.52	5.29	5.12	4.99	4.90	4.82	4.76	4.67	4.57	4.47	4.42	4.36	4.31	4.25	4.20	4.14
8	7.57	6.06	5.42	5.05	4.82	4.65	4.53	4.43	4.36	4.30	4.20	4.10	4.00	3.95	3.89	3.84	3.78	3.73	3.67
9	7.21	5.71	5.08	4.72	4.48	4.32	4.20	4.10	4.03	3.96	3.87	3.77	3.67	3.61	3.56	3.51	3.45	3.39	3.33
10	6.94	5.46	4.83	4.47	4.24	4.07	3.95	3.85	3.78	3.72	3.62	3.52	3.42	3.37	3.31	3.26	3.20	3.14	3.08
11	6.72	5.26	4.63	4.28	4.04	3.88	3.76	3.66	3.59	3.53	3.43	3.33	3.23	3.17	3.12	3.06	3.00	2.94	2.88
12	6.55	5.10	4.47	4.12	3.89	3.73	3.61	3.51	3.44	3.37	3.28	3.18	3.07	3.02	2.96	2.91	2.85	2.79	2.72
13	6.41	4.97	4.35	4.00	3.77	3.60	3.48	3.39	3.31	3.25	3.15	3.05	2.95	2.89	2.84	2.78	2.72	2.66	2.60
14	6.30	4.86	4.24	3.89	3.66	3.50	3.38	3.29	3.21	3.15	3.05	2.95	2.84	2.79	2.73	2.67	2.61	2.55	2.49
15	6.20	4.77	4.15	3.80	3.58	3.41	3.29	3.20	3.12	3.06	2.96	2.86	2.76	2.70	2.64	2.59	2.52	2.46	2.40
16	6.12	4.69	4.08	3.73	3.50	3.34	3.22	3.12	3.05	2.99	2.89	2.79	2.68	2.63	2.57	2.51	2.45	2.38	2.32
17	6.04	4.62	4.01	3.66	3.44	3.28	3.16	3.06	2.98	2.92	2.82	2.72	2.62	2.56	2.50	2.44	2.38	2.32	2.25

续表

n_1 \ n_2	1	2	3	4	5	6	7	8	9	10	12	15	20	24	30	40	60	120	∞
18	5.98	4.56	3.95	3.61	3.38	3.22	3.10	3.01	2.93	2.87	2.77	2.67	2.56	2.50	2.44	2.38	2.32	2.26	2.19
19	5.92	4.51	3.90	3.56	3.33	3.17	3.05	2.96	2.88	2.82	2.72	2.62	2.51	2.45	2.39	2.33	2.27	2.20	2.13
20	5.87	4.46	3.86	3.51	3.29	3.13	3.01	2.91	2.84	2.77	2.68	2.57	2.46	2.41	2.35	2.29	2.22	2.16	2.09
21	5.83	4.42	3.82	3.48	3.25	3.09	2.97	2.87	2.80	2.73	2.64	2.53	2.42	2.37	2.31	2.25	2.18	2.11	2.04
22	5.79	4.38	3.78	3.44	3.22	3.05	2.93	2.84	2.76	2.70	2.60	2.50	2.39	2.33	2.27	2.21	2.14	2.08	2.00
23	5.75	4.35	3.75	3.41	3.18	3.02	2.90	2.81	2.73	2.67	2.57	2.47	2.36	2.30	2.24	2.18	2.11	2.04	1.97
24	5.72	4.32	3.72	3.38	3.15	2.99	2.87	2.78	2.70	2.64	2.54	2.44	2.33	2.27	2.21	2.15	2.08	2.01	1.94
25	5.69	4.29	3.69	3.35	3.13	2.97	2.85	2.75	2.68	2.61	2.51	2.41	2.30	2.24	2.18	2.12	2.05	1.98	1.91
26	5.66	4.27	3.67	3.33	3.10	2.94	2.82	2.73	2.65	2.59	2.49	2.39	2.28	2.22	2.16	2.09	2.03	1.95	1.88
27	5.63	4.24	3.65	3.31	3.08	2.92	2.80	2.71	2.63	2.57	2.47	2.36	2.25	2.19	2.13	2.07	2.00	1.93	1.85
28	5.61	4.22	3.63	3.29	3.06	2.90	2.78	2.69	2.61	2.55	2.45	2.34	2.23	2.17	2.11	2.05	1.98	1.91	1.83
29	5.59	4.20	3.61	3.27	3.04	2.88	2.76	2.67	2.59	2.53	2.43	2.32	2.21	2.15	2.09	2.03	1.96	1.89	1.81
30	5.57	4.18	3.59	3.25	3.03	2.87	2.75	2.65	2.57	2.51	2.41	2.31	2.20	2.14	2.07	2.01	1.94	1.87	1.79
40	5.42	4.05	3.46	3.13	2.90	2.74	2.62	2.53	2.45	2.39	2.29	2.18	2.07	2.01	1.94	1.88	1.80	1.72	1.64
60	5.29	3.93	3.34	3.01	2.79	2.63	2.51	2.41	2.33	2.27	2.17	2.06	1.94	1.88	1.82	1.74	1.67	1.58	1.48
120	5.15	3.80	3.23	2.89	2.67	2.52	2.39	2.30	2.22	2.16	2.05	1.94	1.82	1.76	1.69	1.61	1.53	1.43	1.31
∞	5.02	3.69	3.12	2.79	2.57	2.41	2.29	2.19	2.11	2.05	1.94	1.83	1.71	1.64	1.57	1.48	1.39	1.27	1.00

续表

$\alpha = 0.01$

n_2＼n_1	1	2	3	4	5	6	7	8	9	10	12	15	20	24	30	40	60	120	∞
1	4 052	4 999.5	5 403	5 625	5 764	5 859	5 928	5 982	6 022	6 056	6 106	6 157	6 209	6 235	6 261	6 287	6 313	6 339	6 366
2	98.50	99.00	99.17	99.25	99.30	99.33	99.36	99.37	99.39	99.40	99.42	99.43	99.45	99.46	99.47	99.47	99.48	99.49	99.50
3	34.12	30.82	29.46	28.71	28.24	27.91	27.67	27.49	27.35	27.23	27.05	26.87	26.69	26.60	26.50	26.41	26.32	26.22	26.13
4	21.20	18.00	16.69	15.98	15.52	15.21	14.98	14.80	14.66	14.55	14.37	14.20	14.02	13.93	13.84	13.75	13.65	13.56	13.46
5	16.26	13.27	12.06	11.39	10.97	10.67	10.46	10.29	10.16	10.05	9.89	9.72	9.55	9.47	9.38	9.29	9.20	9.11	9.02
6	13.75	10.92	9.78	9.15	8.75	8.47	8.26	8.10	7.98	7.87	7.72	7.56	7.40	7.31	7.23	7.14	7.06	6.97	6.88
7	12.25	9.55	8.45	7.85	7.46	7.19	6.99	6.84	6.72	6.62	6.47	6.31	6.16	6.07	5.99	5.91	5.82	5.74	5.65
8	11.26	8.65	7.59	7.01	6.63	6.37	6.18	6.03	5.91	5.81	5.67	5.52	5.36	5.28	5.20	5.12	5.03	4.95	4.86
9	10.56	8.02	6.99	6.42	6.06	5.80	5.61	5.47	5.35	5.26	5.11	4.96	4.81	4.73	4.65	4.57	4.48	4.40	4.31
10	10.04	7.56	6.55	5.99	5.64	5.39	5.20	5.06	4.94	4.85	4.71	4.56	4.41	4.33	4.25	4.17	4.08	4.00	3.91
11	9.65	7.21	6.22	5.67	5.32	5.07	4.89	4.74	4.63	4.54	4.40	4.25	4.10	4.02	3.94	3.86	3.78	3.69	3.60
12	9.33	6.93	5.95	5.41	5.06	4.82	4.64	4.50	4.39	4.30	4.16	4.01	3.86	3.78	3.70	3.62	3.54	3.45	3.36
13	9.07	6.70	5.74	5.21	4.86	4.62	4.44	4.30	4.19	4.10	3.96	3.82	3.66	3.59	3.51	3.43	3.34	3.25	3.17
14	8.86	6.51	5.56	5.04	4.69	4.46	4.28	4.14	4.03	3.94	3.80	3.66	3.51	3.43	3.35	3.27	3.18	3.09	3.00
15	8.68	6.36	5.42	4.89	4.56	4.32	4.14	4.00	3.89	3.80	3.67	3.52	3.37	3.29	3.21	3.13	3.05	2.96	2.87
16	8.53	6.23	5.29	4.77	4.44	4.20	4.03	3.89	3.78	3.69	3.55	3.41	3.26	3.18	3.10	3.02	2.93	2.84	2.75
17	8.40	6.11	5.18	4.67	4.34	4.10	3.93	3.79	3.68	3.59	3.46	3.31	3.16	3.08	3.00	2.92	2.83	2.75	2.65

续表

n_1 / n_2	1	2	3	4	5	6	7	8	9	10	12	15	20	24	30	40	60	120	∞
18	8.29	6.01	5.09	4.58	4.25	4.01	3.84	3.71	3.60	3.51	3.37	3.23	3.08	3.00	2.92	2.84	2.75	2.66	2.57
19	8.18	5.93	5.01	4.50	4.17	3.94	3.77	3.63	3.52	3.43	3.30	3.15	3.00	2.92	2.84	2.76	2.67	2.58	2.49
20	8.10	5.85	4.94	4.43	4.10	3.87	3.70	3.56	3.46	3.37	3.23	3.09	2.94	2.86	2.78	2.69	2.61	2.52	2.42
21	8.02	5.78	4.87	4.37	4.04	3.81	3.64	3.51	3.40	3.31	3.17	3.03	2.88	2.80	2.72	2.64	2.55	2.46	2.36
22	7.95	5.72	4.82	4.31	3.99	3.76	3.59	3.45	3.35	3.26	3.12	2.98	2.83	2.75	2.67	2.58	2.50	2.40	2.31
23	7.88	5.66	4.76	4.26	3.94	3.71	3.54	3.41	3.30	3.21	3.07	2.93	2.78	2.70	2.62	2.54	2.45	2.35	2.26
24	7.82	5.61	4.72	4.22	3.90	3.67	3.50	3.36	3.26	3.17	3.03	2.89	2.74	2.66	2.58	2.49	2.40	2.31	2.21
25	7.77	5.57	4.68	4.18	3.85	3.63	3.46	3.32	3.22	3.13	2.99	2.85	2.70	2.62	2.54	2.45	2.36	2.27	2.17
26	7.72	5.53	4.64	4.14	3.82	3.59	3.42	3.29	3.18	3.09	2.96	2.81	2.66	2.58	2.50	2.42	2.33	2.23	2.13
27	7.68	5.49	4.60	4.11	3.78	3.56	3.39	3.26	3.15	3.06	2.93	2.78	2.63	2.55	2.47	2.38	2.29	2.20	2.10
28	7.64	5.45	4.57	4.07	3.75	3.53	3.36	3.23	3.12	3.03	2.90	2.75	2.60	2.52	2.44	2.35	2.26	2.17	2.06
29	7.60	5.42	4.54	4.04	3.73	3.50	3.33	3.20	3.09	3.00	2.87	2.73	2.57	2.49	2.41	2.33	2.23	2.14	2.03
30	7.56	5.39	4.51	4.02	3.70	3.47	3.30	3.17	3.07	2.98	2.84	2.70	2.55	2.47	2.39	2.30	2.21	2.11	2.01
40	7.31	5.18	4.31	3.83	3.51	3.29	3.12	2.99	2.89	2.80	2.66	2.52	2.37	2.29	2.20	2.11	2.02	1.92	1.80
60	7.08	4.98	4.13	3.65	3.34	3.12	2.95	2.82	2.72	2.63	2.50	2.35	2.20	2.12	2.03	1.94	1.84	1.73	1.60
120	6.85	4.79	3.95	3.48	3.17	2.96	2.79	2.66	2.56	2.47	2.34	2.19	2.03	1.95	1.86	1.76	1.66	1.53	1.38
∞	6.63	4.61	3.78	3.32	3.02	2.80	2.64	2.51	2.41	2.32	2.18	2.04	1.88	1.79	1.70	1.59	1.47	1.32	1.00

续表

$\alpha = 0.005$

n_2 \ n_1	1	2	3	4	5	6	7	8	9	10	12	15	20	24	30	40	60	120	∞
1	16 211	20 000	21 615	22 500	23 056	23 437	23 715	23 925	24 091	24 224	24 426	24 630	24 836	24 940	25 044	25 148	25 253	25 359	25 465
2	198.5	199.0	199.2	199.2	199.3	199.3	199.4	199.4	199.4	199.4	199.4	199.4	199.4	199.5	199.5	199.5	199.5	199.5	199.5
3	55.55	49.80	47.47	46.19	45.39	44.84	44.43	44.13	43.88	43.69	43.39	43.08	42.78	42.62	42.47	42.31	42.15	41.99	41.83
4	31.33	26.28	24.26	23.15	22.46	21.97	21.62	21.35	21.14	20.97	20.70	20.44	20.17	20.03	19.89	19.75	19.61	19.47	19.32
5	22.78	18.31	16.53	15.56	14.94	14.51	14.20	13.96	13.77	13.62	13.38	13.15	12.90	12.78	12.66	12.53	12.40	12.27	12.14
6	18.63	14.54	12.92	12.03	11.46	11.07	10.79	10.57	10.39	10.25	10.03	9.81	9.59	9.47	9.36	9.24	9.12	9.00	8.88
7	16.24	12.40	10.88	10.05	9.52	9.16	8.89	8.68	8.51	8.38	8.18	7.97	7.75	7.65	7.53	7.42	7.31	7.19	7.08
8	14.69	11.04	9.60	8.81	8.30	7.95	7.69	7.50	7.34	7.21	7.01	6.81	6.61	6.50	6.40	6.29	6.18	6.06	5.95
9	13.61	10.11	8.72	7.96	7.47	7.13	6.88	6.69	6.54	6.42	6.23	6.03	5.83	5.73	5.62	5.52	5.41	5.30	5.19
10	12.83	9.43	8.08	7.34	6.87	6.54	6.30	6.12	5.97	5.85	5.66	5.47	5.27	5.17	5.07	4.97	4.86	4.75	4.64
11	12.23	8.91	7.60	6.88	6.42	6.10	5.86	5.68	5.54	5.42	5.24	5.05	4.86	4.76	4.65	4.55	4.44	4.34	4.23
12	11.75	8.51	7.23	6.52	6.07	5.76	5.52	5.35	5.20	5.09	4.91	4.72	4.53	4.43	4.33	4.23	4.12	4.01	3.90
13	11.37	8.19	6.93	6.23	5.79	5.48	5.25	5.08	4.94	4.82	4.64	4.46	4.27	4.17	4.07	3.97	3.87	3.76	3.65
14	11.06	7.92	6.68	6.00	5.56	5.26	5.03	4.86	4.72	4.60	4.43	4.25	4.06	3.96	3.86	3.76	3.66	3.55	3.44
15	10.80	7.70	6.48	5.80	5.37	5.07	4.85	4.67	4.54	4.42	4.25	4.07	3.88	3.79	3.69	3.58	3.48	3.37	3.26
16	10.58	7.51	6.30	5.64	5.21	4.91	4.69	4.52	4.38	4.27	4.10	3.92	3.73	3.64	3.54	3.44	3.33	3.22	3.11
17	10.38	7.35	6.16	5.50	5.07	4.78	4.56	4.39	4.25	4.14	3.97	3.79	3.61	3.51	3.41	3.31	3.21	3.10	2.98

续表

n_1 / n_2	1	2	3	4	5	6	7	8	9	10	12	15	20	24	30	40	60	120	∞
18	10.22	7.21	6.03	5.37	4.96	4.66	4.44	4.28	4.14	4.03	3.86	3.68	3.50	3.40	3.30	3.20	3.10	2.99	2.87
19	10.07	7.09	5.92	5.27	4.85	4.56	4.34	4.18	4.04	3.93	3.76	3.59	3.40	3.31	3.21	3.11	3.00	2.89	2.78
20	9.94	6.99	5.82	5.17	4.76	4.47	4.26	4.09	3.96	3.85	3.68	3.50	3.32	3.22	3.12	3.02	2.92	2.81	2.69
21	9.83	6.89	5.73	5.09	4.68	4.39	4.18	4.01	3.88	3.77	3.60	3.43	3.24	3.15	3.05	2.95	2.84	2.73	2.61
22	9.73	6.81	5.65	5.02	4.61	4.32	4.11	3.94	3.81	3.70	3.54	3.36	3.18	3.08	2.98	2.88	2.77	2.66	2.55
23	9.63	6.73	5.58	4.95	4.54	4.26	4.05	3.88	3.75	3.64	3.47	3.30	3.12	3.02	2.92	2.82	2.71	2.60	2.48
24	9.55	6.66	5.52	4.89	4.49	4.20	3.99	3.83	3.69	3.59	3.42	3.25	3.06	2.97	2.87	2.77	2.66	2.55	2.43
25	9.48	6.60	5.46	4.84	4.43	4.15	3.94	3.78	3.64	3.54	3.37	3.20	3.01	2.92	2.82	2.72	2.61	2.50	2.38
26	9.41	6.54	5.41	4.79	4.38	4.10	3.89	3.73	3.60	3.49	3.33	3.15	2.97	2.87	2.77	2.67	2.56	2.45	2.33
27	9.34	6.49	5.36	4.74	4.34	4.06	3.85	3.69	3.56	3.45	3.28	3.11	2.93	2.83	2.73	2.63	2.52	2.41	2.29
28	9.28	6.44	5.32	4.70	4.30	4.02	3.81	3.65	3.52	3.41	3.25	3.07	2.89	2.79	2.69	2.59	2.48	2.37	2.25
29	9.23	6.40	5.28	4.66	4.26	3.98	3.77	3.61	3.48	3.38	3.21	3.04	2.86	2.76	2.66	2.56	2.45	2.33	2.21
30	9.18	6.35	5.24	4.62	4.23	3.95	3.74	3.58	3.45	3.34	3.18	3.01	2.82	2.73	2.63	2.52	2.42	2.30	2.18
40	8.83	6.07	4.98	4.37	3.99	3.71	3.51	3.35	3.22	3.12	2.95	2.78	2.60	2.50	2.40	2.30	2.18	2.06	1.93
60	8.49	5.79	4.73	4.14	3.76	3.49	3.29	3.13	3.01	2.90	2.74	2.57	2.39	2.29	2.19	2.08	1.96	1.83	1.69
120	8.18	5.54	4.50	3.92	3.55	3.28	3.09	2.93	2.81	2.71	2.54	2.37	2.19	2.09	1.98	1.87	1.75	1.61	1.43
∞	7.88	5.30	4.28	3.72	3.35	3.09	2.90	2.74	2.62	2.52	2.36	2.19	2.00	1.90	1.79	1.67	1.53	1.36	1.00

习 题 答 案

习题一

一、填空题

1. ABC　$AB\overline{C}$　$A\cup B\cup C$　$A\overline{BC}\cup\overline{A}B\overline{C}\cup\overline{AB}C$　$AB\cup BC\cup AC$

2. 包含

3. 逆

4. 互斥

5. $P(B)-P(A)$

6. $\alpha+\beta$

7. 0.3　0.5

8. 0.58

9. $\dfrac{5}{8}$

10. 0.9

11. 0.6

12. 0.7

13. 0.2

14. (1) 样本空间中所含基本事件是有限的　(2) 每一基本事件发生是等可能的

15. $\dfrac{C_{10}^3 C_{90}^2}{C_{100}^5}$

16. $\dfrac{3}{28}$

17. $\dfrac{1}{4}$

18. $P(A)P(B|A)P(C|AB)$

19. 0.16

20. $\dfrac{7}{225}$

21. 0.7

22. $\dfrac{3}{64}$

23. $C_5^3\left(\dfrac{1}{10}\right)^3\left(\dfrac{9}{10}\right)^2$

24. $\dfrac{1}{4}$

二、计算题

1. (1) $\dfrac{7}{15}$　(2) $\dfrac{7}{30}$

2. (1) $\dfrac{3}{8}$　(2) $\dfrac{15}{16}$

3. $\dfrac{252}{2431}\approx 0.137$

4. (1) $\dfrac{27}{55}$　(2) $\dfrac{34}{55}$

5. (1) $\dfrac{3}{10}$　(2) $\dfrac{3}{5}$

6. (1) $\dfrac{1}{8}$　(2) $\dfrac{1}{4}$

7. (1) $\dfrac{n!}{N^n}$　(2) $\dfrac{N!}{(N-n)!\,N^n}$

8. $\dfrac{11}{130}$

9. $\dfrac{3}{8}$　$\dfrac{9}{16}$　$\dfrac{1}{16}$

10. (1) $\dfrac{11}{30}$ (2) $\dfrac{8}{11}$

11. (1) $\dfrac{13}{30}$ (2) $\dfrac{9}{13}$

12. (1) $\dfrac{73}{75} \approx 0.9733$ (2) $\dfrac{49}{146} \approx 0.3356$

13. $\dfrac{20}{21}$

14. (1) $\dfrac{197}{300} \approx 0.6567$ (2) $\dfrac{196}{197} \approx 0.9949$

15. $\dfrac{m}{m+n \cdot 2^r}$

16. (1) $\dfrac{3}{5}$ (2) $\dfrac{1}{20}$

17. 0.154

18. (1) 0.42 (2) 0.88 (3) 0.795

19. (1) 0.5 (2) 0.84

20. 0.7265

三、考研试题

1. $1-p$ 2. 3/7 3. 2/5 4. C 5. 1/4 6. 2/3 7. 13/48 8. C
9. C

习题二

一、填空题

1. 0 1 2 3

2. 0.3

3. $\dfrac{9}{10}$

4. $\dfrac{81}{40}$

5. 0.1 0.4 0.1 0.5

6. 3

7. 0.75 $\dfrac{5}{9}$

8. $f(x)=\begin{cases}\dfrac{1}{x} & 1\leqslant x<\mathrm{e}\\[2mm] 0 & \text{其他}\end{cases}$

9. $\dfrac{1}{4\sqrt{2\pi}}$ 4

10. 0.05

11. 1

12. $2\Phi(1.25)-1$

13. $\dfrac{1}{2}f_X\left(-\dfrac{1}{2}y\right)$

二、计算题

1.

X	0	1	2	3
P	0.003	0.056	0.329	0.612

2. (1) $P(X=k)=C_5^k\left(\dfrac{1}{2}\right)^k\left(\dfrac{1}{2}\right)^{5-k}, k=0,1,2,3,4,5$ (2) $P(X\geqslant3)=\dfrac{1}{2}$

3.

X	0	1	2	3
P	0.5	0.25	0.125	0.125

4. (1) $F(x)=\begin{cases}0, & x<-1,\\[1mm] \dfrac{1}{3}, & -1\leqslant x<1,\\[1mm] \dfrac{5}{6}, & 1\leqslant x<2,\\[1mm] 1, & x\geqslant2.\end{cases}$ (2) $\dfrac{2}{3}$ (3) $\dfrac{1}{2}$

5. (1) $\ln \dfrac{5}{4}$　(2) $f(x)=\begin{cases} \dfrac{1}{x}, & 1\leqslant x<\mathrm{e}, \\ 0, & \text{其他}. \end{cases}$

6. (1) $k=\dfrac{1}{6}$　(2) $F(x)=\begin{cases} 0, & x<0, \\ \dfrac{x^2}{12}, & 0\leqslant x<3, \\ 2x-\dfrac{1}{4}x^2-3, & 3\leqslant x\leqslant 4, \\ 1, & x\geqslant 4. \end{cases}$　(3) $\dfrac{1}{4}$

7. (1) $C=\dfrac{1}{2a}$　(2) $F(x)=\begin{cases} \dfrac{1}{2}\mathrm{e}^{\frac{x}{a}}, & x<0, \\ 1-\dfrac{1}{2}\mathrm{e}^{-\frac{x}{a}}, & x\geqslant 0. \end{cases}$　(3) $1-\mathrm{e}^{-\frac{2}{a}}$

8. (1) $f_Y(y)=\begin{cases} 3(1-\sqrt{y}), & 0\leqslant y\leqslant 1, \\ 0, & \text{其他}. \end{cases}$　(2) $\dfrac{1}{2}$

9.

$Y=X^2$	0	1	4	9
P	1/5	7/30	1/5	11/30

10. $f_Y(y)=\dfrac{1}{\sqrt{2\pi}\sigma}\mathrm{e}^{-\frac{(y-\mu)^2}{2\sigma}}$

11. (1) $P\{X\leqslant 5\}=1-\mathrm{e}^{-5}$　(2) $f_Y(y)=\begin{cases} \dfrac{1}{2\sqrt{y}}\mathrm{e}^{-\sqrt{y}}, & y>0, \\ 0, & \text{其他}. \end{cases}$

三、考研试题

1. $f_y(y)=\begin{cases} 0, & y<1, \\ \dfrac{1}{y^2}, & y\geqslant 1. \end{cases}$

2. 4

3. $\dfrac{3}{4}$

4. 0.9876

5. $\dfrac{3(1-y^2)}{\pi[1+(1-y)^6]}$　　$(y \in \mathbf{R})$

6. $\dfrac{4}{5}$

7. $\begin{cases} \dfrac{1}{2}\mathrm{e}^x, & \text{当 } x<0, \\[2mm] 1-\dfrac{1}{2}\mathrm{e}^{-x}, & \text{当 } x \geqslant 0. \end{cases}$

8. $\begin{cases} \dfrac{1}{4}y^{-\frac{1}{2}}, & \text{当 } 0<y<4, \\[2mm] 0, & \text{其他.} \end{cases}$

习题三

一、填空题

1. $\dfrac{1}{3}$

2. $\dfrac{5}{12}$

3. $\displaystyle\int_{-\infty}^{+\infty} f(x, z-x)\mathrm{d}x$ 或 $\displaystyle\int_{-\infty}^{+\infty} f(z-y, y)\mathrm{d}y$

4. 相互独立

5. $f(x, y) = f_X(x) \cdot f_Y(y)$

6. $\dfrac{2}{9}$　　$\dfrac{1}{9}$

7. $\dfrac{1}{4}$　　$\dfrac{1}{2}$

8. $F(x_2, y_2) - F(x_1, y_2) - F(x_2, y_1) + F(x_1, y_1)$

9. $\begin{bmatrix} 0 & 1 \\ \dfrac{3}{4} & \dfrac{1}{4} \end{bmatrix}$

二、计算题

1. (1) $P(a<X,b<Y)=F(+\infty,+\infty)+F(a,b)-F(+\infty,b)-F(a,+\infty)$
$=1+F(a,b)-F(+\infty,b)-F(a,+\infty)=1+F(a,b)-F_Y(b)-F_X(a)$
(2) $P(a<X\leqslant b,Y<c)=F(b,c-0)+F(a,-\infty)-F(a,c-0)-F(b,-\infty)$
$=F(b,c-0)-F(a,c-0)$

2. (1)、(2)见下两表

X \ Y	0	1	0	1
0	$\frac{1}{36}$	$\frac{5}{36}$	$\frac{1}{66}$	$\frac{10}{66}$
1	$\frac{5}{36}$	$\frac{25}{36}$	$\frac{10}{66}$	$\frac{45}{66}$

3. 利用古典概型 $P(X=i,Y=j)=\dfrac{C_3^i C_2^j C_2^{4-i-j}}{C_7^4}$，$i=0,1,2,3$；$j=0,1,2$；$2\leqslant i+j\leqslant 4$，得

X \ Y	0	1	2
0	0	0	$\frac{1}{35}$
1	0	$\frac{6}{35}$	$\frac{6}{35}$
2	$\frac{3}{35}$	$\frac{12}{35}$	$\frac{3}{35}$
3	$\frac{2}{35}$	$\frac{2}{35}$	0

4. (1) $\dfrac{1}{8}$ (2) $\dfrac{3}{8}$ (3) $\dfrac{27}{32}$ (4) $\dfrac{2}{3}$.

5. $f(x,y)=\begin{cases}\dfrac{1}{18}, & (x,y)\in D,\\ 0, & (x,y)\notin D.\end{cases}$ $\dfrac{4}{9}$

6. $A=\dfrac{1}{\pi^2}$，$B=C=\dfrac{\pi}{2}$ $f(x,y)=\dfrac{6}{\pi^2(4+x^2)(9+y^2)}$，$x\in\mathbf{R},y\in\mathbf{R}$

7. $\dfrac{2i+3}{15}, i=0,1,2$ $\dfrac{1+j}{10}, j=0,1,2,3$

8.

X	0	1	2	3
p_i	0.627	0.260	0.095	0.018

Y	0	1	2	3	4	5	6
p_j	0.202	0.273	0.208	0.128	0.100	0.060	0.029

9. (1) $f_X(x)=\begin{cases}\displaystyle\int_x^{+\infty}\mathrm{e}^{-y}\mathrm{d}y=\mathrm{e}^{-x}, & 0<x,\\ 0, & \text{其他},\end{cases}$

$f_Y(y)=\begin{cases}\displaystyle\int_0^y\mathrm{e}^{-y}\mathrm{d}x=y\mathrm{e}^{-y}, & 0<y,\\ 0, & \text{其他},\end{cases}$

(2) $f_X(x)=\begin{cases}\dfrac{21}{4}x^2\displaystyle\int_{x^2}^1 y\mathrm{d}y=\dfrac{21}{8}x^2(1-x^4), & -1\leqslant x\leqslant 1,\\ 0, & \text{其他},\end{cases}$

$f_Y(y)=\begin{cases}\dfrac{21}{4}y\displaystyle\int_{-\sqrt{y}}^{\sqrt{y}}x^2\mathrm{d}x=\dfrac{7}{2}y^{\frac{5}{2}}, & 0\leqslant y\leqslant 1,\\ 0, & \text{其他},\end{cases}$

(3) $f_X(x)=\begin{cases}1+x, & -1<x<0,\\ 1-x, & 0\leqslant x<1,\\ 0, & \text{其他},\end{cases}$ $f_Y(y)=\begin{cases}2y, & 0<y<1,\\ 0, & \text{其他},\end{cases}$

10. $1-\mathrm{e}^{-1}$

11. 利用二次函数的判别式，$P(X^2\geqslant 4Y)=\displaystyle\int_0^1\dfrac{x^2}{4}\mathrm{d}x=\dfrac{1}{12}$

12. (1) 关于 X,Y 的边缘分布列

X \ Y	0	1	2	$p_i.$
0	0	0	$\frac{1}{35}$	$\frac{1}{35}$
1	0	$\frac{6}{35}$	$\frac{6}{35}$	$\frac{12}{35}$
2	$\frac{3}{35}$	$\frac{12}{35}$	$\frac{3}{35}$	$\frac{18}{35}$
3	$\frac{2}{35}$	$\frac{2}{35}$	0	$\frac{4}{35}$
$p._j$	$\frac{5}{35}$	$\frac{20}{35}$	$\frac{10}{35}$	1

(2) 当 $Y=1$ 时，X 的条件分布列

X	0	1	2	3
$P(X=x_i \mid Y=1)$	0	$\frac{6}{20}$	$\frac{12}{20}$	$\frac{2}{20}$

13. 由题意 $f(y\mid x)=\begin{cases}\dfrac{1}{1-x}, & 0<x<y<1, \\ 0, & \text{其他,}\end{cases}$

(1) $f(x,y)=f_X(x)f(y\mid x)=\begin{cases}\dfrac{1}{1-x}, & 0<x<y<1, \\ 0, & \text{其他,}\end{cases}$

(2) $f_Y(y)=\displaystyle\int_R f(x,y)\mathrm{d}x=\begin{cases}\displaystyle\int_0^y \dfrac{1}{1-x}\mathrm{d}x=-\ln(1-y), & 0<y<1, \\ 0, & \text{其他.}\end{cases}$

14.

P	0.1	0.2	0	0	0.3	0.4
(X,Y)	$(-1,-1)$	$(-1,1)$	$(-1,2)$	$(2,-1)$	$(2,1)$	$(2,2)$
$Z_1=X-Y$	0	-2	-3	3	1	0
$Z_2=\min(X,Y)$	-1	-1	-1	-1	1	2

$Z_1 = X - Y$	-2	0	1
P	0.2	0.5	0.3

$Z_2 = \min(X, Y)$	-1	1	2
P	0.3	0.3	0.4

15. 设 X, Y, W 分别表示三个月中各月的需求量,显然 X, Y, W 独立.

(1) 即求 $Z = X + Y$ 的密度.

$$f_Z(z) = \int_{-\infty}^{+\infty} f_X(x) f_Y(z-x)\,\mathrm{d}x$$

$$= \int_0^{+\infty} x\mathrm{e}^{-x} f_Y(z-x)\,\mathrm{d}x \underline{\underline{t = z - x}} - \int_z^{-\infty} (z-t)\mathrm{e}^{-(z-t)} f_Y(t)\,\mathrm{d}t$$

$$= \int_{-\infty}^{z} (z-t)\mathrm{e}^{-(z-t)} f_Y(t)\,\mathrm{d}t = \int_0^z (z-t)\mathrm{e}^{-(z-t)} f_Y(t)\,\mathrm{d}t$$

$$= \begin{cases} \int_0^z (z-t)\mathrm{e}^{-(z-t)} t\mathrm{e}^{-t}\,\mathrm{d}t = \mathrm{e}^{-z} \int_0^z t(z-t)\,\mathrm{d}t = \dfrac{z^3 \mathrm{e}^{-z}}{3!}, & z > 0, \\ 0, & z \leqslant 0. \end{cases}$$

(2) 即求 $U = Z + W$ 的密度.

$$f_U(u) = \int_{-\infty}^{+\infty} f_Z(z) f_W(u-z)\,\mathrm{d}z = \int_0^{+\infty} \frac{z^3 \mathrm{e}^{-z}}{6} f_W(u-z)\,\mathrm{d}z$$

$$\underline{\underline{t = u - z}} - \int_u^{-\infty} \frac{(u-t)^3 \mathrm{e}^{-(u-t)}}{6} f_W(t)\,\mathrm{d}t = \cdots = \begin{cases} \dfrac{u^5 \mathrm{e}^{-u}}{5!}, & u > 0, \\ 0, & u \leqslant 0. \end{cases}$$

16. $f_Z(z) = \displaystyle\int_{-\infty}^{+\infty} f(x, x-z)\,\mathrm{d}x$ 或 $f_Z(z) = \displaystyle\int_{-\infty}^{+\infty} f(z+y, y)\,\mathrm{d}y$

17. $F_Z(z) = F^2(z),\ f_Z(z) = 2F(z)f(z) = \begin{cases} 2z, & 0 < z < 1, \\ 0, & \text{其他}. \end{cases}$

三、考研试题

1.

Z	0	1
P	1/4	3/4

2. 5/7

3. 1/4

4. B

5.

X ＼ Y	y_1	y_2	y_3	$P\{X=x_i\}=P_i$
x_1	1/24	1/8	1/12	1/4
x_2	1/8	3/8	1/4	3/4
$P\{Y=y_i\}=P._j$	1/6	1/2	1/3	1

6. (1) $C_n^m p^m (1-p)^{n-m}, 0 \leqslant m \leqslant n, n=0,1,2,\cdots$

(2) $C_n^m p^m (1-p)^{n-m} \dfrac{e^{-\lambda}}{n!} \lambda^n, 0 \leqslant m \leqslant n, n=0,1,2,\cdots$

7. D

8. 1/4

9. (1) $f_x(x) = \begin{cases} 2x, & 0 < x < 1, \\ 0, & \text{其他,} \end{cases}$ $\qquad f_y(y) = \begin{cases} 1-\dfrac{y}{2}, & 0 < y < 2, \\ 0, & \text{其他,} \end{cases}$

(2) $f_z(z) = \begin{cases} 1-\dfrac{z}{2}, & 0 < z < 2, \\ 0, & \text{其他.} \end{cases}$

10. B

11. 1/9

12. (1) $f_y(y) = \begin{cases} \dfrac{2}{8\sqrt{y}}, & 0 < y < 1, \\ \dfrac{2}{8\sqrt{y}}, & 1 \leqslant y < 4, \\ 0, & \text{其他.} \end{cases}$ (2) 1/4

13. A

14. （Ⅰ) 7/24 （Ⅱ) $f_z(z) = \begin{cases} z(2-z), & 0 < z < 1, \\ (2-z)^2, & 1 \leqslant z < 2, \\ 0, & \text{其他.} \end{cases}$

15. A

16. (1) 1/2 (2) $f(z)=\begin{cases} 1/3, & -1\leqslant z<2, \\ 0, & \text{其他}. \end{cases}$

17. A

18. (1) 4/9 (2)

X \ Y	0	1	2
0	1/4	1/6	1/36
1	1/3	1/9	0
2	1/9	0	0

习题四

一、填空题

1. 3.8

2. $\dfrac{3}{4}$

3. $\dfrac{1}{4}$ $f(x)=\begin{cases} \dfrac{1}{4}, & 0\leqslant x\leqslant 4, \\ 0, & \text{其他}. \end{cases}$ 2

4. 3 3.75 15

5. 12

6. 1

7. 0 1

8. 3.8

9. 1

10. 0 1

11. −5 12

12. $N(-5,13)$

13. 0.6915

14. $\dfrac{1}{8}$

15. 1 1

16. $\rho\sigma_1\sigma_2 = -1.2$

二、计算题

1. (1) $F(x) = \begin{cases} 0, & x < -1, \\ 0.3, & -1 \leqslant x < 0, \\ 0.7, & 0 \leqslant x < 2, \\ 1, & x \geqslant 2. \end{cases}$ (2) $E(X) = 0.3$ (3) $D(X) = 1.41$

2. $c = 3$ $\alpha = 2$

3. $E(X) = 1$ $D(X) = \dfrac{1}{6}$

4. (1) $\begin{array}{c|ccc} Y & 0 & 1 & 2 \\ \hline P & 1/9 & 5/9 & 3/9 \end{array}$ (2) $E(X) = \dfrac{1}{9}$ $D(X) = \dfrac{152}{81}$

5. (1) $A = 1$ (2) 0.25   (3) $E(X) = \dfrac{2}{3}$ $D(X) = \dfrac{1}{18}$

6. $\begin{array}{c|ccc} X & 0 & 1 & 2 \\ \hline P & 0.42 & 0.46 & 0.12 \end{array}$ $E(X) = 0.7$

7. (1) $A = \dfrac{1}{2}$ (2) $F(x) = \begin{cases} 0, & x < 0, \\ \dfrac{1}{4}, & 0 \leqslant x < 1, \\ \dfrac{3}{4}, & 1 \leqslant x < 2, \\ 1, & x \geqslant 2. \end{cases}$ (3) $E(3X^2 + 5) = \dfrac{19}{2}$

(4) $D(X) = \dfrac{1}{2}$

8. 4/5 3/5 1/2 16/15

9. (1) 2 0 (2) $-1/15$ (3) 5

10. -13 83

11. 7/6   7/6 $-1/36$ $-1/11$ 5/9

12. 25/12

13. $p \geqslant \dfrac{8}{9}$

14. 17

15. X, Y 相互独立,线性不相关

16. X, Y 非线性不相关,因为 $\rho_{XY} = 0.1170$, X, Y 不独立

三、考研试题

1. C

2. B

3. $\dfrac{1}{p}$ $\dfrac{1-p}{p^2}$

4. A

5. 1/2

6. 5

7. (1) 3/2   (2) 1/4

8. A

9. (1)

y \ x	0	1
0	2/3	1/12
1	1/6	1/12

(2) $\rho_{xy} = \dfrac{\sqrt{15}}{15}$

10. A

11. $\dfrac{1}{2} e^{-1}$

12. D

习题五

一、填空题

1. n　0　$\dfrac{\sigma^2}{n}$

2. 不是

3. $\Phi(-1)=1-\Phi(1)$

4. $N(0,1)$　$t(n-1)$

5. $\chi^2(n)$

6. $t(n)$

7. $U=\dfrac{\overline{X}-\mu}{\dfrac{\sigma}{\sqrt{n}}}$

8. $\chi^2=\displaystyle\sum_{i=1}^{n}X_i^2$

9. n　$2n$

10. $X+Y\sim\chi^2(n+m)$

11. $F=\dfrac{X/m}{Y/n}=\dfrac{nX}{mY}$

12. $\displaystyle\prod_{i=1}^{n}P\{X_i=x_i\}=\prod_{i=1}^{n}p_i$

二、计算题

1. (1),(2),(4)是,(3)不是.

2. (1) $(1-p)\displaystyle\sum_{i=1}^{n}x_i^{-n}p^n$　　(2) $\left(\displaystyle\prod_{i=1}^{n}C_{k}^{x_i}\right)p^{\sum\limits_{i=1}^{n}x_i}(1-p)^{nk-\sum\limits_{i=1}^{n}x_i}$

3. (1) 在 $0<x_1<1,0<x_2<1,\cdots,0<x_n<1$ 公共域上有

$(1+\sqrt{\theta})^n\left(\displaystyle\prod_{i=1}^{n}x_i\right)^{\sqrt{\theta}}$　　(2) $(\sigma^2 2\pi)^{\frac{n}{2}}e^{-\sum\limits_{i=1}^{n}\frac{(x_i-\mu)}{2\sigma^2}}$

4. μ,σ^2 均是由分布确定的常数,$\overline{X},S^2$ 均为随机变量;联系是 $E(\overline{X})=\mu$,

$D(\overline{X})=\dfrac{\sigma^2}{n},E(S^2)=(n-1)\dfrac{\sigma^2}{n}$

5. (1) $np, np(1-p)/57, np(1-p)$　　(2) $(a+b)/2, (b-a)^2/684$,

$(b-a)^2/12$

6. $\dfrac{1}{2}$

7. (1) 2.07　1.77　(2) $k=14 : 2.1448, 1.7613$　$k=41 : 1.96, 1.64$

(3) 35.172　13.091　(4) 6.07　0.0747

8. $Y=\sum\limits_{i=1}^{n}C_iX_i \sim N\left(\mu\sum\limits_{i=1}^{n}C_i, \sigma^2\sum\limits_{i=1}^{n}C_i\right)$.

9. (1) $Y\sim t(2)$　(2) $Z\sim F(3, n-3)$

10. (1) $np, p(1-p)$　(2) $np(1-p)$　(3) $(n-1)p(1-p)$.

11. (1) $\Phi(1.25)=0.8944$　(2) 略为 0.9

12. $\dfrac{1}{2}$　3

13. $\dfrac{2\sigma^4}{n-1}$

14. 0.89

15. 提示:$\dfrac{(X_1+X_2)^2}{2\sigma^2}\sim\chi^2(1), \dfrac{(X_1-X_2)^2}{2\sigma^2}\sim\chi^2(1)$,且 $\mathrm{cov}(X_1+X_2,$

$X_1-X_2)=0$,则两个正态随机变量 X_1+X_2, X_1-X_2 相互独立.

16. 证明　由 $t\sim t(n)$,构造 $t : X\sim N(0,1), Y\sim\chi^2(n)$,且 X, Y 相互独

立.得 $t=\dfrac{X}{\sqrt{\dfrac{Y}{n}}}\sim t(n)$. 又 $X^2\sim\chi^2(1)$. 由 F 统计量的结构,有 $t^2=\dfrac{X^2}{\dfrac{Y}{n}}\sim$

$F(1,n)$

三、考研试题

1. n 至少应取 35

2. $2(n-1)\sigma^2$

3. C

4. D

5. (1) $D(Y_i) = \dfrac{n-1}{n}$　　(2) $\mathrm{cov}(Y_1, Y_n) = -\dfrac{1}{n}$

6. B

7. t　9

8. $\dfrac{1}{20}$　$\dfrac{1}{100}$　2

9. 略

10. F　$(10, 5)$

11. C

12. $\dfrac{1}{2}$

13. σ^2

习题六

一、填空题

1. $N\left(\mu, \dfrac{\sigma^2}{n}\right)$　$N(0,1)$　$t(n-1)$　$\chi^2(n)$　$\chi^2(n-1)$

2. $t(n)$

3. $\chi^2(18)$　18

4. $\begin{pmatrix} n \\ k \end{pmatrix} p^k (1-p)^{n-k}$

5. 无偏　$\hat{\mu}_3$

6. $2\overline{X}, \hat{\theta} = \max\{X_1, X_2, \cdots, X_n\}$

7. $\hat{p} = \dfrac{\overline{X}}{n}$

8. $(20, 40)$　0.95

9. $\overline{X} - \dfrac{1}{2}$

二、计算题

1. 53.002 6×10^{-6} 0.7939

2. $\overline{X}$ 116.8

3. $\hat{p} = \dfrac{1}{\overline{X}}$

4. $\hat{p} = \dfrac{\overline{X}}{n}$

5. $\dfrac{1}{n} \sum\limits_{i=1}^{n} (X_i^2 - \overline{X})$

6. (568.13,582.27)

7. (572.1,578.3)

8. (5.608,6.392)

9. (34.91,35.09) 约 35.1 万 m^3

10. (-0.23,0.27)

11. (1.57,4.63)

12. 符合

13. (6.665,6.675) $(1.76 \times 10^{-5}, 17.02 \times 10^{-5})$

14. (7.4,21.1)

15. (35.87,252.44)

16. (0.688,6.756)

17. 6592.471

18. 74.035

三、考研试题

1. $\dfrac{2\overline{x}-1}{1-\overline{x}}$, $-1 - \dfrac{n}{\sum_{i=1}^{n} \ln x_i}$

2. (1) $2\overline{x}$ (2) $\dfrac{9^2}{5n}$

3. $\min(x_1, x_2, \cdots, x_n)$

4. $\dfrac{7-\sqrt{13}}{12}$

5. $(39.51,40.49)$

6. （1）$F(x)=\begin{cases}1-\mathrm{e}^{-z(x-\theta)}, & x>\theta,\\ 0, & x\leqslant\theta.\end{cases}$　（2）$\hat{F_{\theta}}(x)=$

$\begin{cases}1-\mathrm{e}^{-2n(x-\theta)}, & x>\theta,\\ 0, & x\leqslant\theta.\end{cases}$　（3）不具有无偏性

7. (1) $\dfrac{\overline{x}}{\overline{x}-1}$　(2) $\dfrac{n}{\sum_{i=1}^{n}\ln x_i}$

8. (1) 略　(2) $\dfrac{2}{n(n-1)}$

9. -1

10. (1) $\lambda=\dfrac{2}{\overline{X}}$　(2) $\lambda=\dfrac{2}{\overline{X}}$

习题七
一、填空题

1. (1) $T=\dfrac{\overline{X}-\mu_0}{Q/\sqrt{n(n-1)}}$　(2) $\chi^2=\dfrac{(n-1)S^2}{\sigma_0^2}=\dfrac{\sigma^2}{\sigma_0^2}$

2. $P=5\%$　$p<5\%$　5%

3. $t=\dfrac{\overline{X}-\mu_0}{S/\sqrt{n}}$　t　$n-1$

4. $F=\dfrac{S_1^2}{S_2^2}$　(n_1-1,n_2-1)

5. $\dfrac{\overline{X}-\mu_0}{\sigma/\sqrt{n}}$　标准正态分布

6. $\left|\dfrac{\overline{X}-\mu_0}{S/\sqrt{n}}\right|\geqslant t_{\alpha/2}(n-1)$　$\dfrac{\overline{X}-\mu_0}{S/\sqrt{n}}\geqslant t_{\alpha}(n-1)$

二、计算题

1. 能认为平均值为 1600

2. 不能认为均值是 1277

3. 无显著差异

4. 新产品强度的方差没有超过原产品强度方差,说明质量有所提高

5. 无显著差异

三、考研试题

1. 可以

2. $\dfrac{\overline{X}}{Q} \cdot \sqrt{n(n-1)}$

主要参考书目

1. 浙江大学,盛骤等. 概率论与数理统计(第 4 版). 2008. 07. 北京：高等教育出版社.

2. 胡端平,李小刚. 概率论与数理统计. 2012. 02. 北京：高等教育出版社.

3. 王明慈,沈恒范. 概率论与数理统计(第三版). 2013. 01. 北京：高等教育出版社.

4. 汪忠志. 概率论与数理统计教程. 2010. 08. 合肥：中国科学技术大学出版社.

5. 陈希孺,倪国熙. 数理统计学教程. 2009. 07. 合肥：中国科学技术大学出版社.

6. 梁飞豹等. 概率论与数理统计. 2014. 10. 北京：高等教育出版社.

7. 陈仲堂,赵德平. 概率论与数理统计. 2012. 02. 北京：高等教育出版社.

8. 赵瑛,孙玉杰. 概率论与数理统计. 2013. 08. 北京：高等教育出版社.

9. 严继高,程东亚. 概率论与数理统计. 2014. 02. 北京：高等教育出版社.

10. 刘大瑾,王晓春. 概率论与数理统计. 2012. 08. 北京：高等教育出版社.

11. 王志福. 概率论与数理统计. 2013. 03. 北京：高等教育出版社.

12. 于义良,安建业等. 概率论与数理统计. 2010. 08. 北京：高等教育出版社.

13. 浙江大学,盛骤等. 概率论与数理统计及其应用(第 2 版). 2010. 07. 北京：高等教育出版社.

14. 孙激流,沈大庆. 概率论与数理统计. 2005. 10. 北京：首都经济贸易大学出版社.

15. 刘贵基,赵凯. 概率论与数理统计. 2010. 01. 北京：高等教育出版社.